序　言

由于海洋深处工作环境的复杂性、不可预测性,水下机器人一旦出现故障,不仅无法完成水下作业任务,而且机器人本身有时也无法回收,损失巨大,因此水下机器人可靠性控制技术研究与设计显得十分关键。

作为一门新兴的交叉学科,水下机器人可靠性控制技术主要研究水下机器人控制系统的故障诊断与容错技术,包括水下机器人传感器系统故障诊断与容错控制、水下机器人推进器系统故障诊断与容错控制及水下机器人关键设备的故障监测与容错处理等。

本书在综述近年来水下机器人故障诊断与容错控制技术研究进展的基础上,重点阐述水下机器人传感器系统故障诊断与容错控制、水下机器人推进器系统故障诊断与容错控制理论及其仿真研究和应用开发。最后以实际水下机器人为研究对象,以深水实验池为平台,研究传感器故障诊断与容错控制、推进器故障辨识与容错控制水池实验和诊断系统,逐个阐述其诊断原理,分析实验数据,力图给出一个系统实用化的水下机器人故障诊断与容错控制方法。

本书作为国内外第一部水下机器人可靠性控制方面专著,主要创新之处在于:提出基于有限脉冲响应滤波器(FIR)的水下机器人传感器故障监测与信号替代容错控制算法,水下机器人传感器故障的神经网络递推容错算法;应用水下机器人推进器故障辨识的多维信息融合方法,解决推进器连续时变故障的在线辨识问题;将遗传优化方法引入水下机器人控制律重构之中,提出水下机器人推进器故障控制律重构的遗传优化方法。

本书既有故障诊断与容错控制算法的计算机仿真,也有基于具体水下机器人系统的故障诊断与容错控制技术的实验研究和实际系统的开发,是一本系统化的水下机器人控制系统可靠性技术专著。

中国船舶科学研究中心"蛟龙"号深潜器总设计师

图书在版编目(CIP)数据

水下机器人故障诊断与容错控制技术/朱大奇,胡震
著.—北京:国防工业出版社,2012.2
ISBN 978-7-118-07939-5

Ⅰ.①水…　Ⅱ.①朱…②胡…　Ⅲ.①水下作业机
器人 – 故障诊断②水下作业机器人 – 容错技术
Ⅳ.①TP242.2

中国版本图书馆 CIP 数据核字(2012)第 026658 号

※

国防工业出版社出版发行
(北京市海淀区紫竹院南路 23 号　邮政编码 100048)
国防工业出版社印刷厂印刷
新华书店经售

*

开本 880×1230　1/32　印张 7½　字数 210 千字
2012 年 2 月第 1 版第 1 次印刷　印数 1—2200 册　定价 42.00 元

(本书如有印装错误,我社负责调换)

国防书店:(010)88540777　　发行邮购:(010)88540776
发行传真:(010)88540755　　发行业务:(010)88540717

水下机器人故障诊断与
容错控制技术

朱大奇　胡震　著

国防工业出版社

·北京·

前　言

　　海洋是人类发展的四大战略空间（陆、海、空、天）中继陆地之后的第二大空间，是生物资源、能源、水资源和金属资源的战略性开发基地，是最有发展潜力的空间，对国家经济与社会发展产生着直接、巨大的支撑作用。作为人类探索和开发海洋的助手，水下机器人将在这一领域发挥重要作用。

　　目前，水下机器人研究已得到广泛关注，有不少研究成果和产品问世，但有关水下机器人的专著还较少。中国科学院沈阳自动化研究所蒋新松院士、封锡盛院士等著述的《水下机器人》（辽宁科学技术出版社，2000.11）是一本系统化的水下机器人研究专著，主要阐述水下机器人的整体设计与控制技术，对水下机器人关键问题之一的"控制系统可靠性技术"只作了一些初步的介绍。

　　在国际上，水下机器人控制权威意大利 Gianluca Antonelli 教授，在2006年再版其专著 Underwater Robots Motion and Force Control 时，新增加了一章水下机器人故障诊断与容错控制内容，但未有系统地论述。目前，国内外还未见到专门研究水下机器人故障诊断与容错控制方面的专著。

　　本书以国家"863计划"项目"自治水下机器人故障诊断与容错控制关键技术研究"（2006AA09Z210），国家自然科学基金项目"水下机器人可靠性控制关键技术研究"（50775136）、"自治水下机器人路径规划与安全避障技术研究"（51075257），交通运输部基础研究计划"自治水下机器人水下搜救与路径规划技术"（2011-329-810-440），上海市科委创新行动计划"新型 ARV 研制与水下安全航行技术"

（10550502700），长三角联合攻关项目"具有冗余推进系统的水下机器人故障诊断与容错控制技术"（10595812700），上海市优秀学术（科）带头人计划"自治水下机器人可靠性控制技术研究与开发应用"（11XD1402500），上海市自然科学基金项目"AUV推进系统故障诊断技术"（07ZR14045），以及高校博士点基金项目"数据驱动的自治水下机器人传感器故障诊断技术"（20093121110001）的研究成果为基础，在综述近年来水下机器人故障诊断与容错控制技术研究进展的基础上，重点阐述水下机器人传感器系统故障诊断与容错控制、水下机器人推进器系统故障诊断与容错控制理论及其仿真研究和应用开发成果。

本书在内容阐述上有以下特点：

- 通俗易懂，条理清晰，便于学习。注重物理概念内涵的阐述，尽量避免繁琐的数学推导。

- 注重理论联系实际，加强故障诊断与容错控制实验的介绍。

- 注重内容的层次性和系统性。首先介绍相关基础理论，从水下机器人基本结构、水下机器人控制技术，到水下机器人故障诊断与容错控制综述；接着从传感器故障诊断与容错控制、推进器故障辨识与容错控制，到水下机器人故障诊断与容错控制仿真研究与开发，逐个阐述其诊断原理，分析试验数据，力图给出一个系统化的水下机器人故障诊断与容错控制理论。

本书由上海海事大学水下机器人与智能系统实验室朱大奇教授和中国船舶科学研究中心（中国船舶重工集团公司第七〇二研究所）水下工程研究室胡震研究员共同撰写。

由于作者水平所限，时间仓促，本书难免存在不足和错误之处，敬请广大读者和专家批评指正。

作　者

2011年9月于上海临港新城

致　谢

　　本书由中国工程院院士、哈尔滨工程大学徐玉如教授主审。徐院士在百忙之中审阅了全部书稿,从书稿整体架构的设计到相关名词的阐述与翻译都给出了具体指导,既对书稿进行了充分肯定,也提出了许多宝贵意见和建议。徐院士毕生从事潜水器研究,其真知灼见使作者受益匪浅,在此深表感谢!

　　清华大学博士生导师、"长江学者"周东华教授,华中科技大学博士生导师徐国华教授也审阅了部分书稿,提出了许多宝贵建议,使作者颇有收获!

　　书中引用了一些学者的论著和研究成果,部分内容来自作者的博士生刘乾、颜明重、袁芳、孙兵、康与涛、邓志刚的研究课题,没有这些研究成果的加入,本书难成体系。为此向他们表示深深的谢意!

朱大奇、胡震

目　录

第1章　水下机器人概述

海洋占地球表面积的 71%，拥有 14 亿 km³ 的体积。在海洋中蕴藏着极其丰富的矿产资源及生物资源。大洋底部还沉积着极为丰富的多金属结核，尤以铜、锰、镍、钴含量最高，据估计储量为 1.7 万亿 t。海底锰的储藏量是陆地的 68 倍；铜的储藏量是陆地的 22 倍；镍的储藏量是陆地的 274 倍；用于制造核弹的铀的储藏量高达 40 亿 t，是陆地的 2000 倍。海洋不仅矿产资源丰富，还是一个无比巨大的能源库，天然气水合物总量相当于陆地燃料资源总量的 2 倍以上，海底储藏着 1350 亿 t 石油，近 140 万亿 m³ 的天然气。在 6000m 以下的大洋底部仍有生命存在，这种在极端条件下的生命，格外受到生物学家的重视。因此，洋底探测和太空探测类似，同样具有极强的吸引力，同时也具有极强的挑战性。

1991 年，中国被联合国批准为第 5 个深海采矿先驱投资者，承担 30 万 km² 洋底的探测任务，并最终拥有对矿产资源最丰富的 7.5 万 km² 海域的优先开采权。中国政府已把海洋开发作为 21 世纪国民经济与社会发展战略重点之一。

作为人类探索、开发海洋助手的水下机器人是多种现代高技术及其系统集成的产物，对于我国海洋产业、海洋开发和海洋高科技具有特殊的意义。发展水下机器人，并将其作为海洋战略制高点，对提升我国海洋重大装备水平，为海洋支柱产业和新兴产业提供成套技术与先进装备，为国家海洋战略创造有利条件与国际竞争能力，将发挥直接、巨大的支撑作用。

1.1　水下机器人的相关概念

水下机器人是一种能在水下浮游或在海底行走，具有观察能力和使用机械手或其他工具进行水下作业的装置。从机器人学的角度看，

1

水下机器人属于特种机器人范畴,在海洋工程界,水下机器人通常也称为水下潜器(Underwater Vehicle,UV)[1-2]。按有无载人情况,水下潜器可以分为无人潜水器和载人潜水器两大类。

按水下机器人在水下运动方式不同,可将其分为浮游式水下机器人、拖曳式水下机器人、爬行式水下机器人和附着式水下机器人;按机器人与母船之间有无电缆连接,水下机器人又分为有缆遥控水下机器人(Remotely Operated Vehicle,ROV)(也称缆控水下机器人)和无缆自治水下机器人(Autonomous Underwater Vehicle,AUV)。图1-1为水下机器人分类关系图。图1-2为缆控水下机器人(ROV)系统组成图。图1-3为无缆自治水下机器人(AUV)基本组成。

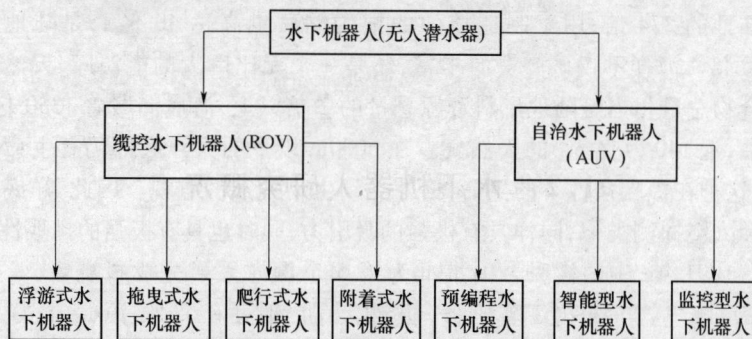

图 1-1   水下机器人分类

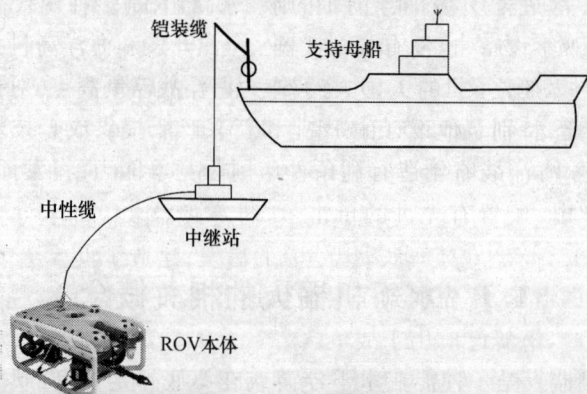

图 1-2   ROV 系统组成

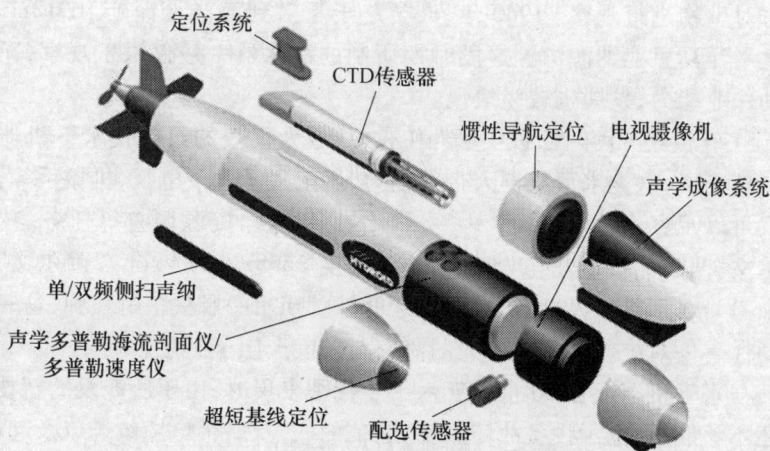

定位系统

CTD传感器

惯性导航定位　电视摄像机

声学成像系统

单/双频侧扫声纳

声学多普勒海流剖面仪/
多普勒速度仪

超短基线定位　　配选传感器

图 1 - 3　AUV 基本组成

1.2　水下机器人研究概况

620 年前,荷兰物理学家德雷尔发明了世界上第一艘原始潜水器。它能在水下 5m 深处连续航行几海里,在当时是一件很了不起的事。这艘"潜艇"使用优质木材做艇体,并在外表覆盖了一层牛油皮,"潜艇"的两边各有 6 名划手,用力向后划水而使艇前进。当"潜艇"要下潜时,将海水灌进羊皮囊;而上浮时,则将水挤出羊皮囊。该"潜艇"没有安置任何观察设备,也没有装备武器。

被誉为"潜艇之父"的美国人约翰·霍兰先后建造了 6 艘性能不断完善的潜艇,特别是他设计的"霍兰"6 号具备了许多现代潜艇的特征:潜艇长约 15m,装有 45 马力(1 马力≈735.5W)的汽油发电机和蓄电池,航行平稳,配置有先进的鱼雷、炸药等武器。19 世纪末,美国的西蒙·莱克受科幻小说《海底两万里》的启发,建造了世界上第一艘具有双层壳体的潜艇,率先找到了潜艇快速下潜和上浮的方法。到第二次世界大战时,潜艇已应用于战争。

早期潜艇技术的发展与积累,为深海潜水器的发展提供了技术支撑[21]。1934 年,美国潜水器潜入914m 深度,开始了人类第一次在深海对生物进行观察。1960年,人类终于下潜到海洋最深处10913m,即太平洋马里亚纳海沟。这段时期研制的潜水器一般仅限于观察,无运动作业能力,发展也较为缓慢。

20世纪60年代,以美国"阿尔文"号为代表的第二代水下机器人得到发展,这类水下机器人带有动力,还配置了水下电视、机械手等,不仅可以观察,还可以进行一些水下作业和海洋资源调查等任务。"阿尔文"号以铅酸电池作为动力,下潜深度3658m。1966年,"阿尔文"号和另一水下机器人配合,在西班牙海域打捞出一颗失落的氢弹,这一轰动性事件对推动水下机器人的研究与发展产生了一定影响。

水下机器人在20世纪五六十年代刚发展时,由于所涉及的新技术还不够成熟,电子设备故障率高,通信的匹配,脐带电缆绞缠以及起吊、回收等问题都没有得到很好解决,因此没有广泛被工业界所接受,发展不快。从1975年以后,由于工业及军事领域的需要,加上电子技术、计算机技术的迅速发展,使水下机器人从基础理论研究、技术开发到实际的工业应用,都取得了较大进展。特别是近些年来,水下机器人更是受到了各国政府、工业界及军事部门的高度重视,各种用途的水下机器人都得到了极大发展[22]。

1.2.1 缆控水下机器人(ROV)研究概况

20世纪70年代由于海上石油开采及军事等的需要,ROV技术得到迅猛发展,并且渐渐形成了一个新的产业部门——ROV工业。大约在1975年,在观察型的缆控水下机器人RCV-125问世后,世界上有关ROV产品不断出现,如美国PERRY公司的RECON-IV中型ROV和TRITON大型缆控水下机器人,英国的SCOPIO水下机器人,加拿大ISE公司的HYSUB水下机器人等。目前,ROV型号已超过百种,全世界有近300家厂商提供各种型号的ROV及其零部件,日本、西欧国家及美国居于技术领先地位[1]。

1987年,日本海事科学技术中心(JMST)成功研制了可下潜3300m的深海有缆水下机器人"海鲀"号。该装备可在载人潜水之前对预定潜水点进行调查,也可用于海底救护,在设计上有前后、上下、左右3个方向各配置两套动力装置,基本能满足深海采集样品的需要。目前,日本正在实施一项包括开发先进遥控潜水器的大型规划。这种有缆水下机器人系统在遥控作业、声学影像、全向推进器、海水传动系统、陶瓷应用技术、水下航行定位和控制等方面都有新的开拓与突破。

西欧国家在有缆潜水器技术方面,也保持了明显的超前发展优势[21]。根据欧洲"尤里卡"计划,西欧各国联合研制了能在 6000m 水深持续工作 250h 的缆控水下机器人。另外,还建造了两艘遥控潜水器:一艘为有缆式水下机器人,主要用于水下检查维修;另一艘为无缆水下机器人,主要用于水下测量。这项潜水工程计划是由英国、意大利、丹麦等国家的 17 个机构参与完成的。

美国在缆控水下机器人研究与制造方面,是世界上最大的投资国和生产国[22]。根据 1994 年美国海军制定的水下航行器(UUV)发展计划,包括 AUV 和 ROV 两个方面的研究涉及 5 个领域:运载器系统、能源系统、传感器系统、导航与控制系统、通信系统。其他方面的研究,包括军事与民用两个方面,如:①AUV 和 ROV 探测网反潜研究,利用探测网进行水下三维探测,通过就地采样或层析获得的环境信息提高反潜探测能力,同时还可以利用多个小型分散平台与有人平台一起构成反潜作战探测网;②作为武器平台,携带近程攻防武器对敌方潜艇进行秘密攻击;③布设水下通信网络;④进行海洋探测。

近些年,我国已进口国外多种型号的缆控水下机器人。如美国 OUTLAND 技术公司的 OUTLAND1000,它配备了各种传感器(如深度计、声纳系统、罗经等),4 个推进器(2 个进退推进器、1 个横移推进器、1 个潜浮推进器)及计算机视觉系统。采用框架式结构,为系统升级和加装各种附件提供了充足的空间。其主要指标如下:长 × 宽 × 高为 65cm × 37cm × 26cm,质量约为 17.7kg,最大下潜深度为 300m,航行速度范围为 0 ~ 3kn,可调负载为 2.3kg。

加拿大 SEAMOR300 水下机器人,配备了深度计、高度计、声纳系统、罗经及计算机视觉系统等,4 个推进器呈对称排列,与水平面成近45°角,框架式结构,最大下潜深度为 300m,航行速度范围为 0 ~ 3kn,可调负载为 3kg。

英国 FALCON 和 FALCON DR 系列产品的下潜深度达 300m ~ 1000m。以 FALCON 为例,300m 耐压水深,8.5kg 载荷,脐带电缆最长

450m,若带 F2 光纤包,可升级到 1100m,5 个磁耦合无刷直流推进器,水平面 4 个矢量推进器和 1 个垂直推进器,具有速率反馈功能,分布式智能控制系统,功能较齐全的传感器系统和多功能机械手等作业系统。

法国 ECA HYTEC 公司 H300 MKⅡ ROV 为浅水型 ROV,它的下潜深度为 300m,负载能力 8kg,能搭载众多传感器,如 Micron DST 扫描声纳、深度计、罗经及计算机视觉系统等;并配备功能强大的 5 功能液压机械手 BMHLK-4300;4 个磁耦合无刷直流推进器中,最大推力达到 169.5N。

图 1-4、图 1-5、图 1-6、图 1-7 分别为 OUTLAND1000、SEAMOR300、FALCON 和 H300 MKⅡ 4 种水下机器人外观示意图。

图 1-4　OUTLAND1000 水下机器人

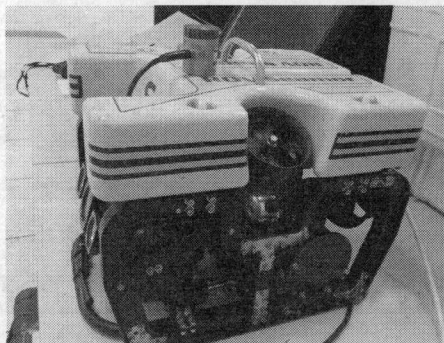

图 1-5　SEAMOR300 水下机器人

图 1-6 FALCON 水下机器人

图 1-7 H300 MKⅡ水下机器人

此外,还有美国 Seabotix 公司生产的 LBV200L 系列、Teledyne Benthos 公司的 Stingray 系列、加拿大 Videoray 系列等。

1.2.2 自治水下机器人(AUV)研究概况

自治水下机器人是将人工智能、自动控制、模式识别、信息融合与系统集成等技术应用于传统载体上,在与母船之间没有物理连接,无人驾驶的情况下,依靠自身携带的动力以及机器的智能自主地完成复杂海洋环境中预定任务的机器人。

由于自治水下机器人具有活动范围不受电缆限制、隐蔽性能好等优点,所以从20世纪60年代中期起,工业界和军方开始对其发生兴趣。但是,由于当时技术上难度太大,工业界和军方后来将兴趣转移到载人潜水器上。这使得无缆自治水下机器人研究在低水平上徘徊多年。20世纪70年代中期,微电子技术、计算机技术、人工智能技术及通信导航技术的迅速发展,再加上海洋工程和军事活动的需要,国外工业界和军方再次对自治水下机器人发生兴趣。

1. 美国AUV研究概况

目前,美国是世界上AUV研究中心,也是世界上AUV研究机构最多的国家[21]。仅美国海军主要研制水下机器人的单位就包括美国海军水下作战中心、美国海军研究局、美国海军海洋系统中心、美国海军空间和海战系统中心、美国国防高级研究计划局和查尔斯·斯塔克·德雷珀实验室、美国海军研究生院等。此外,还有华盛顿大学、麻省理工学院、Woods Hole海洋研究所、通用动力公司和雷声公司、洛克希德导弹和宇航公司、佩里技术公司等,下面分别就部分AUV研发情况进行介绍[22]。

1)美国海军空间和海战系统中心

该中心主要从事AUV的指挥和控制系统、光纤和水声通信系统、非金属材料和运载器总体研制。该中心拥有3个UUV试验运载器:先进的无人搜索系统(AUSS)、"自游者"Ⅱ(Free Swimmer Ⅱ-SFⅡ)和飞行插塞(Flying Plug)。AUSS是一个用于深海搜索的鱼雷形AUV,全长为5200mm,直径为800mm,质量为1230kg,采用20kW·h银锌电池,推进装置为2个垂直推进器和2个纵向推进器。AUSS带有水声通信设备,可在水深6000m的水下向水面传送声纳数据或CCD电视信号;AUSS是自主式的,它对目标的搜索时间只需常规拖曳式搜索系统的1/10。"自游者"是一种可用作自主式运载器的鱼雷形UUV。飞行插塞是一种小型运载器。

2)麻省理工学院

由麻省理工学院研制的ODYSSEY AUV主要用于科学考察和海洋自动取样网络研究,该AUV长度为2200mm,直径为570mm,水平运动速度大于4kn,上浮速度大于3kn,续航时间为6h,如果采用最大电池结构,续航时间可达24h。

3）Woods Hole 海洋研究所

由 Woods Hole 海洋研究所研发的 ABE AUV 主要用于深海海底观察，其特点是机动性好，能完全在水中悬停，或以极低的速度进行定位、地形勘测。该 AUV 长 2200mm，速度 2kn，其动力采用铅酸电池、碱性电池或锂电池。

4）通用动力公司和雷声公司

1988 年，通用动力公司开始研制 XP－21 AUV，该 AUV 的研制工作目前已由雷声公司承担。XP－21 是一款直径为 533mm 的自主式 AUV，采用模块化设计，长度可在 2.44m～7.32m 之间任意选择，其标准型的质量为 635kg，航行速度范围为 0～5kn，下潜深度范围为 9.14m～3653m。该 AUV 主要用于水雷战，其侧视声纳为双频、单波束、数字式声纳，频率为 100kHz～500kHz。高频用于探测大型水雷，低频用于探测沉底雷并对其进行分类。前视声纳采用多波束数字式声纳，可填补侧视声纳的探测盲区，用以探测和分类沉底雷和锚雷，同时也可用于避障。

5）佩里技术公司

佩里技术公司研制的 MUST（机动系统试验）AUV 是一种供试验和演示用的 AUV，长 9.144m，质量为 8834.8kg，下潜深度为 61m。该 AUV 采用 10 马力主推进电动机，电源为铅酸悬挂式电解电池组，航行速度范围为 0～8kn。推进系统采用多个推进器，使航行器可作悬停、垂直或横向运动。

6）美国海军研究生院

1987 年开始研制 AUV，其第一代 AUV 为 NPS AUV I，全长只有76.2cm，宽 17.78cm，高 10.16cm。第二代 NPS AUV II 全长 2.1336m，可用作控制技术、人工智能和系统综合等基础研究的平台，采用高频定向换能器、2 台正反转螺旋桨、铅酸电池。其推进器可使航行器的姿态得到控制，并在水中保持稳定。

7）其他单位的 UUV 研制情况

1973 年，华盛顿大学应用物理实验室，在 20 世纪 50 年代第一台自治水下机器人的基础上，又建造了两台 SPURV 自治水下机器人，随后又成功地建造了 UARS 自治水下机器人。

美国海军水下作战中心正在研制两个供试验用的 UUV:大直径水下无人航行器(LDUUV)和直径为 21 英寸①的 UUV(21UUV),这两种 UUV 是为评价 UUV 的各种负载能力及先进技术而研制的,其中的许多先进技术将直接应用于水雷侦察方案中。

美国海军研究局的工程部、材料部、物理科学和技术部都在从事 UUV 的研究工作,主要涉及 UUV 的续航力、能源与推进、传感器信号处理、通信、任务管理控制、导航和运载器设计等,这些技术的发展还将涉及到海军的其他单位和地方科研院所。

洛克希德导弹和宇航公司的航海部于 1990 年获得了研制 MSS(水雷搜索系统)/SOMSS(潜艇舷外水雷搜索系统)的合同,其研究目的是使 AUV 能够引导水面战舰和潜艇通过雷区,并自主探测水雷。

1997 年 10 月,诺斯罗普·格鲁曼公司和波音公司竞争设计、制造一种长时间航行的水下探雷系统。1999 年,波音公司获胜,于 2000 年 11 月向美国海军交付首套样机(包括回收装置、任务规划/分析计算机、两条 AUV),其中 AUV 长 6m,直径为 530mm,质量约为 450kg,可从鱼雷发射管发射,航行时间为 40h~50h。

2. 其他国家 AUV 研究概况

英国在 AUV 的研制方面,以英国国防研究局为主,但其他私营公司和大学也是 AUV 技术的主要参与者和研制者。如由英国政府出资,多家公司联合研制的用于开展极地冰下研究和搜集近海海洋信息的新型 AUV,其主体采用鱼雷壳体改进而成,全长 6.5m,直径为 533mm,稳定鳍直径为 900mm,质量为 1315kg,额定航行速度为 5kn,下潜深度为 300m,续航时间为 36h,航程大于 300km。能源采用耐高温钠硫电池,电池组向 48V 总线上提供 37kW·h 的有效电能,无刷直流推进电机靠 48V 总线供电。控制舱内装有精确测量航向与航速的导航系统,能修正潮汐与海流引起的误差。尾舱装备有通信电子设备、卫星定位信标、雷达遥控器与应答器等。尾端的推进电动机安装在耐压壳上,直接与

---

① 1 英寸 = 2.54cm。

推进器连接。此外,英国还参加了欧共体的一些合作研究,如为欧共体开发一个试验型 AUV,该 AUV 称为"海豚"(Dolphin),其下潜深度为6000m,续航时间很长,能从英国航行到美国,并搜集海洋数据。

德国多家公司为德国海军研制一种用于反潜战的水下无人航行器——TCM/TAU 2000 鱼雷对抗系统。该系统主要由探测设备及信号处理装置、指挥控制装置、发射集装箱、4 个铰接盖板和 TAU 效应器组成,能进行全方位的区域侦察,作战系统信号处理时间短、反应速度快;由于采用了模块化设计,该系统能很容易地装配到 209 级、212 级潜艇上。另外,德国公司开发的名为"深海"C(Deep C)的新型自主水下航行器,续航时间为 60h,下潜深度达 4000m,直径为 1m,重约 2000kg。他们在 Deep C 上使用许多新技术,包括碳纤维增强塑料、缩微燃料电池、长航时水下导航系统等。

苏联于 20 世纪 70 年代就开始了 AUV 的研制工作,尽管冷战时期受到西方技术封锁,缺少先进的电子和计算机技术设备,但在 AUV 的研制方面仍然取得了一定的成果并积累了相当丰富的经验。20 世纪90 年代中期建造的几个 AUV 就在太平洋、大西洋和挪威海域成功地进行了深海搜索和回收工作。苏联在水下航行器的结构材料方面也取得了突出的研究成果,在钛合金加工制造和焊接方面居世界先进水平,国产"蛟龙"号 7000m 载人潜水器壳体就是采用苏制钛合金加工制造。此外,苏联在发展复合材料、陶瓷材料方面也取得了很大成就。这些技术对其他国家发展 AUV 起到了促进作用。苏联解体后,这些优势主要被俄罗斯继承。目前,俄罗斯在国际市场上积极出售 AUV 产品和相应技术,中国和韩国就向俄罗斯购进了有关技术,并合作开展了 AUV 的研制。

在亚洲,日本的水下机器人技术在民用方面主要用于地震预报和海洋开发(如水下采矿、海底石油和天然气的开发等),参与部门和机构包括日本科学技术中心、国际贸易工业部、运输部、建设部、机器人技术协会、深海技术协会等。另外,日本海军也在研究 AUV 的技术工作。韩国 Daewoo 重工业公司的船舶海洋研究所同俄罗斯海洋研究所合作,共同研制了名为 OKPL - 6000 的自主式水下航行器,该 AUV 形状像鱼雷,主要用于深海探测、搜索与观察海底沉没物体和科学研究。该 AUV 长 3.8m,直径为 0.7m,重 980kg,最大下潜深度为 6000m,最大航行速度为 3kn,续航时间为 10h,动力采用银锌蓄电池,推进系统采用 4 个电动推进装置。OKPL - 6000 AUV 已进行了 3 次考察试验,记录了大量的图像、视频资料和海底地图。

除以上介绍的之外,在 AUV 研究与发展中,还有瑞典、丹麦、挪威等许多国家都投入了大量人力与财力进行 AUV 技术研究。

1.2.3　国内水下机器人研究概况

近几十年来,国内水下机器人的研究已取得不少进步,主要围绕以下几个单位进行:

（1）以哈尔滨工程大学为中心,由中船重工集团 702 所、709 所、华中科技大学等单位合作,研制出三型军用智能水下机器人和用于各种特定功能的水下机器人。

（2）以中科院沈阳自动化所为核心,由中船重工集团 702 所、中科院声学所、哈尔滨工程大学等单位合作研究。沈阳自动化研究所通过建立机器人示范工程基地,已开发出多种型号的水下机器人产品,应用于水下观测、海上作业、救捞工程、水下安保等。

（3）以中船重工集团 702 所（中国船舶科学研究中心）为中心,以沈阳自动化所、浙江大学、华中科技大学等为合作单位,主要是研制载人潜水器。该所目前已研制完成的下潜深度 7000m 的载人潜水器"蛟龙"号——又称为"海底卫星",从 2001 年立项到 2011 年 7 月在太平洋夏威夷海域进行 5000m 海试,历时近 10 年,耗资几亿元,仅 3000m 和 5000m 两次海试就达亿元以上,预计将在 2012 年投入使用。这意味着中国将拥有对包括深海海沟在内的复杂海域进行详细探测的能力,中国开发海洋资源的步伐将大大加快。目前,世界上只有俄罗斯、美国、日本等国家拥有类似下潜深度的载人潜水器。此次研制的下潜深度 7000m 载人潜水器,其国外合作机构主要是俄罗斯科学院,其中,机器人制造的核心技术由中方负责,俄罗斯提供如钛合金耐压壳等维护生命安全方面的技术。根据协议,中国将拥有对机器人的全部自主知识产权。图 1 - 8 为"蛟龙"号 7000m 载人潜水器。

(a)　　　　　　　　　　　(b)

图 1 - 8　7000m 载人潜水器

　　另外,国内不少高校及研究所也从事这一方面的研究,主要有上海交通大学、西北工业大学、哈尔滨工业大学、北京航空航天大学、中科院自动化研究所、中国海洋大学及上海海事大学等。

1.3　水下机器人的组成

　　水下机器人通常由硬件系统、导航和通信系统、控制系统 3 部分组成。下面从这 3 个方面对常规水下机器人系统组成作一介绍。

1.3.1　水下机器人的硬件系统

　　一般说来,水下机器人的硬件部分包括机器人外形、能源装置、推进装置、作业系统、吊放回收系统及液压密封等。

1. 水下机器人的外形

　　水下机器人根据使用目的和技术要求的不同,其外形尺寸及结构形式有很大差异。但主要有两大类型:框架式和流线形。

1) 框架式

　　有缆遥控水下机器人由于是电缆供电,有较充足的动力,载体多采用框架式结构。这种形式水下机器人行进阻力较大,但水下机器人总体布置比较方便,加挂和换装仪器容易,而且框架可以起到围护、支撑和保护水下机器人部件(推进器、电子舱、摄像机及照明灯等)的作用。如上海交通大学研制的"海龙"号 ROV、英国 SAAB Seaeye 公司的

FALCON ROV、美国 OUTLAND 公司的 OUTLAND1000 等都是采用框架式结构。图 1 - 9 和图 1 - 10 就是英国 SAAB Seaeye 公司的几款框架式缆控水下机器人的外形结构图。

图 1 - 9　框架式 ROV 全景图

图 1 - 10　框架式 ROV 顶视图

2）流线形

自治水下机器人和部分载人潜水器由于所携带的能源有限,为减少行进阻力,减少动力消耗,通常采用流线形结构,如鱼雷形、盘形或球形等,最为常见的是鱼雷形载体。如沈阳自动化所研制的 CR - 01 AUV 就是在铝构架外部用浮力材料构成鱼雷形结构外形,如图 1 - 11 所示。图 1 - 12 是典型的流线形 AUV 外形。

图 1 - 11　CR - 01 AUV 外形

图 1 - 12　流线形结构 AUV

2. 水下机器人的能源

能源驱动是水下机器人的重要组成部分,除了部分水下机器人能不依赖于电力完成上浮、下潜等动作外,绝大多数水下机器人都是靠电力系统推进驱动的,ROV 由水面电源供电,而 AUV 及载人潜水器主要是自带电源。常见的动力装置有[1]:

(1)铅酸电池。水下机器人用蓄电池主要是铅酸电池。它是比较可靠的电源,在水下机器人中普遍使用。但由于其能量密度比较小,在小型 AUV 中使用较多。

(2)银锌电池。它的主要特点是容量高,放电电压高,获单位电量所消耗的活性物质少,极板利用率高,导电零件和容器的质量小,自放电小,无有害气体溢出,具有比较稳定的放电电压。它的不足也较明显:使用周期短,操作可靠性差,电流密度小,注入电解液后保存时间短,且必须为优质电解液。

（3）燃料电池。它是一种由外部供给反应物质的能源。通过燃料的电化学氧化作用,把化学能转化为电能,相对于前两种电池,它的使用寿命较长,质量也较小,占据空间小,是一种较有发展前途的能源形式。

（4）核动力装置。它利用核反应来产生电源,最适合用作长期潜水航行的无缆水下机器人的动力源,目前在潜艇上已经使用,但由于必须解决其体积小型化和高昂的造价问题,一直未能在水下机器人中应用。

3. 水下机器人的推进装置

大多水下机器人都采用螺旋桨推进器,其中80%以上使用电动机驱动,另外也有使用油马达推进。一般在螺旋桨外加装导管,以提高推进效率。典型推进器如图1－13所示。电动机的转速一般较快,而螺旋桨是低速驱动器,两者之间的速度并不匹配,为了得到较高的推进效率,中间一般采用减速器连接。常用的推进器内部结构如图1－14所示。

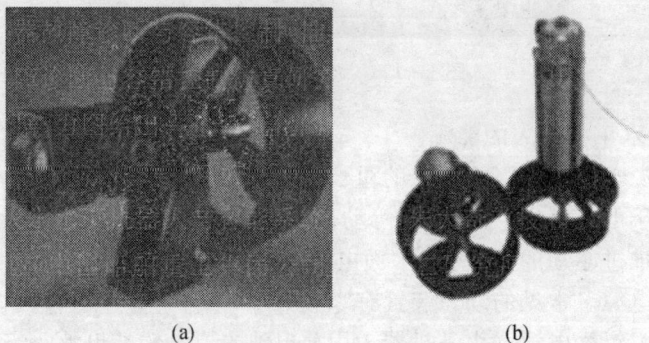

(a)   (b)

图1－13　螺旋桨推进器

水下机器人推进器使用的电动机需要密封。有两种主要密封方式:机械密封和磁耦合密封。前者原理和设计较为简单,因密封处要承受海水的压力,一般情况是采用使电动机内部充油办法平衡外部水压,改善推进器使用性能;磁耦合是利用电磁力传递扭矩,减速器与螺旋桨

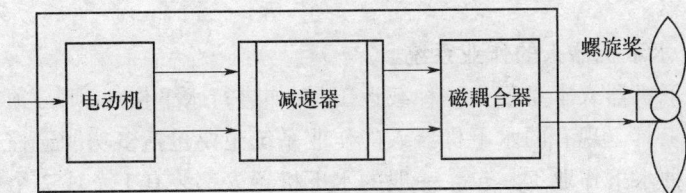

图 1-14　磁耦合推进器内部结构

之间没有直接的机械联系,但依靠磁场传递扭矩,密封问题很好处理,主要采用非导磁材料将电动机、减速器包围起来即可。许多推进器系统都采用磁耦合方式传输推力,如 OUTLAND1000、FALCON 系列 ROV 等。

水下机器人要实现 6 自由度的空间运动,即 3 个平移运动——推进、潜浮和横移,3 个回转运动——转艏、纵倾和横摇。一般需要安装多个推进器,如 OUTLAND1000 就安装了 4 个推进器:水平面 3 个推进器,负责机器人推进、后退、转艏和横移;垂面安装了一个推进器,负责潜浮运动。FALCON 安装了 5 个推进器,水平面 4 个呈对称角度排列的推进器,垂直面一个推进器。

依靠多螺旋桨推进的水下机器人,由于螺旋桨数目较多,一般来说结构较复杂,自身质量较大,水动力性能较差,对此,1961 年美国人 F. R. Haselton提出一种全方位推进器的概念[1],1985 年美国 Ametek 公司设计制造了一台采用全方位推进器的水下机器人。全方位推进器系统是两个沿水下机器人纵向布置的转动方向相反的螺旋桨,可以在 6 自由度上灵活控制水下机器人的运动。它实际上是将电动机的定子置于水下机器人内部,而将转子支撑在水下机器人的外壳上,转子上直接安装螺旋桨。全方位推进器原理简单,但制造比较复杂,目前还未见大规模使用。

此外,宾夕法尼亚州立大学的应用研究实验室还开发了一种用于 AUV 的复合推进器,该推进器的核心是一台单轴旋转导管螺旋桨,其余部分是前导流片,以便获得桨叶的最大效率;位于桨后出流处的控制面可以保持较好的低速控制;后导流片可以消除翼片周围的旋涡并减小辐射噪声。该推进器的设计有效利用了能量,导管式螺旋桨控制流入的水量,从而降低了推进器对设计以外的作业条件下的灵敏度,并提高了效率。

4. 水下机器人的作业系统

水下机器人本身仅是一种载运工具,如进行水下作业,则必须有水下作业工具。现有的水下机器人的作业系统主要包括多功能遥控机械手和各种水下作业工具包。一般的水下机器人都装有 1 个或 2 个机械手,有的则装有 3 个或 4 个机械手。根据驱动能源不同,水下机械手分为电驱动和液压驱动等几种类型。水下机械手除机械机构外,还具有独立的控制算法。水下机械手应满足以下要求:经受住高压环境;海水腐蚀;质量小,体积小;消耗能量少和易于操作等。典型的水下机械手如图 1 - 15 所示。

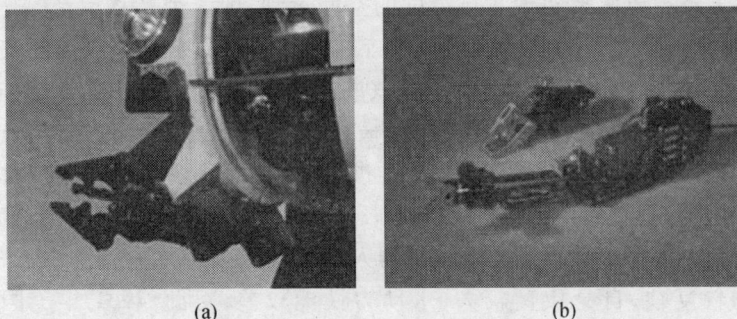

(a)   (b)

图 1 - 15　水下机械手

水下作业工具包是实现水下机器人救助、打捞、水下清洗等功能的工具组件,包括救助打捞专用工具、水下清洗装置及液压驱动专用工具组件等。

5. 水下机器人的吊放回收系统

水下机器人通常由支持母船运载到作业地点,然后从母船上将其吊放至水下,而当其完成作业任务后,又将其回收到支持母船上进行维护和保养[1]。小型水下机器人可以直接投放到水中,如 OUTLAND1000 ROV、Seamor300 ROV 等。但对于大型水下机器人,在风浪和海流的作用下,支持母船和水下机器人会以不同的振幅和相位运动,很难掌握与控制,不但吊绳的吊具难以锁住水下机器人,而且水下机器人由回收系统吊离水面处于空中位置时,支持母船的横摇、纵摇及升降运动都会使水下机器人产生难以预料的运动,极易发生碰撞危险。因此,必须有一吊放回收系统来保证水下机器人在下水吊放和回收时的安全。

ROV系统一般采用折臂吊或A形架进行吊放回收。ROV系统的绞车控制电缆的收放,在吊车上挂装滑轮,电缆穿过滑轮连接ROV本体,吊车上的钢丝绳通过啮合器挂住ROV本体,在潜水器布放时,绞车放出电缆,吊车下放钢丝绳将潜水器布放到海面,啮合器与本体脱离,绞车继续放缆,潜水器下潜;回收时,绞车收缆提升ROV到海面,吊车下放啮合器挂住ROV,将ROV回收。对于采用承重铠装缆的ROV系统,可以减去钢丝绳收放的环节,直接将啮合器和滑轮组成整体安装到吊车末端,铠装缆作为吊放的绳索,通过绞车提升ROV与啮合器连接,摆动吊车将ROV送到舷外,松开啮合器后用绞车下放ROV,回收时绞车提升ROV到与啮合器连接,摆动吊车将ROV收回甲板。承重铠装缆绞车需要配备恒张力系统对缆绳进行保护,同时也要配备升沉补偿装置来减少母船运动对ROV的影响。图1-16为典型的ROV水下机器人吊放回收系统。

AUV的吊放回收可以采用吊车的形式,也可以采用滑道的形式。在采用吊车吊放AUV时,利用一个啮合机构连接AUV,当AUV吊放到水面时可以在甲板遥控脱钩,但回收时需要人力到海面挂钩。为了防止吊放回收时AUV的摇晃和碰撞,可用滑道下水和回收水下机器人。母船上有一专用舱室,专用舱室是防水密封的,当其充入压缩空气时,它的甲板正好位于水平位置,并与母船甲板齐平。当其部分进水时,其尾部便沉入水中,产生一定倾角。在甲板上装有轨道并配有一辆拖车,通过绞车拖曳缆绳,可使拖车沿轨道移动。当水下机器人下水时,专用舱室注水,使尾部沉入水下约3m,绞车施放缆绳使拖车载着水下机器人向后移动,直到水下机器人自由浮起在水面上,可遥控脱钩后,水下机器人进行水下作业;回收时,过程正好相反,不同的是需要人员到水面挂钩。现在,也有采用水下布放和回收AUV的系统控制投入使用,水下布放和回收装置由吊车放入水下一定深度,松开AUV的锁紧装置后,AUV自行驶离。回收时AUV自动或手操驶回回收装置后锁紧,吊车将回收装置与AUV一起吊回甲板。该方法可以有效避开海面风浪的影响,但回收时的对接技术要求较高。

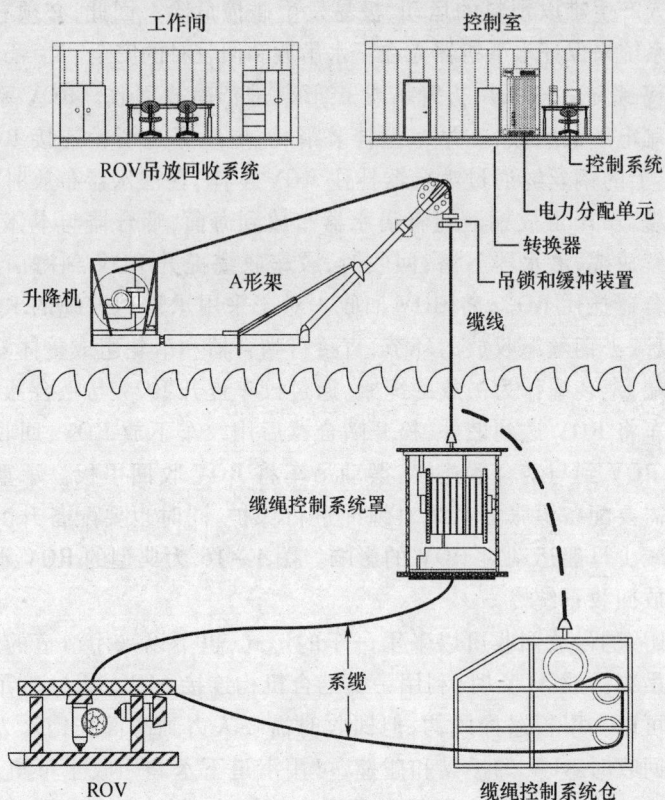

图 1 – 16   ROV 水下机器人的吊放回收系统

1.3.2   水下机器人的导航与通信系统

1. 水下机器人导航定位系统

导航系统的功能是实时提供水下机器人的位置、速度及姿态信息。水下机器人导航系统,一般可以划分为一般导航和终端导航两种。一般导航是把机器人引导到目标附近;终端导航是接近目标之后,能使水下机器人的视野触及到局部感兴趣的海底和搜索的目标。但由于受水下机器人非线性动力学特性及水介质的特殊性等因素的影响,实现水下机器人的远距离及长时间、大范围内的精确导航是一项艰难的任务。

目前主要的导航方式[3-10]是基于外部信号的非自主导航和基于传感器的自主导航。非自主导航如罗兰、奥米加、GPS等。但罗兰、奥米加导航精度低、覆盖面积有限，而GPS是具有较高精度的导航设备，只是它为基于无线电的导航方式，由于电磁波在水中衰减很快，机器人必须不断浮出水面接受导航信号，对水下机器人来说在许多情况下是无法实现的，因此受到很大限制。自主导航是靠水下机器人自身携带的装备如惯性测量装置（IMU）、声换能器阵、地形匹配或地磁传感等手段完成导航。它分为惯性导航（Inertial Navigation）、声学导航（Acoustic Navigation）和地理导航（Geophysical Navigation）三种。惯性导航的基本原理：根据加速度计与速率陀螺的测量值，用积分方法推算出位置，即所谓的航位推算法。位置的修正常用到卡尔曼滤波器（Kalman Filter）和扩展卡尔曼滤波器（Extended Kalman Filter）技术，前者针对线性系统，后者针对非线性系统。惯性导航系统目前尚缺少精确可靠的速度传感器，在远距离作业中，由于累积误差的存在，因而不够精确。随着声纳技术的进步，目前较先进的AUV基本不采用加速度计而是采用多普勒测速仪。声学导航主要依靠母船、海底和AUV上的声波发射器、水听器、水声应答器等设备，实现长基线（Long Baseline，LBL）定位航行、短基线（Short Baseline，SBL）定位航行、超短基线（Ultra-short Baseline，USBL）定位航行，通过标志物位置，结合声波在水中传输的速度与接收时间间隔计算定位水下机器人的位置。声学导航定位有一定的定位精度，但它们受到定位距离与传感器安装网络的限制，一般来说，在深水环境中，长基线定位大约在10km范围，超短基线定位在4km左右。地理导航可分为地形导航和地磁导航两种，前者是根据AUV作业环境的物理特征得到AUV位置，后者是根据地磁场进行AUV水下导航。

另外，与水下机器人导航技术密切关联的自治水下机器人水下路径规划与安全避障技术也得到了许多研究者的关注。它研究的是水下机器人水下航行的路线及其避障技术。

2. 水下机器人的通信技术

有缆水下机器人可以用电缆进行信息传输，最常见的通信方式是RS-422、RS-485等串行通信方式；无缆水下机器人的信息传输目前是通过水声通信实现的。根据水下机器人的需求，通信技术可以分为以下 3 类：①命令、指令传输；②图像数据获取与上传、语音（载人潜水器）通信等；③水下信息网的移动网关节点。

在迄今所熟知的各种能量形式中，声波是可以进行远程信息传输的主要载体。但由于声音在水中的传播速度远远低于光速，因此会产生很大的传输时延，难以对水下机器人实现实时控制；另外，传输距离又受到频率和发射功率的限制和多径效应造成的干扰。最新的 AUV 通信是激光通信，但此通信方式还有不少技术问题未能完全解决。

1.3.3　水下机器人的控制系统

水下机器人控制系统是其机器智能的核心，其硬件包括不同任务传感器、推进器（前已介绍）、多个 CPU 等，构成完整的控制系统[3]。除去控制系统的硬件外，为了有效管理硬件间的传感器/数据流，需选择合理的软件体系结构。

1. 水下机器人的传感器系统

水下机器人的传感器系统相当于水下机器人的眼睛。主要包括：①常规传感器，如深度计（机器人距离水面的距离）、高度计（机器人距离海底的距离）、多普勒速度计、罗经等航向指示器，作业系统传感器，对载人潜水器还有生命支持及舱室环境感知传感器。②水下机器人视觉系统，如水下摄像机、声成像声纳及水下照明卤素灯等。图 1 – 17 为

图 1 – 17　卤素灯

水下照明卤素灯。图 1 - 18 为 FS - 3 和 FS - 3DT 声纳,水下摄像机直接提供水下视频图像信息,适合于清水、极近距离(m 级)的高分辨观测。单台水下摄像机无法给出观测目标的距离信息,在做立体观测时,必须"双眼"。当水质混浊、水下光照条件差时,以光学成像原理为基础的水下摄像机会失去作用,这时应采用以声学原理为基础的成像声纳。高分辨率成像声纳主要包括前视声纳和侧扫声纳两种。

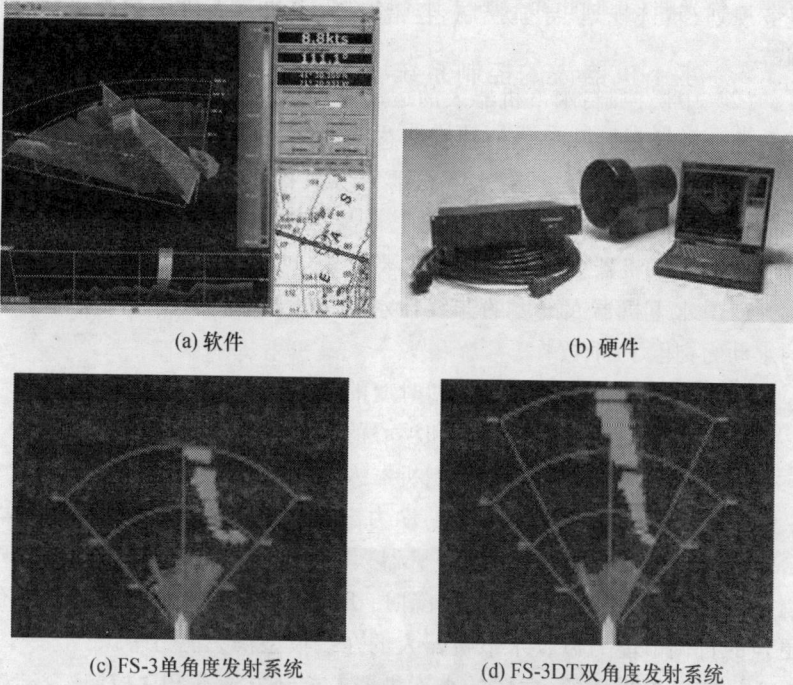

(a) 软件

(b) 硬件

(c) FS-3 单角度发射系统

(d) FS-3DT 双角度发射系统

图 1 - 18　FS - 3 和 FS - 3DT 声纳

（1）前视声纳。前视声纳对机器人前方的物体和景物进行声学成像,是应用广泛且常见的一种声纳,目前有很多产品。其中有代表性的是美国 Reson 公司、BlueView 公司、Technologies 公司,加拿大 IMAG-ENEX 公司等的成像声纳。

（2）侧扫声纳。侧扫声纳对机器人下方和两侧进行运动扫描成像,是海底绘图的理想工具。具有代表性的是英国 GeoAcoustic 公司、美国 EdgeTech 公司以及德国 GEOMAR 等公司的系列产品。为了提高成像效果的空间感,国内外对三维成像声纳也进行了研发,目前有代表性的成像声纳产品是挪威 Coda Octopus 公司的 Echoscope 系列产品。

2. 水下机器人的控制策略

水下机器人的控制可以分为 3 个层次:

(1)高层控制:根据使命和环境做出决策和规划的控制,主要包括任务规划、轨迹规划、导航控制、容错控制、多机器人协同控制、避障控制等。

(2)中层控制:水下机器人的运动与姿态控制,其控制的目标是实现精确的轨迹跟踪和平稳的探测姿态,是高层控制实现的基础。

(3)底层控制:包括对水下机器人各执行机构的控制及传感器信号的处理等。

导致水下机器人难于控制的主要因素包括:

(1)水下机器人高度的非线性水动力学性能,导致难以获得精确的水动力(阻力)系数;

(2)海流的干扰是随机的和时变的;

(3)负载的变化引起重心和浮心的改变;

(4)机械手的作业运动影响机器人本体的动力学特性。

上述因素使得水下机器人的动力学模型难以确定,而且具有强耦合和非线性的特点,因此当水下机器人因其力学性能变化和所处的环境发生改变,而引起控制性能下降时,机器人的控制系统要求必须具有更强的自调节能力以及水下机器人的在线模型辨识能力等。

目前已被采用的、主要的水下机器人控制方法有 PID 控制、变结构滑模控制、自适应控制、人工神经网络控制、模糊控制等。具体的控制算法将在第 2 章介绍。

1.4　水下机器人技术研究展望

ROV 的应用十分广泛,在海洋石油开采、打捞救生、海洋科学考察、水产养殖、电缆铺设和军事扫雷等方面,ROV 起到了不可替代的作用。AUV 的应用目前还有限,但 AUV 的应用确实不是遥远的事。目前,影响 AUV 大量应用的主要原因除去水下机器人的能源、AUV 的智能性限制外,还有水下机器人的可靠性问题。下面从水下机器人技术角度分析水下机器人的未来研究发展趋势[3-9]。

1.4.1 水下机器人的可靠性技术

由于海洋深处工作环境的复杂性和不可预测性,一旦出现故障,不仅机器人无法完成水下作业任务,而且机器人本身有时也无法回收,损失巨大。因此其可靠性技术研究与设计显得尤为关键。比如日本"海沟"号深海探测器,曾在 1995 年潜入世界最深的马里亚纳海沟,下潜深度达到 10911m。但不幸的是,"海沟"号最终却在日本海水下作业时,由于意外故障而丢失。日本海洋科技中心 1986 年开始研制"海沟"号水下机器人,于 1990 年完成设计并开始制造,"海沟"号长 3m,重 5.6t,耗资 1500 万美元。"海沟"号水下机器人为缆控式水下机器人,装备有复杂的摄像机、声纳和一对采集海底样品的机械手,是当时世界上唯一下潜深度达到 7000m 的深海探测器。

2003 年 5 月 29 日,日本科学家利用"海沟"号在日本高知县东南大约 130km 左右的海域进行海底调查作业,当时"海沟"号的下潜深度为 4673m。由于当年的 4 号台风已经开始接近这一海域,操作人员当天下午 1 时 29 分提前结束调查作业。但是在回收"海沟"号时,工作人员发现"海沟"号已无法回到母船的发射架中。1min 后,海面控制船与"海沟"号的光缆通信和高达 3000V 的电力供应突然中断,控制船不得不采取紧急措施。当天下午 4 时 17 分,控制船的卷扬机只回收到了"海沟"号的母船发射架,"海沟"号则因电缆断裂而不知去向。操作人员连续用方位测定器向"海沟"号发射了多次信号,但控制船没有接收到"海沟"号的任何信号。此后,日本海洋科学技术中心决心找回"海沟"号,并进行了一个月的搜索,但一无所获。直至当年 6 月 30 日,日本方面才向外界公布了"海沟"号失踪的消息。

"海沟"号失踪使不少科学家痛心不已。对日本的深海科研来说,该损失无法估量。一些科学家甚至将"海沟"号比作航天界的"哥伦比亚"号。他们认为,这个价值几千万美元的探测器是独一无二的,它的失踪对科学研究是一个重大损失,类似事件在许多国家研制水下机器人过程中都出现过。"海沟"号是缆控水下机器人,而自治水下机器人和载人潜水器都是无缆水下潜器,与母船没有任何物理连接,前者高度自治无人驾驶,后者虽然载人,但一旦出现严重故障将会威胁人身安全。

为了提高水下机器人系统的可靠性,需要从两个方面加强努力[21-32]:一是机器人的结构可靠性(硬件的可靠性),取决于机器人机械、材料、密封等诸多技术的进步;二是水下机器人控制系统的可靠性技术。作为复杂控制系统的故障诊断与容错控制技术,目前已进行了较为深入的研究,取得了一系列的研究成果,特别是在航空航天系统、核电站系统上已有许多成功应用。但水下机器人故障诊断与容错控制研究成果却非常有限,还未见到系统的水下机器人故障诊断与容错控制理论报道,也未有实用的商业产品问世。因此,深海环境中水下机器人故障诊断与容错控制研究仍为水下机器人的关键技术之一。

1.4.2 水下机器人的能源动力技术

能源是 AUV 的关键技术之一,其续航时间、航行速度和负载能力均受制于可用能源,而可用能源又取决于电池的类型、容许的质量和机器人的空间等。目前多数 AUV 采用电力驱动,电能来自所携带的电池组。尽管能量密度较低(单位质量能量)和比能量(单位体积能量)较小,但考虑到成本、寿命、方便性、可维修性、安全性及构件供应的连续性等因素,电池尤其是一次电池和可充电电池(如锂电池)在今后至少5 年内仍将占据主导地位[21]。

常规推进/能源系统(如铝-氧化银和-过氧化氢新型电池)能给AUV 提供 2 天的工作时间,而燃料电池和热推进系统可为 AUV 提供数天(有望长达数周)的作业时间。由美国 Alupower 公司开发的铝-氧半燃料电池采用铝阳极为燃料,外部氧化剂为反应剂,氢氧化钾为电解液。这种电池有一个独特的电池外壳,使反应时产生的铝沉淀物聚积在电池外壳的底部,避开了使用其他燃料电池中所用的电解液泵和循环系统。然而,与采用电解液泵系统的电池相比,这种电池的功率密度较低。

相比之下,银氧化物-锌电池是现有商用电池中能量密度最高的一种,它也是美国海军大量使用的一种水下航行器动力电池。银氧化物－锌充电电池的缺点在于:充电时间长(30h),使用寿命短,且在低温下性能差。美国海军水下武器中心(NUWC)达尔根分部正在开发的充电式锂钴电池的能量密度和使用寿命预计比银锌－氧化物电池都有所提高,他们用一个30A·h的锂电池与一个30A·h的银锌－氧化物电池进行试验比较,结果证明锂电池的能量密度比预计的提高了40%~50%,使用寿命提高了一倍。此外,锂电池的运行效率在低温(零下2℃)下是银锌－氧化物电池的4倍。由于采用了具有良好电－化稳定性的液体甲酸盐电解液,这种锂电池的充电速度也得到提高。

在热系统方面,宾夕法尼亚州立大学的应用研究实验室在 MK50 鱼雷的 SCEPS(存储化学能量推进系统)的基础上开发出高能量和高功率密度的鱼雷和 AUV 热推进系统,该系统通过毛细管作用,缓慢吸入燃料,以便产生高能量的远距离推进。燃料与六氟化硫在燃料室中混合,从而产生热量,并通过工作液传给发动机。

目前,水下机器人的能源技术仍是制约自治水下机器人和载人潜水器水下长期工作的瓶颈,也是水下机器人研究的重要方向之一。

1.4.3　水下机器人的水下目标探测与识别技术

对机器人水下作业来说,水下目标信息的获取是其智能决策的前提,水下目标的探测与识别对于自治水下作业来说至关重要。由于海洋环境复杂,获取水下目标信息的手段十分有限,目前水下目标探测的主要传感器有微光 TV、激光成像和声纳传感器。微光 TV 的图像清楚,但受海水能见度影响很大,总的来说可识别的距离太近,实际应用中难以满足要求。激光成像是在近几年发展起来的新方法,比较适合水下机器人使用,其体积、质量和所需功耗都较小,成像质量远高于声学成像并类似于微光 TV,作用距离比 TV 远,同时可提供较准确的距离信息。然而要满足对水下目标识别的要求,仍然有不少技术难关需攻克。声纳传感器在水中作用距离远,又有一定的分辨率,所以是目前水下目标探测的主要传感器。但是,声纳传感器受海洋环境、背景目标等影响,成像的清晰度不够,给目标探测和识别增加了难度。

基于声纳传感器水下目标自动识别技术可分为利用声回波信号进行目标识别和利用声图像进行目标识别两大类。20世纪60年代开始,美国、日本、法国、加拿大、英国等国家相继推出利用声回波信号进行目标识别的潜用声纳目标分类系统、海岸预警系统、信号分析专家系统等。这些系统利用回波信号的频谱、强度、包迹等特性,采用模糊规则、神经元网络算法构成分类器。其分类的目标主要是水面舰船或潜艇。

声纳成像技术的发展使基于声图像的目标识别成为水下目标识别的方法之一。该方法主要用于近距离区分水雷等小目标。其难点在于:首先,相对于光在空气中的传播,水中传播的声波要受到更严重的干扰;其次,水声信道的时变和空变性,对其中传播的声信息产生各种复杂的作用;另外,为保证获取图像的分辨率,成像声纳的中心频率都在几百千赫以上,但是海水介质对声波能量的吸收随其中心频率的增长以平方次增长,并伴有传播中的体积扩散,这就使高频声波能量在海水中损失较大。由于这些原因,使得水声图像与普通光学图像相比,具有干扰大、分辨率低、像素信息少等缺点。

到目前为止,还没有成熟的基于声纳图像的目标识别理论框架。目前普遍采用的方法是,根据特定水下目标声纳图像的特点,预处理借鉴光学图像的处理方法并进行一定程度的修改,分类识别算法多采用基于模板的投票法、神经网络分类技术和模板匹配技术。因此,准确有效的水下目标的探测与自动识别技术研究仍为水下机器人的重要方向之一。

1.4.4 水下机器人的导航定位与水下通信技术

1. 导航与定位技术

传统的AUV水下自主航行定位主要是依靠惯性导航系统。惯性导航的基本原理是,根据加速度计与速度计的测量值,用积分方法推算出位置,即所谓的航位推算法。惯性导航系统目前尚缺少精确可靠的速度传感器,由于累积误差的存在,使其在远距离作业中不够精确。由于受到尺寸、质量及电源使用的限制,要在水下机器人上实现非常精确的导航系统是相当困难的,再加上对AUV的一些其他要求,如隐蔽作业、高可靠性、恶劣环境下的作业等,就使得AUV的导航更加复杂化了。针对这些问题,目前各研究机构及制造商都在努力开发新的传感器。在惯性导航系统的制造商们追求先进的陀螺及加速仪技术的同时,速度声纳的生产厂商努力研制性能优异的多普勒速度声纳及相关速度记录仪。

除上述关注内容外,AUV 的关键技术还涉及传感器技术、视频图像的水声传输、位置偏差的修正算法等[10,13-14]。通过开发更精确的速度传感器可延长定位间隔的时间,从而增加 AUV 在作业场所的时间,并提高隐蔽性。新型的换能器技术和计算机技术将为目标探测、避障和目标识别提供高分辨率的图像。

2. 通信技术

对水下机器人的通信来说,有缆水下机器人可以用电缆进行信息传输;无缆水下机器人的信息传输目前是通过水声通信实现的。由于无线电信号在水中传输会出现严重衰减,通常只能传播很短距离,如果要进行远距离传送,往往要求非常低的频率(30Hz～300Hz),并且需要巨大的天线和非常高的传输功率,这在水下环境中是无法实现的。

虽然水下声波通信由于衰减小受到研究者普遍关注,但水声通信也存在需要解决的问题。水声信道存在有效带宽窄、传播时延长、误码率高的特征,且有效带宽与传输距离、传输频率具有一定的相关性,一个远自几千米的长距离水声点对点通信,有效带宽仅有几千赫,而对于一个几十米的短距离点对点水声通信,有效带宽可达几百千赫;另外,声波在水中传输还受到水中温度、盐度、洋流及季节的影响,速度约为1500m/s,比无线电波低 5 个数量级,致使水声通信的时延非常大。因此,研究快速、准确、方便的水下机器人的水下信息通信传输技术,也是水下机器人的重要研究方向之一,对多机器人水下作业、机器人与水面母船的信息交互都有重要意义。

1.4.5 自治水下机器人的水下路径规划与安全避障技术

由于海洋深处工作环境的复杂性和不可预测性,以及自治水下机器人自身携带动力能源有限、机器人高度自治的要求,为了使 AUV 能够在有限的动力能源下,高效完成多目标作业任务且能够有效避开障碍物,其水下路径规划与安全避障技术研究十分关键。目前移动机器人路径规划技术虽然得到了较为深入的研究,取得了一系列的研究成果,但自治水下机器人路径规划与安全航行的研究成果却非常有限[15-20]。和地面移动机器人路径规划研究相比,水下环境与一般地面环境有本质的区别:首先,地面环境可以不考虑气流对机器人运动的影响,但水下环境中海流的影响很大,而且海流还是动态时变的;其次,在地面移动机器人路径规划中,可以应用多种传感器进行目标探测与识别,而水下机器人由于本身载荷及深海作业环境的限制,传感器资源较少(主要是声纳识别),这必然影响机器人对目标和障碍物的准确判定;最后,和地面环境相比,水下噪声的干扰也更频繁、更严重。这一切使得移动机器人水下路径规划比地面路径规划更加复杂。

自治水下机器人路径规划与避障技术研究主要集中在两个方面:一是自治水下机器人多目标全局路径规划算法。目前的移动机器人路径规划大多是考虑单目标、多障碍物的规划问题。但 AUV 在水下作业常常是一个多目标(多任务)的规划,它需要观察多个不同地点的水域目标,同时 AUV 是自带动力,能源受到限制,必须在最短时间内完成多目标点作业,因此,全局路径规划就是要保证 AUV 到达所有目标点的路径最优、时间最短。另外,对多 AUV 多任务作业来说,还存在多任务分配问题。二是自治水下机器人局部路径规划。对自治水下机器人 AUV 来说,其每一个具体观察目标(水域)和周围可能存在一个或多个障碍物,这些障碍物既有静态的(如海底的礁石、海沟、禁止航区等),也有动态障碍物(如其他 AUV、移动的冰山等)。针对这种特殊的水下海洋环境,如何设计出自治水下机器人 AUV 局部路径规划方法,有效避开障碍物,是 AUV 路径规划的另一个重要问题。这里面包含具体有效的规划算法、AUV 水下避障技术及路径规划的"死区"(Deadlock Situation)问题等。

自治水下机器人路径规划的具体方法可以分为传统的路径规划方法和现代路径规划策略。前者主要包括模板匹配路径规划技术、人工势场路径规划技术、地图构建路径规划技术等,后者主要是人工智能路径规划技术,是将现代人工智能技术应用于机器人的路径规划之中,如人工神经网络、进化计算、模糊逻辑与信息融合等。

1.4.6　水下机器人的运动控制技术

与普通机器人相似,目前水下机器人控制系统采用的软件体系结构并不统一,这些结构各有优劣。就具体的水下机器人而言,采用何种体系结构需综合考虑其能控性、稳定性、响应速度、通信、数据管理和模块化等[2]。软件体系中的各模块大体可分为高层任务规划模块和底层控制模块,前者根据任务需要产生导航或决策等指令,而后者则根据传感器信息及导航/决策指令产生控制指令以驱动执行机构。需要指出的是,底层控制模块(如深度、高度控制和航向控制)通常需要根据水下机器人的动力学来设计,而水下机器人动力学方程是一个6自由度的非线性、强耦合控制系统,实现具体控制运动时,需要进行合理的解耦与简化。另外,考虑到水下机器人模型不确定性和环境干扰(如海流等),底层控制必须具有足够的鲁棒性和容错功能。

通常水下机器人的基本控制方式有PID控制、自适应控制、神经网络控制和模糊控制变结构滑模控制等几种[11]。PID控制为经典控制策略,对水下机器人的模型精度要求较高;神经网络控制的优点是充分考虑到了水下机器人的强非线性和各个自由度之间的耦合性,能够跟踪学习系统自身或外围环境的缓慢变化,其缺点是不仅结构和参数不易确定,而且存在样本获取困难、学习训练时间较长、实时性较差的缺陷;模糊控制的设计比较简单,而且稳定性也较好,但是众多的模糊变量以及隶属度函数的选取需要有丰富的操纵经验,在实际海上试验中,调试时间往往是有限的,过于复杂的参数调整制约了模糊控制技术在水下机器人运动控制中的应用;变结构滑模控制对具有不确定性动力学系统来说是一种重要的方法,不严格地说,对于状态空间的一个特定子空间的参数变化和外部扰动,变结构控制具有完全或较高的鲁棒性,因此在一些场合比较适合水下机器人控制,但变结构滑模控制解并不唯一,最大的缺点是在控制过程中会出现抖振现象,从而限制了它的应用。

水下机器人的控制技术是机器人的核心之一,本书将在第2章具体阐述水下机器人的控制技术。

1.4.7 水下机器人的其他技术

1. 水下机器人的水下承压、密封及特种材料技术

目前,AUV 的微型计算机、电子元器件和电池组一般都被放置在一个或数个耐压舱中。耐压舱的强度决定了 AUV 的工作深度,此外采用质量小的耐压舱还可提高 AUV 的续航时间。耐压舱的形状主要为带半球形封盖的圆柱体,而其材料主要有金属材料和复合材料,金属材料中最常用的是铝合金,由于钛合金具有良好的机械性能、抗腐蚀性能和无磁性,可以预计随着成本的降低以及制造工艺的改进,钛合金将得到广泛应用。中船重工集团 702 所的 7000m 载人潜水器采用的就是钛合金球体耐压舱。

AUV 材料技术开发的重点是廉价的轻型材料,这类材料应具有大浮力、大强度、耐腐蚀及抗生物附着等特点[12]。材料类型包括塑料、玻璃钢、陶瓷和合成物等,可以用玻璃纤维和石墨碳复合材料制造高强度轻型非铁质壳体。使用石墨复合材料的难点是穿透壳体的零件的密封、壳体连接、肋骨配置形式以及散热问题,采用金属基体复合材料也许能解决上述难题。

2. 水下机器人的系统辨识技术

系统辨识是水下机器人运动控制、状态监测、诊断及容错系统开发的基础。目前,水下机器人的系统辨识方法主要有基于模型的系统参数辨识与基于神经网络等人工智能方法的系统辨识[33]。如 Ridao 等人[34]利用最小二乘法对开架式水下机器人进行了艏向、纵向、潜浮及横移自由度的动力学模型辨识;Marco 等人[35]利用递归的卡尔曼滤波器进行了 Phoenix 水下机器人纵向自由度方向的动力学模型辨识并进行了建模误差分析。目前,有关水下机器人的系统辨识方法都是针对水下机器人的某些自由度,在模型简化和环境简化的前提下进行水下机器人模型参数辨识,实验数据绝大多数是在理想水池中取得的。但是实际的情况常常是:由于水下机器人硬件配置改变、海流的影响、配置的水下机械手作业影响而引起动态特性变化;另外,水下机器人各个自由度之间存在相互耦合。因此,真正实用、有效、准确的系统辨识方法还有待进一步研究与探讨,特别是要研究各种实际海洋环境的在线

水下机器人模型辨识技术。

3. 水下机器人的系统仿真技术

智能水下机器人通常工作在无法预知的或危险的环境中,在保持空间运动控制的同时,完成复杂的任务与使命。由于水下机器人工作环境的不可接近性,使得其硬件与软件体系的研究、开发和测试比较困难,研究人员难以对其行为进行监控。为此,有必要研究和开发水下机器人的系统仿真器,使其成为研究工作的重要手段,即以仿真器作为调试平台,对水下机器人各分系统进行调试和检验,对所研究的机器人硬、软件进行正式试验之前的试验性评估[2]。通过建立系统仿真平台,在实验室环境下仿真各种海况以及水下机器人在执行任务中可能出现的故障以及产生的后果,从而制定相应的对策,这对于水下机器人的安全性和可靠性测试是尤为重要的。另外,在正式试验结束之后,仿真器可以根据记录的各种传感器数据、系统状态的转换数据等,再现整个作业过程,从而可以对水下机器人在控制指令下的动态响应和各软件的执行情况进行进一步分析。

参 考 文 献

[1] 蒋新松,封锡盛,王棣棠. 水下机器人. 沈阳:辽宁科学技术出版社,2000:225 - 226.

[2] 徐玉如,庞永杰,甘永,等. 智能水下机器人技术展望. 智能系统学报,2006,1(1):9 - 16.

[3] 桑恩方,沈郑燕,高云超. 水下机器人关键技术研究. 机器人技术与应用,2008,(4):12 - 15.

[4] 刘健,于闯,刘爱民. 无缆自治水下机器人控制方法研究. 机器人,2004,26(1):7 - 10.

[5] 晏勇,马培荪,王道炎,等. 深海 ROV 及其作业系统综述. 机器人,2005,27(1):20 - 23.

[6] 任福君,张岚,王殿君,等. 水下机器人的发展现状. 佳木斯大学学报(自然科学版),2000,18(4):317 - 320.

[7] 燕奎臣,李一平,袁学庆. 远程自治水下机器人研究. 机器人,2002,24(4):299 - 303.

[8] 侯巍,王树新,温秉权,等. 小型自治水下机器人控制系统研究开发. 机器人,2005,27(4):300 - 304.

[9] 封锡盛,刘永宽. 自治水下机器人研究开发的现状和趋势. 高技术通讯,1999,(9):55 - 59.

[10] 严卫生,徐德民,李俊,等. 自主水下航行器导航技术. 火力与指挥控制,2004,29(6):11 - 19.

[11] 王奎民,秦政,边信黔. 水下机器人自主控制系统的设计与实现. 系统仿真学报,2008,20

(14):3685 – 3701.

[12] 赵俊海,侯德永,马利斌,等. 新型复合材料在深海载人潜水器上的应用. 中国造船, 2008,49(2): 88 – 93.

[13] Akyildiz I F,Pompili D,Melodia T. Underwater acoustic sensor network: research challenges. Journal of Ad Hoc Networks,2005,3 (3):257 – 279.

[14] 田坦. 水下定位与导航技术. 北京:国防工业出版社,2007.

[15] Theodore W M,Kaveh A,Roger L W. Genetic algorithms for autonomous robot navigation. IEEE Instrumentation & Measurement Magazine,2007,12(1): 26 – 31.

[16] Aybars U. Path planning on a cuboid using genetic algorithms. Information Sciences,2008,17 (8):3275 – 3287.

[17] Wang X P,Feng Z P. GA – based path planning for multiple AUVs. International Journal of Control,2007,80(7):1180 – 1185.

[18] 刘利强,戴运桃,等. 基于蚁群算法的水下潜器全局路径规划技术研究. 系统仿真学报, 2007,19(18): 4174 – 4177.

[19] 王宏健,伍祥红,施小成. 基于蚁群算法的 AUV 全局路径规划方法. 中国造船, 2008, 49(2): 88 – 93.

[20] 徐玉如,姚耀中. 考虑海流影响的水下机器人全局路径规划研究. 中国造船,2008,49 (4): 109 – 114.

[21] http://transit – port. net/Lists/AUVs. Org. html.

[22] 封锡盛. 从有缆遥控机器人到自治水下机器人. 中国工程科学,2000,2(12):29 – 33.

[23] 朱大奇,陈亮. 一种无人水下机器人传感器故障诊断与容错控制方法. 控制与决策, 2009,24(9):1287 – 1293.

[24] 朱大奇,胡震. 无人水下机器人可靠性控制技术综述. 中国造船,2009,50(2):183 – 192.

[25] Zhu Daqi,Liu Qian, Yang Yongsheng. An active fault – tolerant control method of unmanned underwater vehicles with continuous and uncertain faults. International Journal of Advanced Robotic Systems,2008,5(4):411 – 418.

[26] Zhu Daqi,Liu Qian. An integrated fault – tolerant control for nonlinear systems with multi – fault. International Journal of Innovative Computing,Information and Control,2009,5(4):941 – 950.

[27] 袁芳,朱大奇. 无人水下机器人在线故障辨识及滑模容错控制. 系统仿真学报,2011,23 (2):351 – 357.

[28] Liu Qian,Zhu Daqi,Fault – tolerant control of unmanned underwater vehicles:simulations and experiments. International Journal of Advanced Robotic Systems,2009,6(4):301 – 308.

[29] Zhu Daqi,Liu Jing,Liu Qian. Particle swarm optimization approach to thruster fault – tolerant control of unmanned underwater vehicles. International Journal of Robotics and Automation, 2011,26(3):426 – 432.

[30] 颜明重,刘乾,朱大奇,等.基于神经网络的水下机器人容错控制方法与实验研究.船海工程,2009,38(5):138-142.

[31] 胡维莉,朱大奇,刘静.基于遗传算法的 UUV 容错控制律重构方法.控制工程,2011,18(3):413-416.

[32] 袁芳,朱大奇,叶银忠.基于 RCMAC 神经网络的水下机器人主动容错控制方法研究.华中科技大学学报,2009,37(S1):147-151.

[33] 张铭钧,胡明茂,徐建安.基于稳态自适应技术的水下机器人系统在线辨识.系统仿真学报,2008,20(18):5006-5009.

[34] Ridao P,Batlle J,Carreras M. Model identification of a low-speed UUV. Proceedings of the 1st IFAC workshop on guidance and control of underwater vehicles,2003. UK:IFAC,2003:47-52.

[35] Marco D B,Martins A,Healey A J. Surge motion parameter identification for NPS Phoenix AUV. International Advanced Robotics Program. IARP'98. Lafayette, Lousiana, USA:IARP,1998.

第2章　水下机器人控制技术

　　水下机器人控制系统是其机器智能的核心,其硬件包括不同用途的传感器、推进执行机构、水下载体、多个 CPU 等。构成完整的控制系统,除去控制系统的硬件外,为有效管理硬件间的传感器/数据流,需选择合理的软件体系结构。

　　软件体系中的各模块大体可分为高层任务规划模块和底层控制模块,前者根据任务需要产生导航或决策等指令,而后者则根据传感器信息及导航/决策指令产生控制指令以驱动执行机构。

　　本章主要讨论水下机器人的底层运动控制技术。从几个方面来讨论:一是水下机器人的运动学及动力学基础问题;二是水下机器人的推进器及其布置问题;三是运动控制系统的一些基本控制回路;最后介绍一些常用的闭环控制算法。

2.1　水下机器人的运动学基础

　　水下机器人在水下主要承受重力、浮力、推力、水动力、干扰力以及与这些力有关的各种力矩的作用。在这些力和力矩形成的合力和合力矩的作用下水下机器人产生 6 个自由度的空间运动。本节将讨论如何建立水下机器人空间运动的数学模型。讨论水下机器人的运动学问题,首先必须讨论水下机器人的坐标系及坐标变换问题。

2.1.1　坐标系及坐标变换

　　水下机器人的坐标系分为动坐标系和静坐标系两种[20-22],如图2-1所示。

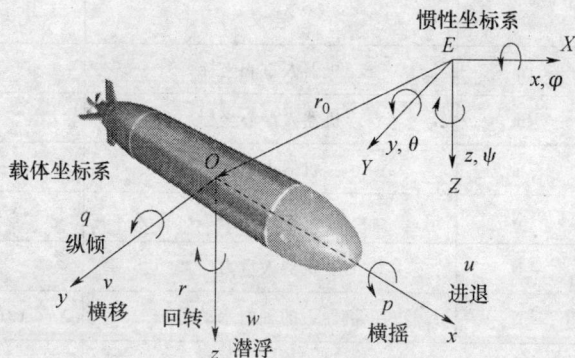

图 2 - 1　水下机器人坐标系示意图

1. 静坐标系

静坐标系也称惯性坐标系或地面坐标系(Earth - fixed Frame,E - Frame,$EXYZ$)。它的原点 E 可以取海面或海中的任何一点。规定 EZ 的正向指向地心,另外两个方向可以任意选取,如机器人的位置和方向可描述为 $\eta = [x\ y\ z\ \varphi\ \theta\ \psi]^\mathrm{T}$,其中:$x$、$y$、$z$ 分别为水下机器人在惯性坐标系中的位置;φ、θ、ψ 分别为水下机器人对惯性坐标系的横倾角、纵倾角、艏向角。

2. 动坐标系

动坐标系也称载体坐标系(Body - fixed Frame,B - Frame,$Oxyz$),载体坐标系是与水下机器人载体固定在一起的。一般来说,其原点与水下机器人的重心重合,Ox 与水下机器人的主对称轴一致,指向艏部为正;Oy 平行于基线面,指向右舷为正;Oz 位于潜水器主体中纵剖面内,指向底部为正;机器人的线速度,角速度及力、力矩在载体坐标系中描述。速度矢量 $V = [u\ v\ w\ p\ q\ r]^\mathrm{T}$,力和力矩矢量 $\tau = [X\ Y\ Z\ K\ M\ N]^\mathrm{T}$,其中:$u$、$v$、$w$ 分别为水下机器人线速度矢量在载体坐标系中的 3 个分量;p、q、r 分别为水下机器人角速度矢量在载体坐标系中的 3 个分量;X、Y、Z 分别为水下机器人的轴向、侧向、垂向水动力;K、M、N 分别为水下机器人横摇、纵倾、转艏水动力矩。相关参数定义如表 2 - 1 所列。

表 2 - 1　水下机器人坐标系相关参数定义

符　号	单位	定　义	无因次形式
$x_g 、y_g 、z_g$	m	机器人重心坐标	
$x_B 、y_B 、z_B$	m	机器人浮心坐标	
L	m	机器人长度	
B	N	机器人浮力	
W	N	机器人重力	
X	N	机器人的轴向水动力	$X' = X/(0.5\rho U^2 L^2)$
Y	N	机器人的侧向水动力	$Y' = Y/(0.5\rho U^2 L^2)$
Z	N	机器人的垂向水动力	$Z' = Z/(0.5\rho U^2 L^2)$
K	N·m	机器人的横摇水动力矩	$K' = K/(0.5\rho U^2 L^3)$
M	N·m	机器人的纵倾水动力矩	$M' = M/(0.5\rho U^2 L^3)$
N	N·m	机器人的转艏水动力矩	$N' = N/(0.5\rho U^2 L^3)$
$p 、q 、r$	rad/s	角速度矢量在载体坐标系中的3个分量	
T	N	机器人推力	
U	m/s	机器人运动线速度	
$u 、v 、w$	m/s	线速度矢量在载体坐标系中的3个分量	
$\varphi 、\theta 、\psi$	rad,(°)	机器人横倾角、纵倾角、艏向角	
$\dot{\varphi} 、\dot{\theta} 、\dot{\psi}$	rad/s,(°)/s	横倾角速度、纵倾角速度、转艏角速度	
ρ	kg/m³	机器人密度	

3. 水下机器人 6 自由度运动

水下机器人在水中运动与地面机器人不同,它存在 6 个自由度,即进退、横移、潜浮、横摇、纵倾和回转,如图 2 - 2 所示。具体含义如下:

(1)进退:沿 x 轴的直线运动。正向为前进,反向为后退。出现概率为 100%。

（2）横移：也称侧移，沿 y 轴的直线运动。y 轴正向为右移，反向为左移。出现概率较小。

（3）潜浮：沿 z 轴的直线运动。沿 z 轴正向运动为下潜，反之为上浮。出现概率较大。

（4）横摇：以 x 轴为中心的转动，也称横倾。右倾横倾角为正，反之为负。出现概率较小。

（5）纵倾：以 y 轴为中心的转动。纵倾角抬艏（即尾倾）为正，反之为负。出现概率较小。

（6）回转：也称转艏，以 z 轴为中心的转动。艏向角右转为正，反之为负。出现概率为 100%。

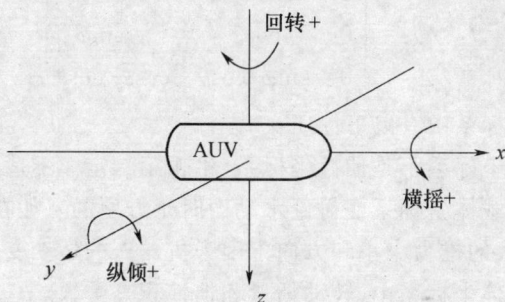

图 2-2　水下机器人 6 自由度运动

在惯性坐标系中，根据牛顿第二定律有

$$F_X = m\ddot{x}, F_Y = m\ddot{y}, F_Z = m\ddot{z} \qquad (2-1)$$

式中：m 为机器人质量；F_X、F_Y 和 F_Z 分别为合力在 3 个轴向的分量。和惯性坐标系不同，载体坐标系的原点有速度、加速度、角速度和角加速度，牛顿第二定律在此不适用。

4. 坐标变换

水下机器人的空间位置在惯性坐标系中的 3 个分量 x、y、z 以及载体坐标系（水下机器人）对于惯性坐标系的 3 个姿态角 φ（横倾角）、θ（纵倾角）和 ψ（艏向角），用矢量 $\boldsymbol{\eta} = [x\ y\ z\ \varphi\ \theta\ \psi]^{\mathrm{T}}$ 表示，载体坐标系的速度矢量 $\boldsymbol{V} = [u\ v\ w\ p\ q\ r]^{\mathrm{T}}$，则惯性坐标系和载体坐标系的速度矢

量之间的关系为

$$\dot{\eta} = J(\eta)V \qquad (2-2)$$

从载体坐标系到惯性坐标系的坐标转换矩阵为

$$J(\eta) = \begin{bmatrix} J_1 & \mathbf{0}_{3\times3} \\ \mathbf{0}_{3\times3} & J_2 \end{bmatrix} \qquad (2-3)$$

式中

$$J_1(\eta) = \begin{bmatrix} \cos\psi\cos\theta & \cos\psi\sin\theta\sin\varphi - \sin\psi\cos\varphi & \cos\psi\sin\theta\cos\varphi + \sin\psi\sin\varphi \\ \sin\psi\cos\theta & \sin\psi\sin\theta\sin\varphi + \cos\psi\cos\varphi & \sin\psi\sin\theta\cos\varphi - \cos\psi\sin\varphi \\ -\sin\theta & \cos\theta\sin\varphi & \cos\theta\cos\varphi \end{bmatrix}$$

$$J_2(\eta) = \begin{bmatrix} 1 & \tan\theta\sin\varphi & \cos\varphi\tan\theta \\ 0 & \cos\varphi & -\sin\varphi \\ 0 & \sin\varphi/\cos\theta & \cos\varphi/\cos\theta \end{bmatrix}$$

在载体坐标系中有以下性质:

(1)载体坐标系不是惯性坐标系,牛顿第二定律不适用。

(2)引入载体坐标系在讨论水动力时是方便的。如在载体坐标系中,水下机器人的推力大小和方向不因为机器人的运动变化而改变。

(3)在载体坐标系中,转动惯量和惯性积是常数。

2.1.2 水下机器人空间运动数学模型

1. 运动模型

水下机器人在水下的运动是一种6自由度的空间运动,可以用载体坐标系下的沿3个轴的直线运动和绕3个轴的转动来表示[1]。设水下机器人重心 G 不与载体坐标系的原点 O 重合,G 在载体坐标系中的坐标为 x_g、y_g、z_g,则 $\mathbf{R}_g = x_g\mathbf{i} + y_g\mathbf{j} + z_g\mathbf{k}$。对水下机器人动力学方程来说,如果仅仅考虑推进器的推力和力矩,而不考虑其他动力,则水下机器人在载体坐标系中的简化动力学运动控制方程可以表示为[20-22]

$$\mathbf{M}_{RB}\dot{V} + \mathbf{C}_{RB}(v)V = \boldsymbol{\tau}_{RB} \qquad (2-4)$$

式中:$\mathbf{M}_{RB}$ 是刚体的惯量矩阵;$\mathbf{C}_{RB}$ 为科氏项和离心项矩阵;$\boldsymbol{\tau}_{RB}$ 仅为推进器的推力和力矩,$\boldsymbol{\tau} = \boldsymbol{\tau}_{RB} = [X\ Y\ Z\ K\ M\ N]^{\mathrm{T}}$。其中

$$\boldsymbol{M}_{RB} = \begin{bmatrix} m & 0 & 0 & 0 & mz_G & -my_G \\ 0 & m & 0 & -mz_G & 0 & mx_G \\ 0 & 0 & m & my_G & -mx_G & 0 \\ 0 & -mz_G & my_G & I_x & -I_{xy} & -I_{xz} \\ mz_G & 0 & -mx_G & -I_{yx} & I_y & -I_{yz} \\ -my_G & mx_G & 0 & -I_{zx} & -I_{zy} & I_z \end{bmatrix}$$

$$(2-5)$$

$$\boldsymbol{C}_{RB}(v) = \begin{bmatrix} 0 & 0 & 0 \\ 0 & 0 & 0 \\ 0 & 0 & 0 \\ -m(y_G q + z_G r) & m(y_G p + w) & m(z_G p - v) \\ m(x_G p + w) & -m(z_G r + x_G p) & m(z_G q + u) \\ m(x_G r - v) & m(y_G r - u) & -m(x_G p + y_G q) \end{bmatrix}$$

$$\begin{matrix} m(y_G q + z_G r) & -m(x_G q - w) & -m(x_G r + v) \\ -m(y_G p + w) & m(z_G r + x_G p) & -m(y_G r - u) \\ -m(z_G p - v) & -m(z_G q + u) & m(x_G p + y_G q) \\ 0 & -I_{yz} q - I_{xz} p + I_z r & I_{yz} r + I_{xy} p - I_y q \\ I_{yz} q + I_{xz} p - I_z r & 0 & -I_{xz} r - I_{xy} q + I_x p \\ -I_{yz} r - I_{xy} p + I_y q & I_{xz} r + I_{xy} q - I_x p & 0 \end{matrix} \quad (2-6)$$

将 $\boldsymbol{M}_{RB}$ 和 $\boldsymbol{C}_{RB}$ 矩阵分别代入式(2-4),则可以得到水下机器人在载体坐标系中的 6 自由度运动方程。3 个分力的表达式如下:

纵向力(x 轴方向)为

$$X = m[\dot{u} - vr + wq - x_g(q^2 + r^2) +$$
$$y_g(pq - \dot{r}) + z_g(pr + \dot{q})] = \sum X_i \qquad (2-7)$$

横向力(y 轴方向)为

$$Y = m[\dot{v} - wp + ur - y_g(r^2 + q^2) +$$
$$z_g(pr - \dot{p}) + x_g(qp + \dot{r})] = \sum Y_i \qquad (2-8)$$

垂向力(z轴方向)为

$$Z = m[\dot{w} - uq + vp - z_g(p^2 + q^2) +$$
$$x_g(rp - \dot{q}) + y_g(rp + \dot{p})] = \sum Z_i \qquad (2-9)$$

3个力矩的表达式如下：

绕 x 轴为

$$K = I_x\dot{p} + (I_z - I_y)qr + m[y_g(\dot{w} - uq + vp) - z_g(\dot{v} - wp + ur)] -$$
$$(\dot{r} + pq)I_{xz} + (r^2 - q^2)I_{yz} + (pr - \dot{q})I_{xy} = \sum K_i \qquad (2-10)$$

绕 y 轴为

$$M = I_y\dot{q} + (I_x - I_z)rp + m[z_g(\dot{u} - vr + wq) - x_g(\dot{w} - uq + vp)] -$$
$$(\dot{p} + qr)I_{xy} + (p^2 - r^2)I_{zx} + (qp - \dot{r})I_{yz} = \sum M_i \qquad (2-11)$$

绕 z 轴为

$$N = I_z\dot{r} + (I_y - I_x)pq + m[x_g(\dot{v} - wp + ur) - y_g(\dot{u} - vr + wq)] -$$
$$(\dot{q} + rp)I_{yz} + (p^2 - q^2)I_{xy} + (rq - \dot{p})I_{xz} = \sum N_i \qquad (2-12)$$

根据刚体动力学原则，将水下机器人看成一个质点，则式(2-7)～式(2-12)中，水下机器人在载体坐标系中关于 x、y、z 轴的转动惯量为

$$I_x = I_{xg} + m(y_g^2 + z_g^2)$$
$$I_y = I_{yg} + m(x_g^2 + z_g^2)$$
$$I_z = I_{zg} + m(y_g^2 + x_g^2)$$
$$I_{xy} = mx_gy_g$$
$$I_{yz} = my_gz_g$$
$$I_{xz} = mx_gz_g$$

式(2-7)～式(2-12)即为在推进器推力作用下的水下机器人6自由度运动方程，从中可见6自由度之间是相互耦合的，且存在非线性，其水下运动规律十分复杂。为了简化问题，若假设水下机器人在航行时只改变深度，不改变航向，则其重心保持在垂直平面内；同样，若水下机

42

器人在航行时只改变航向,不改变深度,则其重心保持在水平面内。基于此假设,可以将水下机器人的水下空间运动分解成水平面运动和垂直面运动,并忽略这两个平面之间的耦合影响。由于大多数情况下,水下机器人的运动速度较低,因此上述假设是成立的。

2. 水平面运动

水下机器人在水平面运动时,有 $w = 0, p = q = 0$,则其运动方程简化为

$$X = m(\dot{u} - vr - x_g r^2 - y_g \dot{r}) \tag{2-13}$$

$$Y = m(\dot{v} + ur - y_g r^2 - x_g \dot{r}) \tag{2-14}$$

$$N = I_z \dot{r} + m[x_g(\dot{v} + ur) - y_g(\dot{u} - vr)] \tag{2-15}$$

假如水下机器人的重心与载体坐标系原点重合,有 $x_g = y_g = z_g = 0$,则可进一步简化方程:

$$X = m(\dot{u} - vr) \tag{2-16}$$

$$Y = m(\dot{v} + ur) \tag{2-17}$$

$$N = I_{zg}\dot{r} \tag{2-18}$$

3. 垂直面运动

水下机器人在垂直面(纵垂面)运动时,有 $v = 0, p = r = 0$,则其运动方程简化为

$$X = m(\dot{u} - wq - x_g q^2 + z_g \dot{q}) \tag{2-19}$$

$$Z = m(\dot{w} - uq - z_g q^2 - x_g \dot{q}) \tag{2-20}$$

$$M = I_y \dot{q} + m[z_g(\dot{u} + wq) - x_g(\dot{w} - uq)] \tag{2-21}$$

假如水下机器人的重心与载体坐标系原点重合,有 $x_g = y_g = z_g = 0$,则可进一步简化方程:

$$X = m(\dot{u} - wq) \tag{2-22}$$

$$Z = m(\dot{w} - uq) \tag{2-23}$$

$$M = I_{yg}\dot{q} \tag{2-24}$$

同样对横垂面运动,有 $u = 0, q = r = 0$,则其运动方程简化为

$$Y = m(\dot{v} + wq - y_g p^2 + z_g \dot{p})$$

$$Z = m(\dot{w} - vq - z_g p^2 - y_g \dot{p})$$

$$K = I_x \dot{p} + m \left[y_g(\dot{w} + vp) - z_g(\dot{v} - wp) \right]$$

假如水下机器人的重心与载体坐标系原点重合，有 $x_g = y_g = z_g = 0$，则可进一步简化方程：

$$Y = m(\dot{v} + wq), Z = m(\dot{w} - vq), K = I_{xg}\dot{p}$$

4. 运动关系及坐标转换

运动关系：

$$\dot{\varphi} = p + q\tan\theta\sin\varphi + r\tan\theta\cos\varphi \qquad (2-25)$$

$$\dot{\theta} = q\cos\varphi - r\sin\varphi \qquad (2-26)$$

$$\dot{\psi} = (q\sin\varphi + r\cos\varphi)/\cos\theta \qquad (2-27)$$

如果水下机器人的重心与载体坐标系的原点重合，则水下机器人的运动轨迹的坐标变换为

$$\dot{x} = u\cos\psi\cos\theta + v(\cos\psi\sin\theta\sin\varphi - \sin\psi\cos\varphi) +$$
$$w(\cos\psi\sin\theta\cos\varphi + \sin\psi\sin\varphi) \qquad (2-28)$$

$$\dot{y} = u\sin\psi\cos\theta + v(\sin\psi\sin\theta\sin\varphi + \cos\psi\cos\varphi) +$$
$$w(\sin\psi\sin\theta\cos\varphi - \cos\psi\sin\varphi) \qquad (2-29)$$

$$\dot{z} = -u\sin\theta + v\cos\theta\sin\varphi + w\cos\theta\cos\varphi \qquad (2-30)$$

式中：x、y、z、φ、θ、ψ 分别为水下机器人在惯性坐标系的位置和姿态坐标。从理论上来说，依据载体坐标系中式（2-7）~式（2-12），可以得到速度矢量 $V = [u\ v\ w\ p\ q\ r]^T$ 的解，再根据 $\dot{\eta} = J(\eta)V$，由式（2-25）~式（2-30）就可得到水下机器人在惯性坐标系中的3个位置分量 x、y、z 以及3个姿态角 φ、θ 和 ψ。

2.2 水下机器人的动力学基础

在实际的水下机器人运动控制中，式（2-7）~式（2-12）运动方程右端的力和力矩，并不仅仅是推进器的作用，还有作用在水下机器人载体上其他各种外力的合力及其力矩，各种力中包括静力（重力和浮

力)、流体动力、其他各种扰动力。所以运动方程式中 X、Y、Z、K、M、N 中的各分量分类如下:

(1) 流体动力和力矩项:X_1、Y_1、Z_1、K_1、M_1、N_1。

(2) 推进器推力和力矩项:X_2、Y_2、Z_2、K_2、M_2、N_2。

(3) 重力、浮力和力矩项:X_3、Y_3、Z_3、K_3、M_3、N_3(对 AUV 来说重力 ≈ 浮力)。

(4) 外扰动力和力矩项:X_4、Y_4、Z_4、K_4、M_4、N_4。

2.2.1 水动力和力矩

水下机器人的流体动力是它在无限水域中运动时作用在其上的水动力。一般说来,水动力特性及大小与载体的下列因素有关:

(1) 几何外形即载体的尺度和形状;

(2) 载体的运动状态,主要是指载体的速度、角速度、加速度及角加速度;

(3) 流场的性质,包括流场的物理特性和流场的几何特性;

(4) 操纵因素。

若把推进器及其附体产生的推力和力矩单独考虑,并忽略它们和流体力之间的相互影响,在水下机器人的结构已经确定的情况下,且在无限大流场中工作,则流体动力 $F_1(X_1,Y_1,Z_1)$ 和流体动力矩 $G_1(K_1,M_1,N_1)$ 是水下机器人运动参数的函数,即

$$F_1 = f(u,v,w,\dot{u},\dot{v},\dot{w},p,q,r,\dot{p},\dot{q},\dot{r})$$
$$G_1 = g(u,v,w,\dot{u},\dot{v},\dot{w},p,q,r,\dot{p},\dot{q},\dot{r}) \qquad (2-31)$$

式(2-31)中主要包含两项内容,一是与速度有关的黏性水动力,二是与加速度有关的惯性类水动力。将上述函数展开为泰勒级数,展开式中只保留二阶项(依据工程实用和环流分离理论,水下机器人惯性大,运动变化率小,属于缓慢运动),加速度项($\dot{u},\dot{v},\dot{w},\dot{p},\dot{q},\dot{r}$)只取线性项,且各速度项均无交叉影响。由于水下机器人是对 Xoz 平面的对称体,展开式中某些项为零或近似为零而舍去,并引入无因次偏导数,于是得到水下机器人载体流体动力 6 个分量的展开式如下:

$$X_1 = \frac{\rho}{2}L^4 [X'_{qq}q^2 + X'_{rr}r^2 + X'_{rp}rp] +$$

$$\frac{\rho}{2}L^3 [X'_{\dot{u}}\dot{u} + X'_{vr}vr + X'_{wq}wq] +$$

$$\frac{\rho}{2}L^2 [X'_{uu}u^2 + X'_{vv}v^2 + X'_{ww}w^2] \qquad (2-32)$$

$$Y_1 = \frac{\rho}{2}L^4 [Y'_{\dot{r}}\dot{r} + Y'_{\dot{p}}\dot{p} + Y'_{p|p|}p|p| +$$

$$Y'_{pq}pq + Y'_{qr}qr + Y'_{r|r|}r|r|] +$$

$$\frac{\rho}{2}L^3 [Y'_{\dot{v}}\dot{v} + Y'_{vq}vq + Y'_{wp}wp + Y'_{wr}wr] +$$

$$\frac{\rho}{2}L^3 [Y'_r ur + Y'_p up + Y'_{v|r|}\frac{v}{|v|}(v^2 + w^2)^{\frac{1}{2}}|r|] +$$

$$\frac{\rho}{2}L^2 [Y'_* u^2 + Y'_v uv + Y'_{v|v|}v|(v^2 + w^2)^{\frac{1}{2}}|] +$$

$$\frac{\rho}{2}L^2 [Y'_{vw}vw] \qquad (2-33)$$

$$Z_1 = \frac{\rho}{2}L^4 [Z'_{\dot{q}}\dot{q} + Z'_{pp}p^2 + Z'_{rr}r^2 + Z'_{rp}rp + Z'_{q|q|}q|q|] +$$

$$\frac{\rho}{2}L^3 [Z'_{\dot{w}}\dot{w} + Z'_{vr}vr + Z'_{vp}vp] +$$

$$\frac{\rho}{2}L^3 [Z'_q uq + Z'_{w|q|}\frac{w}{|w|}(v^2 + w^2)^{\frac{1}{2}}||q|] +$$

$$\frac{\rho}{2}L^2 [Z'_* u^2 + Z'_w uw + Z'_{w|w|}w|(v^2 + w^2)^{\frac{1}{2}}|] +$$

$$\frac{\rho}{2}L^2 [Z'_{|w|}u|w| + Z'_{ww}|w(v^2 + w^2)^{\frac{1}{2}}|] +$$

$$\frac{\rho}{2}L^2 [Z'_{vv}v^2] \qquad (2-34)$$

$$K_1 = \frac{\rho}{2} L^5 \left[K'_{\dot{p}} \dot{p} + K'_{\dot{r}} \dot{r} + K'_{qr} qr + K'_{p|p|} p \mid p \mid + \right.$$

$$\left. K'_{pq} pq + K'_{r|r|} r \mid r \mid \right] + \frac{\rho}{2} L^4 \left[K'_p up + K'_r ur + K'_{\dot{v}} \dot{v} \right] +$$

$$\frac{\rho}{2} L^4 \left[K'_{vq} vq + K'_{wp} wp + K'_{wr} wr \right] +$$

$$\frac{\rho}{2} L^3 \left[K'_* u^2 + K'_v uv + K'_{v|v|} v \mid (v^2 + w^2)^{1/2} \mid \right] +$$

$$\frac{\rho}{2} L^3 \left[K'_{vw} vw \right] \tag{2-35}$$

$$M_1 = \frac{\rho}{2} L^5 \left[M'_{\dot{q}} \dot{q} + M'_{pp} p^2 + M'_{rr} r^2 + M'_{rp} rp + M'_{q|q|} q \mid q \mid \right] +$$

$$\frac{\rho}{2} L^4 \left[M'_{\dot{w}} \dot{w} + M'_{vr} vr + M'_{vp} vp \right] +$$

$$\frac{\rho}{2} L^4 \left[M'_q uq + M'_{|w|q} \mid (v^2 + w^2)^{\frac{1}{2}} \mid q \right] +$$

$$\frac{\rho}{2} L^3 \left[M'_* u^2 + M'_w uw + M'_{w|w|} w \mid (v^2 + w^2)^{\frac{1}{2}} \mid \right] +$$

$$\frac{\rho}{2} L^3 \left[M'_{|w|} u \mid w \mid + M'_{ww} \mid w (v^2 + w^2)^{\frac{1}{2}} \mid \right] +$$

$$\frac{\rho}{2} L^3 \left[M'_{vv} v^2 \right] \tag{2-36}$$

$$N_1 = \frac{\rho}{2} L^5 \left[N'_{\dot{r}} \dot{r} + N'_{\dot{p}} \dot{p} + N'_{p|p|} p \mid p \mid + N'_{pq} pq + N'_{qr} qr + N'_{r|r|} r \mid r \mid \right] +$$

$$\frac{\rho}{2} L^4 \left[N'_{\dot{v}} \dot{v} + N'_{wr} wr + N'_{wp} wp + N'_{vq} vq \right] +$$

$$\frac{\rho}{2} L^4 \left[N'_p up + N'_r ur + N_{|v|r} \mid (v^2 + w^2)^{1/2} \mid r \right] +$$

$$\frac{\rho}{2}L^3\left[N'_*u^2 + N'_vuv + N'_{v|v|}v\mid(v^2+w^2)^{1/2}\mid\right]+$$

$$\frac{\rho}{2}L^3\left[N'_{vw}vw\right] \qquad (2-37)$$

式(2-32)～式(2-34)分别为水下机器人的轴向、纵向及垂向水动力表达式;式(2-35)～式(2-37)分别为水下机器人横摇、纵倾和转艏的水动力力矩。式中:ρ为流体密度;L为载体长度;u、v、w及p、q、r为水下机器人的速度和角速度;其他各项如X'_{qq}、$X'_{\dot{u}}$、N'_{vw}等分别为水下机器人不同性质的水动力系数,需要通过实验测定或解析计算。

2.2.2　推进器的推力和推力矩

水下机器人大多数采用推进器作为运动控制部件,推进器产生的推力也可以看成是一种水动力。水下机器人的推进器是由电动机和螺旋桨组成,电动机的转速与螺旋桨转速不一定匹配,为了得到较高的推进效率,两者中间常采用减速器。水下机器人的螺旋桨主要有两种形式,即导管式和槽道式。按螺距是否可调,可以将螺旋桨分成可调螺旋桨和定距螺旋桨两种。在水下机器人中主要使用定距螺旋桨。定距螺旋桨的推力由下式表示:

$$\boldsymbol{T} = \left[T_x\ T_y\ T_z\right]^T = \rho n^2 D^4 K_T \qquad (2-38)$$

式中:D为螺旋桨直径;n为螺旋桨转速;K_T为推力系数。为了产生这一推力,螺旋桨需要输入的力矩为

$$\boldsymbol{M}_T = \left[M_{Tx}\ M_{Ty}\ M_{Tz}\right]^T = \rho n^2 D^5 K_M \qquad (2-39)$$

式中:K_M为力矩系数。

螺旋桨的敞水效率定义为

$$\eta_0 = \frac{J}{2\pi}\cdot\frac{K_T}{K_M} = \frac{TV_A}{2\pi n M_T} \qquad (2-40)$$

式中:V_A为螺旋桨的运动速度(相对于远处水的速度);J为进速系数,$J = \dfrac{V_A}{nD}$。

上面介绍了推进器的相关概念,但在实际应用时常使用一些简化模型:

$$\dot{\omega} = \alpha\left(\frac{T_d}{C_T} - \omega\mid\omega\mid\right), T_a = C_T\omega\mid\omega\mid \qquad (2-41)$$

式中：ω 为螺旋桨的角速度；C_T、α 为常数；T_d、T_a 分别为期望推力和实际推力。推进器的推力及推力矩在水下机器人空间运动方程的表现形式，还与水下机器人的推进器布置有关，不同的布置，其 X_2、Y_2、Z_2、K_2、M_2、N_2 表达式不同。

2.2.3　浮力、重力和浮力矩、重力矩

浮力与重力的方向总是指向地心，但在载体坐标系的各个轴上均有分量表达。对水下机器人来说，特别是潜浮式水下机器人来说，两者大小基本相等，方向相反。

下面是重心和浮心在各坐标轴的分量。

X 轴： $\qquad f_u = (B-W)\sin\theta = X_3 \qquad\qquad (2-42)$

Y 轴： $\qquad f_v = (W-B)\cos\theta\sin\theta = Y_3 \qquad\qquad (2-43)$

Z 轴： $\qquad f_w = (W-B)\cos\theta\sin\varphi = Z_3 \qquad\qquad (2-44)$

绕 X 轴：$f_p = (y_g W - y_B B)\cos\theta\sin\varphi - (z_g W - z_B B)\cos\theta\sin\varphi = K_3$

$$(2-45)$$

绕 Y 轴：$f_q = (x_B B - x_g W)\cos\theta\cos\varphi + (z_B B - z_g W)\sin\theta = M_3 \quad (2-46)$

绕 Z 轴：$f_r = (x_g W - x_B B)\cos\theta\sin\varphi + (y_g W - y_B B)\sin\theta = N_3 \quad (2-47)$

2.2.4　外部扰动力

外部扰动力项主要包括机械手操作对航行器的扰动和水流的作用。作为环境条件的水流假定为均匀流，而且只有在沉底时才有作用，水流在各坐标轴上的分量为 T_{Hx}、T_{Hy}、T_{Hz}。机械手操作时对载体的作用计算较复杂，还有待进一步研究，暂时不考虑。

2.2.5　水下机器人空间动力学运动方程

根据上面的水下机器人力学分析，可以得到水下机器人在载体坐标系中的非线性动力学运动方程如下[20]：

$$M\dot{V} + C(v)V + D(v)V + g(\eta) = \tau \qquad (2-48)$$

49

式中:M 为惯量矩阵;$D(v)$ 为水动力损失项;$C(v)$ 为科氏项和离心项矩阵;$g(\eta)$ 为静力(重力与浮力合力)项;τ 为推进器控制输入;$V = [u\ v\ w\ p\ q\ r]^T$。

假设载体坐标系的原点不与重心重合,且不考虑海流的影响,则将式(2-48)展开,得到水下机器人的空间动力学运动方程如下:

$$m[\dot{u} - vr + wq - x_g(q^2 + r^2) + y_g(pq - \dot{r}) + z_g(pr + \dot{q})] =$$

$$T_x - (W - B)\sin\theta + \frac{\rho}{2}L^4[X'_{qq}q^2 + X'_{rr}r^2 + X'_{rp}rp] +$$

$$\frac{\rho}{2}L^3[X'_{\dot{u}}\dot{u} + X'_{vr}vr + X'_{wq}wq] +$$

$$\frac{\rho}{2}L^2[X'_{uu}u^2 + X'_{vv}v^2 + X'_{ww}w^2] \qquad (2-49)$$

$$m[\dot{v} - wp + ur - y_g(r^2 + q^2) + z_g(pr - \dot{p}) + x_g(qp + \dot{r})] =$$

$$T_y + (W - B)\cos\theta\sin\theta + \frac{\rho}{2}L^4[Y'_{\dot{r}}\dot{r} + Y'_{\dot{p}}\dot{p} + Y'_{p|p|}p\mid p\mid +$$

$$Y'_{pq}pq + Y'_{qr}qr + Y'_{r|r|}r\mid r\mid] +$$

$$\frac{\rho}{2}L^3[Y'_{\dot{v}}\dot{v} + Y'_{vq}vq + Y'_{wp}wp + Y'_{wr}wr] +$$

$$\frac{\rho}{2}L^3\left[Y'_r ur + Y'_p up + Y'_{v|r|}\frac{v}{\mid v\mid}\mid(v^2 + w^2)^{\frac{1}{2}}\mid\mid r\mid\right] +$$

$$\frac{\rho}{2}L^2\left[Y'_* u^2 + Y'_v uv + Y'_{v|v|}v\mid(v^2 + w^2)^{\frac{1}{2}}\mid\right] + \frac{\rho}{2}L^2[Y'_{vw}vw]$$

$$(2-50)$$

$$m[\dot{w} - uq + vp - z_g(p^2 + q^2) + x_g(rp - \dot{q}) + y_g(rp + \dot{p})] =$$

$$T_z + (W - B)\cos\theta\sin\varphi + \frac{\rho}{2}L^4[Z'_{\dot{q}}\dot{q} + Z'_{pp}p^2 + Z'_{rr}r^2 +$$

$$Z'_{rp}rp + Z'_{q|q|}q\mid q\mid] + \frac{\rho}{2}L^3[Z'_{\dot{w}}\dot{w} + Z'_{vr}vr + Z'_{vp}vp] +$$

$$\frac{\rho}{2}L^3\left[Z'_q uq + Z'_{w|q|}\frac{w}{\mid w\mid}\mid(v^2 + w^2)^{\frac{1}{2}}\mid\mid q\mid\right] +$$

$$\frac{\rho}{2}L^2\big[\,Z'_{\,*}u^2 + Z'_{w}uw + Z'_{w|w|}w\mid(v^2 + w^2)^{\frac{1}{2}}\mid\,\big] +$$

$$\frac{\rho}{2}L^2\big[\,Z'_{|w|}u\mid w\mid + Z'_{ww}\mid w(v^2 + w^2)^{\frac{1}{2}}\mid\,\big] + \frac{\rho}{2}L^2\big[\,Z'_{vv}v^2\,\big] \quad (2-51)$$

$$I_x\dot{p} + (I_z - I_y)qr + m\big[\,y_g(\dot{w} - uq + vp) - z_g(\dot{v} - wp + ur)\,\big] -$$

$$(\dot{r} + pq)I_{xz} + (r^2 - q^2)I_{yz} + (pr - \dot{q})I_{xy} =$$

$$(y_gW - y_BB)\cos\theta\sin\varphi - (z_gW - z_BB)\cos\theta\sin\varphi + M_{Tx} +$$

$$\frac{\rho}{2}L^5\big[\,K'_{p}\dot{p} + K'_{r}\dot{r} + K'_{qr}qr + K'_{p|p|}p\mid p\mid + K'_{pq}pq + K'_{r|r|}r\mid r\mid\,\big] +$$

$$\frac{\rho}{2}L^4\big[\,K'_{p}up + K'_{r}ur + K'_{v}\dot{v}\,\big] + \frac{\rho}{2}L^4\big[\,K'_{vq}vq + K'_{wp}wp + K'_{wr}wr\,\big] +$$

$$\frac{\rho}{2}L^3\big[\,K'_{\,*}u^2 + K'_{v}uv + K'_{v|v|}v\mid(v^2 + w^2)^{1/2}\mid\,\big] + \frac{\rho}{2}L^3\big[\,K'_{vw}vw\,\big]$$

$$(2-52)$$

$$I_y\dot{q} + (I_x - I_z)rp + m\big[\,z_G(\dot{u} - vr + wq) - x_G(\dot{w} - uq + vp)\,\big] -$$

$$(\dot{p} + qr)I_{xy} + (p^2 - r^2)I_{zx} + (qp - \dot{r})I_{yz} =$$

$$(x_BB - x_GW)\cos\theta\cos\varphi + (z_BB - z_GW)\sin\theta + M_{Ty} +$$

$$\frac{\rho}{2}L^5\big[\,M'_{q}\dot{q} + M'_{pp}p^2 + M'_{rr}r^2 + M'_{rp}rp + M'_{q|q|}q\mid q\mid\,\big] +$$

$$\frac{\rho}{2}L^4\big[\,M'_{w}\dot{w} + M'_{vr}vr + M'_{vp}vp\,\big] +$$

$$\frac{\rho}{2}L^4\big[\,M'_{q}uq + M'_{|w|q}\mid(v^2 + w^2)^{\frac{1}{2}}\mid q\,\big] +$$

$$\frac{\rho}{2}L^3\big[\,M'_{\,*}u^2 + M'_{w}uw + M'_{w|w|}w\mid(v^2 + w^2)^{\frac{1}{2}}\mid\,\big] +$$

$$\frac{\rho}{2}L^3\big[\,M'_{|w|}u\mid w\mid + M'_{ww}\mid w(v^2 + w^2)^{\frac{1}{2}}\mid\,\big] + \frac{\rho}{2}L^3\big[\,M'_{vv}v^2\,\big] \quad (2-53)$$

$$I_z\dot{r} + (I_y - I_x)pq + m\big[\,x_g(\dot{v} - wp + ur) - y_B(\dot{u} - vr + wq)\,\big] -$$

$$(\dot{q} + rp)I_{yz} + (p^2 - q^2)I_{xy} + (rq - \dot{p})I_{xz} =$$

$$(x_g W - x_B B)\cos\theta\sin\varphi + (y_g W - y_B B)\sin\theta + M_{Tz} +$$

$$\frac{\rho}{2}L^5\left[N'_r \dot{r} + N'_p \dot{p} + N'_{p|p|} p \mid p \mid + N'_{pq} pq + N'_{qr} qr + N'_{r|r|} r \mid r \mid \right] +$$

$$\frac{\rho}{2}L^4\left[N'_v \dot{v} + N'_{wr} wr + N'_{wp} wp + N'_{vq} vq \right] +$$

$$\frac{\rho}{2}L^4\left[N'_p up + N'_r ur + N_{|v|r} \mid (v^2 + w^2)^{1/2} \mid r \right] + \frac{\rho}{2}L^3\left[N'_* u^2 + \right.$$

$$N'_v uv + N'_{v|v|} v \mid (v^2 + w^2)^{1/2} \mid \left] + \frac{\rho}{2}L^3\left[N'_{vw} vw \right]\right. \tag{2-54}$$

　　如果水下机器人的重心与载体坐标系的原点重合,则运动关系及水下机器人的运动轨迹的坐标变换见式(2-25)~式(2-30)。式(2-25)~式(2-30)和式(2-49)~式(2-54)给出了水下机器人的全部空间动力学运动方程。显然这是一个十分复杂的非线性耦合方程组,在实际的工程设计或控制研究中,可以根据不同要求进行简化计算。

2.3　水下机器人的推进器布置

2.3.1　推进器的数量与布置要求

　　浮游式水下机器人的运动是靠推进器来实现的。为了满足水下机器人最低的机动性要求,水下机器人最少应该具备3个自由度的运动,即进退、潜浮和转艏。绝大多数水下机器人的运动自由度不少于4个,除上面3个自由度以外还要加上侧移运动。水下机器人的控制系统设计与其推进器布置有关。

　　本节从控制的角度讨论推进器布置问题[1-4]。一台水下机器人应该安装多少个推进器,首先取决于对水下机器人提出的运动要求。图2-3为6自由度推进器布置图。图中粗箭头表示推进器。T_1、T_2 位于 Oxy 平面内,T_3、T_4 位于 Oxz 平面内,T_5、T_6 位于 Oyz 平面内。一般说来,实现 n 个自由度运动最少需要 n 个推进器。

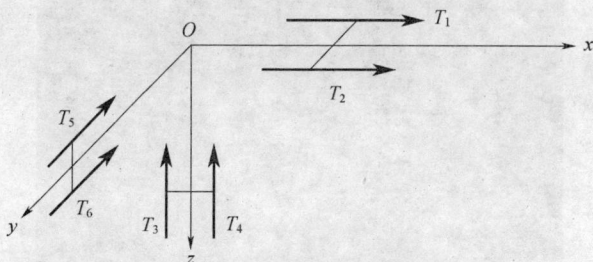

图 2 - 3　6 自由度推进器布置图

2.3.2　几种常见推进器的布置及推力计算

本节讨论推进器布置与推力计算。为了简单起见,假设所有推进器性能是相同的,推进器的正反方向推力相同,且不考虑推进器周围结构环境对推力的影响。

推进器的布置大体上有 5 种基本形式,即单推进器布置、双推进器布置(平行和交叉两种)、4 推进器环形布置和圆锥形布置。下面介绍几种常见的推进器布置形式。

1. 单推进器布置

单推进器沿坐标轴方向布置如图 2 - 4(a)所示,在许多中小型水下机器人的垂向和侧向控制中多采用此种方式,如 OUTLAND1000 的横移推进器和潜浮推进器均采用这种沿坐标轴方向的布置[2]。图 2 - 5 为 OUTLAND1000 尾部推进器实物照片。图 2 - 6 为 OUT-LAND1000 横移和潜浮推进器实物照片。

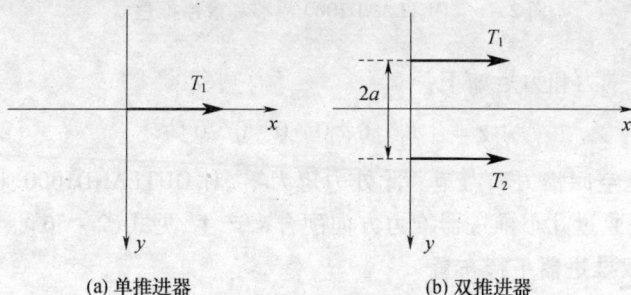

(a) 单推进器　　　　　　　　(b) 双推进器

图 2 - 4　推进器沿坐标轴方向布置

图 2－5　OUTLAND1000 尾部推进器布置

图 2－6　OUTLAND1000 横移和潜浮推进器

此时推力和力矩如下：

$$\boldsymbol{\tau} = \begin{bmatrix} T_1 & 0 & 0 & 0 & 0 & 0 \end{bmatrix}^{\mathrm{T}} \qquad (2-55)$$

式中：τ 是空间推力和力矩。此处力矩为零，对 OUTLAND1000 来说，转动力矩是通过几个推进器推力方向配合来产生，见式（2－56）。

2. 双推进器平行布置

双推进器沿坐标轴方向布置如图 2－4（b）所示，对于许多中小型水下机器人这也是一种常见的布置方案。如 OUTLAND1000 的尾部双推

进器都是采用此种平行布置,如图 2 - 6 所示。此时推力和力矩如下:

$$
\boldsymbol{\tau} = \begin{bmatrix} \sum_{i=1}^{2} T_i \\ \sum_{i=1}^{2} M_i \end{bmatrix} = \begin{bmatrix} T_1 + T_2 \\ 0 \\ 0 \\ 0 \\ 0 \\ a(T_1 - T_2) \end{bmatrix} \qquad (2-56)
$$

3. 双推进器交叉布置

双推进器沿坐标轴方向布置如图 2 - 7(a) 所示,推力器 T_1 和 T_2 方向分别与 x 轴成 α 角。此时推力和力矩如下:

$$
\boldsymbol{\tau} = \begin{bmatrix} \sum_{i=1}^{2} T_i \\ \sum_{i=1}^{2} M_i \end{bmatrix} = \begin{bmatrix} (T_1 + T_2)\cos\alpha \\ (-T_1 + T_2)\sin\alpha \\ 0 \\ 0 \\ 0 \\ b(T_1 - T_2)\cos\alpha \end{bmatrix} \qquad (2-57)
$$

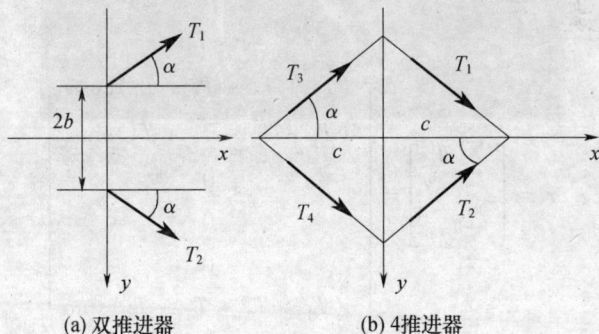

(a) 双推进器　　　　　(b) 4推进器

图 2 - 7　双推进器及 4 推进器交叉布置

由式(2 - 57)可见,当沿 x 方向推进时,两个推进器的横向力相互抵消,损失部分能量。式(2 - 57)还表明侧移动和转向运动是同时存在的,这是一种有害的耦合。SEAMOR300 的侧向推进器就是这种布置[3],如图 2-8 所示。

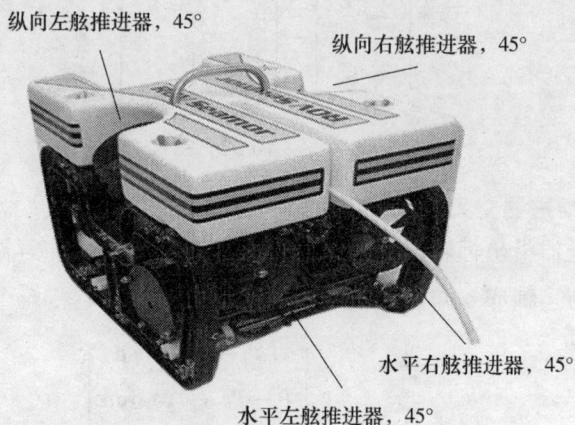

图 2-8　SEAMOR300 推进器布置

4.4 推进器交叉(环形)布置

4 推进器环形布置如图 2-7(b)所示,4 推进器关于原点对称布置,这种布置方案使用的推进器较多,其水平面的机动性好。此时推力和力矩如下:

$$
\boldsymbol{\tau} = \begin{bmatrix} \sum_{i=1}^{4} T_i \\ \sum_{i=1}^{4} M_i \end{bmatrix} = \begin{bmatrix} (T_1 + T_2 + T_3 + T_4)\cos\alpha \\ (T_1 - T_2 - T_3 + T_4)\sin\alpha \\ 0 \\ 0 \\ 0 \\ c(T_1 - T_2 + T_3 - T_4)\sin\alpha \end{bmatrix} \qquad (2-58)
$$

FALCON 和 URIS ROV 就是采用此种方式布置 4 个水平方向的推进器[15],前者夹角接近 45°,后者为 90°,如图 2-9 所示。

很明显,以上 4 种水平面布置的讨论均适用于垂直面的推力器布置。

56

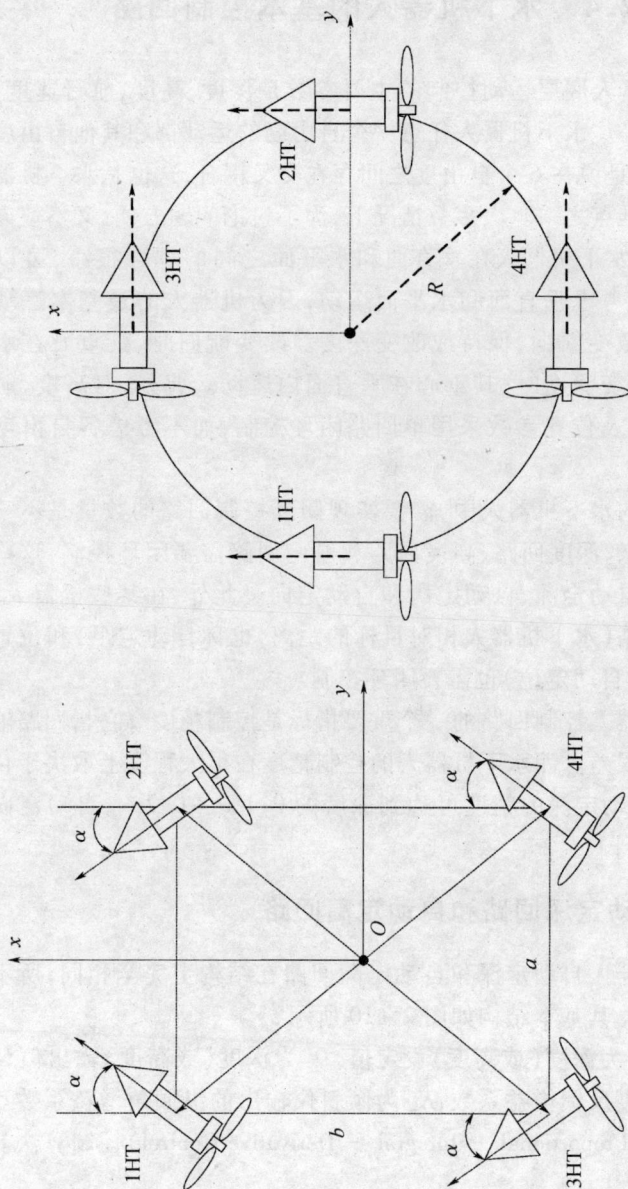

(a) FALCON　(b) URIS

图 2-9　FALCON 和 URIS 推进器布置

2.4　水下机器人的基本控制回路

水下机器人底层运动控制的主要参数是深度、高度、航行速度、航向角及位置等。水下机器人任意一个自由度的运动都和其他自由度运动有关,也就是说在 6 个自由度之间存在交叉耦合,这也是水下机器人控制的主要难点之一。大多数情况下,为了讨论问题方便,又不使问题复杂化,假设水下机器人在垂直面和水平面之间的耦合很小,可以忽略不计,分别考虑垂直面和水平面运动,因为机器人的最基本运动方式是保持或改变航向,保持或改变深度。改变航向时,其重心在水平面内运动;改变深度时,其重心在垂直面内运动。此处,对高度、航行速度、航向角及位置参数采用单回路闭环控制,而不考虑各自由度之间的耦合。

在不同的水下机器人中,需要实现闭环控制回路的数量是不一样的。一般说来,深度回路、高度回路和航向回路需要闭环控制,这些闭环回路简称自动定深、自动定高和自动定向。此外,在某些机器人中,距离闭环回路(水下机器人相对目标的距离,也称自动定距)和位置闭环回路(也称自动定位)也需要闭环控制。

水下机器人控制回路的一个重要指标是控制精度。它指回路输出与给定值的误差。而水下机器人的控制精度在很大程度上取决于传感器。目前,自动定深的精度可达到深度的 0.1% ~ 0.2%,自动定向的精度可以达到 1° ~ 2°。

2.4.1　自动定深回路和自动定高回路

水下机器人自动定深和自动定高回路在结构上完全相同,所不同的是传感器。其基本结构如图 2 – 10 所示[1]。

图中 D_0 为深度(或高度)设定值,D_i 为深度(或高度)输出值,$K_{\dot{\theta}}$ 为纵倾角速度反馈增益系数,K_{θ} 为倾斜仪输出的纵倾角增益系数。图中采用 PID(Proportional – Integral – Derivative Control)控制算法。控制器输出为

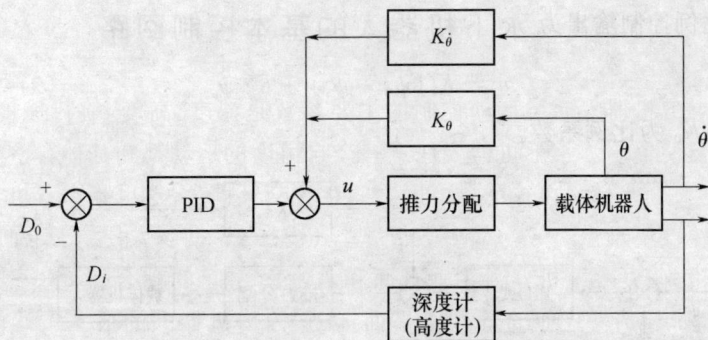

图 2 - 10　自动定深(自动定高)控制方框图

$$u = K_P(D_0 - D_i) + \int_0^\tau K_I(D_0 - D_i)\,\mathrm{d}t +$$

$$K_D \frac{\mathrm{d}}{\mathrm{d}t}(D_0 - D_i) + K_\theta\theta + K_{\dot\theta}\,\dot\theta \qquad (2 - 59)$$

式中:K_P、K_I 和 K_D 分别为比例、积分和微分系数。

　　在某些稳心高、较大的水下机器人中,因为存在较大扶正力矩,倾角较小,此时可以除去纵倾角和纵倾角速度反馈,其基本控制回路如图 2 - 11 所示。

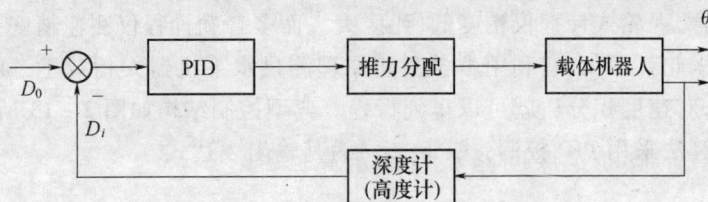

图 2 - 11　简化的垂面参量控制方框图

2.4.2　自动定向控制回路

　　自动定向回路是使水下机器人自动保持给定的航向角,如图2 - 12 所示。在控制回路中引入了内环反馈,即角速度反馈,实践表明,角速

度反馈能有效改善闭环控制性能。其控制算法可以采用 PID 或比例控制,比例控制输出为

$$u = K_P(\psi_0 - \psi_i) + K_{\dot\psi} \dot\psi_i \qquad (2-60)$$

式中:K_P 为比例系数。

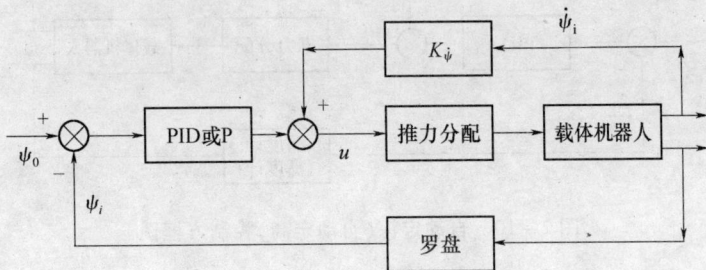

图 2-12　自动定向控制回路

2.4.3　航行速度与定位控制回路

　　水下机器人常用的测速元件是计程仪。计程仪有两种,一种是涡轮式计程仪,另一种是多普勒计程仪。前者主要适用于海流很小的场合,如深海和海底,它给出的是水下机器人载体相对于海水的速度。由于涡轮式计程仪输出值是机器人相对于海流的速度,因此在海流较大的场合,涡轮式计程仪精度低,死区大。而多普勒计程仪测速精度一般高于涡轮计程仪,它利用声学测速原理测量水下机器人相对于海底的速度,对速度积分后就可以得到行程。典型控制结构如图 2-13 所示。控制算法采用 PID 控制,式(2-61)为其输出表达式。

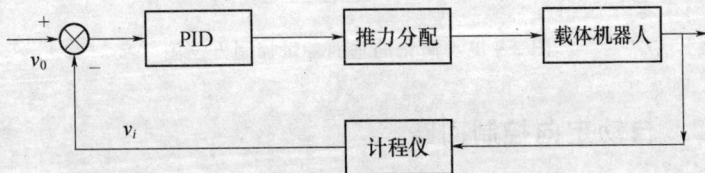

图 2-13　航行速度控制框图

$$u = K_{\mathrm{P}}(v_0 - v_i) + \int_0^\tau K_{\mathrm{I}}(v_0 - v_i)\,\mathrm{d}t + K_{\mathrm{D}}\frac{\mathrm{d}}{\mathrm{d}t}(v_0 - v_i) \qquad (2-61)$$

式中:K_{P}、K_{I} 和 K_{D} 分别为比例、积分和微分系数。

　　水下机器人精确地进入某个平面位置并保持该位置称为定位控制,也称动力定位,主要指水平面内两维闭环和自动定向。

2.5　水下机器人的闭环控制算法

　　作为被控对象的水下机器人,其特点是非线性,各自由度之间存在耦合及时变特性,被控对象模型较难获取,所以不依赖于对象数学模型的各种控制算法,比较适合水下机器人的闭环控制。水下机器人主要控制算法有 PID 控制、滑模控制、自适应控制、模糊控制及神经网络控制等。

2.5.1　数字 PID 控制算法

1. PID 控制原理

　　PID 控制器[11]是控制系统中应用最为广泛的一种自动控制器。它具有原理简单、易于实现、鲁棒性强和适用面广的优点。

　　PID 控制器是一种线性控制器,它根据给定值 $r(t)$ 与被控量 $y(t)$ 的检测变送输出信号 $c(t)$ 构成控制偏差,即

$$e(t) = r(t) - c(t) \qquad (2-62)$$

　　PID 控制器将偏差 $e(t)$ 的比例(P)、积分(I)和微分(D)通过线性组合构成控制输出,通过执行机构(推进器)改变操纵量,达到对被控量进行控制的目的。其 PID 控制规律为

$$u(t) = K_{\mathrm{P}}\left[e(t) + \frac{1}{T_{\mathrm{I}}}\int_0^t e(t)\,\mathrm{d}t + \frac{T_{\mathrm{D}}\,\mathrm{d}e(t)}{\mathrm{d}t}\right] \qquad (2-63)$$

其传递函数为

$$G(s) = \frac{U(s)}{E(s)} = K_{\mathrm{P}}\left(1 + \frac{1}{T_{\mathrm{I}}s} + T_{\mathrm{D}}s\right) \qquad (2-64)$$

式中:K_P 为比例增益,其倒数 $P_k = 1/K_P$ 称为比例带;T_I 为积分时间常数;T_D 为微分时间常数。

PID 控制器的各环节的作用如下:

(1) 比例环节。实时成比例地反映控制系统的偏差信号 $e(t)$,偏差一旦产生,比例控制器立即产生控制作用,以减少偏差。比例控制及时有力。对控制精度要求不太高的场合,可单独使用比例控制,比例强弱取决于比例增益 K_P,K_P 越大,比例作用越强。

(2) 积分环节。主要用于消除静差,提高系统的控制精度,积分作用的强弱取决于积分时间常数 T_I,T_I 越大,积分作用越弱,反之则越强。

(3) 微分环节。微分环节输出与偏差信号变化率成正比。它能在偏差信号值变得太大之前,在系统中引入一个有效的早期修正信号,从而加快系统的动态速度,减少调节时间。因此,微分调节适用于有容量滞后的被控对象。

2. 数字 PID 控制算法实现

计算机控制系统中,数字 PID 控制算法通常又分为两种:位置式 PID 控制算法和增量式 PID 控制算法。

1) 位置式 PID 算法

在许多过程控制系统中,数字 PID 控制器的输出是和调节阀的阀位相对应的,故称位置式 PID 控制算法。为了便于计算机实现 PID 控制算式,必须把微分方程式(2-63)改写成差分方程。为此可作如下近似:

$$\begin{cases} \int e \, dt \approx \sum_{j=0}^{n} T e(j) \\ \dfrac{de(t)}{dt} \approx \dfrac{e(k) - e(k-1)}{T} \\ t \approx KT \end{cases} \qquad (2-65)$$

式中:T 为采样周期;K 为采样序号($K = 0, 1, 2, \cdots$);$e(k-1)$ 和 $e(k)$ 分别为第 $(k-1)$ 次和第 k 次采样所得的偏差信号。

将式(2-65)代入式(2-63),得到离散的 PID 表达式为

$$u(k) = K_P\left\{e(k) + \frac{T}{T_I}\sum_{j=0}^{k}e(j) + \frac{T_D}{T}[e(k) - e(k-1)]\right\}$$

$$(2-66)$$

或

$$u(k) = K_P e(k) + K_I\sum_{j=0}^{k}e(j) + K_D[e(k) - e(k-1)]$$

$$(2-67)$$

式中：K_I 为积分系数，$K_I = K_P\dfrac{T}{T_I}$；K_D 为微分系数，$K_D = K_P T_D/T$。

2）增量式 PID 控制算法

增量式 PID 控制算法是指数字控制器的输出只是控制量的增量 $\Delta u(k)$，根据式（2 - 67）不难得到第（$k-1$）时刻的控制量 $u(k-1)$，即

$$u(k-1) = K_P e(k-1) + K_I\sum_{j=0}^{k-1}e(j) +$$

$$K_D[e(k-1) - e(k-2)] \qquad (2-68)$$

将式（2 - 67）减去式（2 - 68），可得 k 时刻控制量的增量为

$$\Delta u(k) = K_P[e(k) - e(k-1)] + K_I e(k) +$$

$$K_D[e(k) - 2e(k-1) + e(k-2)$$

$$= K_P\Delta e(k) + K_I e(k) + K_D[\Delta e(k) - \Delta e(k-1)]$$

$$(2-69)$$

式中：K_P 为比例增量；K_I 为积分系数；K_D 为微分系数。

由于式（2 - 69）中的 $\Delta u(k)$ 对应于第 k 时刻推进器的增量，故称为增量式 PID 算法。第 k 时刻的实际控制量为

$$u(k) = u(k-1) + \Delta u(k) \qquad (2-70)$$

式中：$u(k-1)$ 为第（$k-1$）时刻的控制量。

从上面分析可见，计算 $\Delta u(k)$ 和 $u(k)$ 要用到第（$k-1$）、第（$k-2$）时刻的历史数据 $e(k-1)$、$e(k-2)$ 和 $u(k-1)$，这 3 个历史数据也已在前一时刻存储在计算机内。通常采用平移法保存这些历史数据。如计算完 $u(k)$ 后，将 $e(k-1)$ 替换 $e(k-2)$，将 $e(k)$ 存入 $e(k-1)$ 单元，

以及 $u(k)$ 存入 $u(k-1)$ 单元。这样就为下一时刻 $\Delta u(k)$ 计算做好了准备。

3. 模型线性化

PID 控制器是一种线性控制器,其控制参数选取与对象数学模型密切相关。正如前面所述,水下机器人的特点是难以获得精确数学模型,因此,采用一个合理的较为精确的线性模型对取得良好的控制效果非常重要。常用手段是水下机器人模型的分段线性化方法。在不同的工作点采用不同的线性化传递函数来代替非线性模型,每个线性工作段用一组合适的 PID 控制参数来进行水下机器人控制;与此相对应的还有分布式增益表控制方法[1],如图 2 – 14 所示。它分以下几步完成:

(1)选择有限个工作点,在这些点对机器人实行线性化处理;

(2)对每个工作点设计线性控制器;

(3)利用上一步产生的现行控制器参数,使系统在所有点均能获得满意的控制性能,用所有线性控制器合成的结果组成增益控制表。

(4)在被控对象上进一步优化控制表。

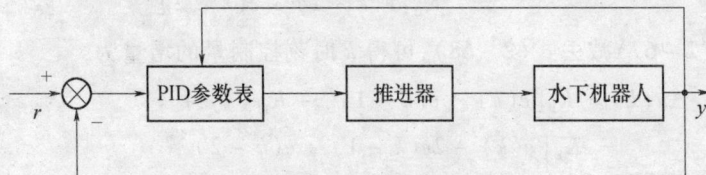

图 2 – 14 增益表控制器

2.5.2 自适应控制算法

自适应控制算法是通过监测对象的变化,自动在线调整控制器参数的方法。自适应控制算法在水下机器人控制上已有一些成功的应用,主要有模型参考自适应控制和间接自适应控制等[1]。

1. 模型参考自适应控制

模型参考自适应控制如图 2 – 15 所示,参考模型的输出与被控对象的输出进行比较,产生的输出误差送到自适应机构,通过自适应机构来调整控制参数,以使广义输出误差趋于零。

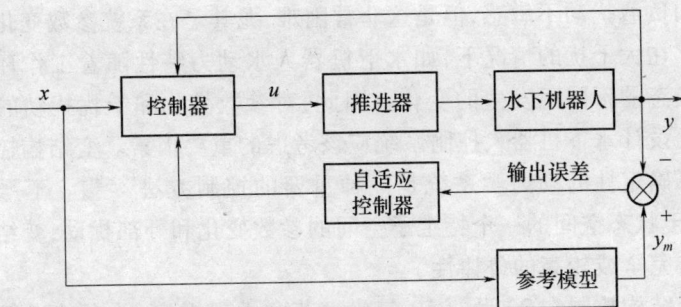

图 2 – 15　模型参考自适应控制

　　模型参考自适应控制在解决船舶的操舵控制等方面有成功实例,在 ROV 自适应位置控制方面也有应用。关键是参考模型的准确性。

2. 间接自适应控制

　　间接自适应控制方法的基本思想是分两步来设计控制器的参数。第一步是辨识被控对象的参数;第二步是据此对象参数计算出控制器参数。该方法常与神经网络联合使用,将神经网络当作对象模型辨识器使用,其结构如图 2 – 16 所示。

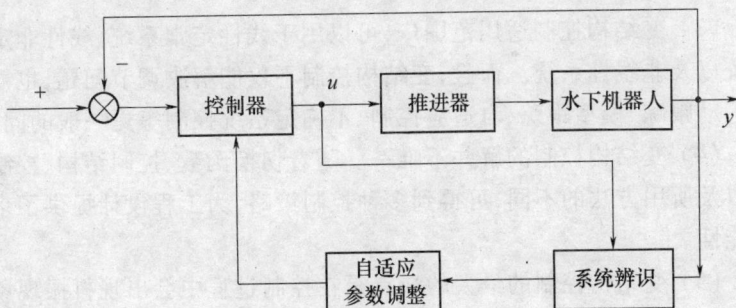

图 2 – 16　间接自适应控制方法

2.5.3　滑模控制算法

1. 变结构滑模控制概念

在许多控制应用中,往往要求设计的控制系统对被控对象的参数变化和负载扰动不敏感,但是这非常困难,尤其是在系统参数变化范围大且存在大干扰的情况下,如水下机器人水动力特性随着工作环境和工作状态的不同而发生的变化。因此,对参数变化和干扰扰动的不敏感性是设计水下机器人控制系统应该考虑的重要因素。变结构控制对具有不确定性的动力学系统是一种重要的控制方法[8-10]。不严格地说,对于状态空间的一个特定子空间的参数变化和外部扰动,变结构控制具有完全或较高的鲁棒性。

变结构控制在 20 世纪 50 年代由苏联学者提出,并对其进行了深入的研究。20 世纪 60 年代正式提出了滑模变结构控制的概念,经过多年的发展,已经形成了有自身特点的理论体系:

(1)通过引入切换函数,变结构控制理论形成了一种较为容易实现的综合方法。当系统切换函数到达某特定值时(一般取零),系统的运动微分方程由一种结构转变成另一种结构。

(2)不严格地说,变结构控制的滑模模态对扰动和摄动具有完全自适应性。这里的摄动包括参数摄动、非线性项和不确定项等,变结构控制重新受到重视并获得巨大发展,其滑模模态的完全鲁棒性是其中的一个重要原因。

(3)变结构控制适用范围广,可以用于线性定常系统、线性非定常系统以及非线性系统。而且,变结构控制不仅能解决调节问题,也能解决运动跟踪、模型跟踪、自适应控制、不确定系统控制等更一般的问题。

(4)变结构控制的解并不唯一。随着切换函数、控制结构、控制模式以及所用方法的不同,可得到多种控制策略,为工程设计提供了多种可能性。

(5)变结构控制的最大的缺点是在控制过程中会出现抖振现象。

变结构滑模控制是一种非线性控制策略,它是鲁棒控制器中的一类简单方法。其基本思想就是在控制系统中引入一种符号简化,使我们可以用一个等效的一阶问题来代替 n 阶问题,因为控制一个一阶系统(一阶微分方程描述的系统)要比控制一个一般的 n 阶系统容易得多。

2. 滑模控制的实现

为了确定滑动模态的稳定性并研究其动态品质,就需要建立其运

66

动微分方程,对非线性系统,这是一个比较复杂困难的问题。一种常用的简单方法是将滑动模态方程表示为

$$\dot{x} = f(x,t) + b(x,t)u(t), S(x) = 0 \qquad (2-71)$$

对滑动运动来说,切换函数 $S(x)$ 恒满足

$$S(x(t)) = 0, \dot{S}(x(t)) = 0 \qquad (2-72)$$

展开式(2-72),得

$$\dot{S}(x) = \frac{\partial}{\partial x}S(x)\dot{x} = \frac{\partial}{\partial x}S(x)f(x,u,t) = 0 \qquad (2-73)$$

由上式解出 $u(x)$,记为 $u_e(x)$。这就是能够保证滑动模态存在,即强迫系统(2-71)的运动是沿着切换面运动所需要的控制力,常称为滑动模态的等效控制。因此,滑动模态的运动微分方程可表示为

$$\dot{x} = f(x,u_e(x),t) \qquad (2-74)$$

要求滑动模态渐近稳定,且有良好动态品质,即要求滑动模态的运动微分方程(2-74)的解具有良好的动态品质,如渐近稳定,一定的稳定度,某泛函指标最优等。

由此可见,设计变结构控制的基本步骤包括两个相对独立的部分:

(1) 求切换函数 $S(x)$,使它所确定的滑动模态渐近稳定且具有良好品质。具体地说,由 $S(x)$,从式(2-73)可解出 $u_e(x)$,这样就得到滑动模态的运动微分方程(2-74)。所以应该说 $S(x)$ 决定着滑动模态的稳定性。切换函数 $S(x)$ 的定义为

$$S(\tilde{X},t) = \left(\frac{\mathrm{d}}{\mathrm{d}t} + \lambda\right)^{n-1}\tilde{x} \qquad (2-75)$$

$$\begin{cases} \tilde{X} = \begin{bmatrix} \tilde{x} & \dot{\tilde{x}} & \cdots & \tilde{x}^{(n-1)} \end{bmatrix} \\ \tilde{x} = x_d - x, \dot{\tilde{x}} = \dot{x}_d - \dot{x}, \cdots \end{cases} \qquad (2-76)$$

(2) 寻求 $u^{\pm}(x)$,即变结构控制,从而使切换面上布满控制点,形成滑动模态区。

$$u_i(x,t) = \begin{cases} u_i^+(x,t) & (S_i(x,t) > 0) \\ u_i^-(x,t) & (S_i(x,t) < 0) \end{cases} \qquad (2-77)$$

3. 滑模控制系统的品质及趋近率设计

对变结构控制系统中的运动过程可以分为 3 个部分,分别加以研究。

(1)趋近运动。即从任一初始状态于有限时间内到达切换面的运动。这一运动称为非滑动模态,以示其与滑动模态的不同。由于非滑动模态不具有滑动模态的对参数摄动和外部扰动的不变性,而且系统抖振的大小与非滑动模态的运动品质密切相关,因此如何改善非滑动模态的运动构成了滑模控制研究的重要内容。

(2)滑动模态。其品质对整个运动过程的品质起着重要影响,可以通过对其滑动模态进行极点配置等方法保证它的优良品质。

(3)稳态误差。在变结构控制过程中出现的特殊现象是抖振。由于抖振对于控制系统的控制性能和稳定性均有不良影响,因此如何消除抖振构成了滑模控制研究的另一项重要内容。

下面重点讨论非滑动模态段的品质和抖振问题。非滑动模态是趋向切换面直到达到运动要求。能够趋近切换面并达到切换面的条件为

$$\dot{S} < 0, S > 0; \dot{S} > 0, S < 0 \qquad (2-78)$$

但此条件没有对运动如何趋近切换面作出任何规划,而非滑动模态的运动的品质要求此趋近过程良好,如快速趋近。常用的趋近率有:

等速趋近率 $\qquad \dot{S} = -\varepsilon \mathrm{sgn}S, \varepsilon > 0 \qquad\qquad (2-79)$

指数趋近率 $\qquad \dot{S} = -\varepsilon - kS, \varepsilon > 0, k > 0 \qquad (2-80)$

幂次趋近率 $\qquad \dot{S} = -k|S|^{\alpha}\mathrm{sgn}S, k > 0, 0 < \alpha < 1 \quad (2-81)$

一般趋近率 $\qquad \dot{S} = -k\mathrm{sgn}S - f(S), k > 0 \qquad (2-82)$

对于这些趋近率的特点,下面分别加以解释:

(1)等速趋近率。趋近速度为 ε。如果 ε 很小,则趋近速度很慢,即正常运动是慢速的,调节过程太慢;反之如果 ε 较大,则到达切换面时,系统具有较大速度,这样将引起较大的抖动。故这种最简单的趋近率规律虽然使我们容易求得控制 $u^{\pm}(x)$,且 $u^{\pm}(x)$ 本身也比较简单,但运动的品质有时不够好。

（2）指数趋近率。从 $\dot{S} = -\varepsilon - kS, S > 0, k > 0$, 可解出 $S(t) = -\varepsilon/k + (S_0 + \varepsilon/k)e^{-kt}$, 可以看出 k 充分大时的趋近速度比按等速规律要快。为了减小抖动，可以减小到达 $S(x) = 0$ 时的速度 $\dot{S} = -\varepsilon$, 即增大 k, 减小 ε 可以加速趋近过程，减小抖振。此趋近率比等速趋近率显然要复杂些，但能大大改善趋近 $S(x) = 0$ 的正常运动：趋近过程变快，引起的抖动却可以大大削弱。

（3）幂次趋近率。考虑趋近率 $\dot{S} = -k|S|^{\alpha}\text{sgn}S, k > 0, 0 < \alpha < 1$, 积分得 $S^{1-\alpha} = -(1-\alpha)kt + S_0^{1-\alpha}$, S 由 S_0 逐渐减小到零，到达时间为 $t = S_0^{1-\alpha}/(1-\alpha)k$, 有限时间到达得到保证。

（4）一般趋近率。当 ε 及函数 $f(S)$ 取不同值时，可以得到以上各种趋近率。

利用趋近律方法求取变结构控制的优点是简单，可以在一定程度上消除或减弱系统抖振。缺点是当系统参数摄动和外界扰动大小未知时，有可能无法确定控制量。

目前，滑模控制在 ROV 和 AUV 的艏向、深度和定位控制中都有实际应用报道[16]。但变结构滑模控制解并不唯一，最大的缺点是在控制过程中会出现抖振现象，从而限制了它的应用。

2.5.4　模糊控制及神经网络控制算法

1. 模糊控制系统

模糊控制[5-7]以 20 世纪 60 年代 Zadeh 的模糊数学理论为基础，从 20 世纪 70 年代起进入了实际工程应用阶段。在过去的几十年中，模糊控制作为一种有别于传统控制理论的控制方法，充分发挥其不需对象数学模型、能充分运用控制专家的控制经验及具有相当鲁棒性的特点，在具有相关特点的控制领域表现出其特有的优势。图 2 – 17 为一般模糊控制结构图。关键问题是模糊规则库的设计。

模糊控制在水下机器人的控制中已有一些成功的应用，主要是将模糊逻辑控制用于深度、纵倾和平衡控制等。

2. 神经网络原理

神经网络应用于控制领域[12-14]，是应用其网络的非线性映射能力

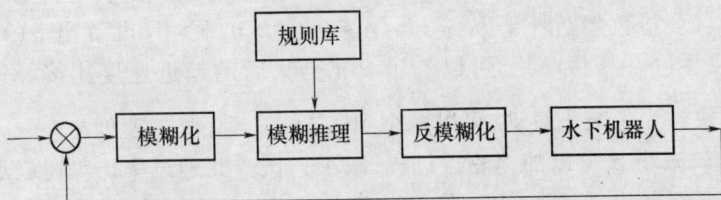

图 2 – 17　模糊控制结构图

和学习能力、容错和泛化能力、并行处理能力等。人工神经元的研究源于脑神经元学说,19 世纪末,在生物、生理学领域,Waldeger 等人创建了神经元学说。人们开始认识到,复杂的神经系统是由数目繁多的神经元组合而成。图 2 – 18 给出了一般模型的示意结构。对于第 j 个神经元,接受多个其他神经元的输入信号 x_i,w_{ij} 表示第 i 个神经元对第 j 个神经元作用的权值。利用某种运算把输入信号的作用结合起来,给出它们的总效果,称为"净输入",以 N_{etj} 或 I_j 表示。净输入表达式有多种类型,其中,最简单的一种形式是线性加权求和,即

$$N_{etj} = \sum w_{ij}x_i , y_j = \mathrm{sgn}\left(\sum_i^n w_{ij}x_i - \theta_j \right) \qquad (2 - 83)$$

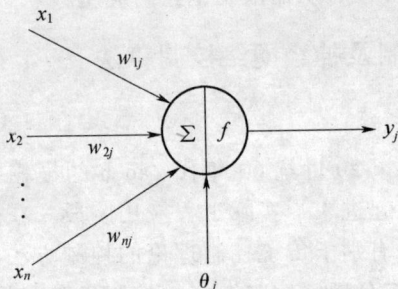

图 2 – 18　神经网络模型结构

此作用引起神经元 j 的状态变化,而神经元 j 的输出 y_j 是其当前状态的函数。

在人工神经网络设计及应用研究中,通常需要考虑 3 个方面的内容,即神经元功能函数、神经元之间的连接形式和网络的学习(训练)。

70

1）神经元功能函数

神经元在输入信号作用下产生输出信号的规律由神经元功能函数 f 给出，这是神经元模型的外特性。它包含了从输入信号到净输入、再到激活值、最终产生输出信号的过程，综合了净输入、f 函数的作用。f 函数形式多样，利用它们的不同特性可以构成功能各异的神经网络。

2）神经元之间的连接形式

前已述及，神经网络是一个复杂的互连系统，单元之间的互连模式将对网络的性质和功能产生重要影响。互连模式种类繁多，这里介绍一些典型的网络结构。

（1）前向网络（前馈网络）。网络可以分为若干"层"，各层按信号传输先后顺序依次排列，第 i 层的神经元只接受第 $(i-1)$ 层神经元给出的信号，各神经元之间没有反馈。前馈型网络可用一有向无环路图表示，如图 2-19 所示。可以看出，输入节点并无计算功能，只是为了表征输入矢量各元素值。各层节点表示具有计算功能的神经元，称为计算单元。每个计算单元可以有任意多个输入，但只有一个输出，它可送到多个节点作输入。称输入节点层为第 0 层。计算单元的各节点层从下至上依次称为第 1 层至第 N 层，由此构成 N 层前向网络（在某些文献中，把输入节点层称为第 1 层，于是对 N 层网络将变为 $(N+1)$ 个节点层序号）。

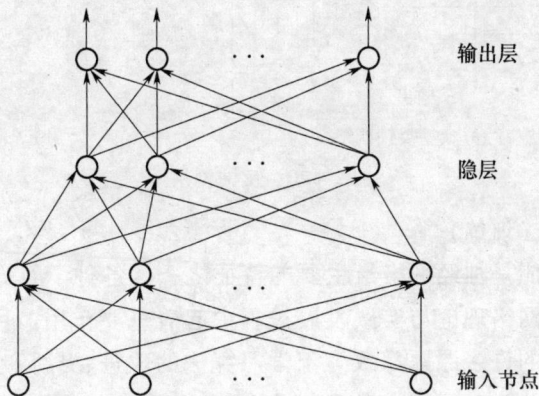

图 2-19　前向网络结构

第一节点层与输出节点统称为"可见层",而其他中间层则称为隐含层(Hidden Layer),这些神经元称为隐节点。BP 网络就是典型的前向网络。

(2)反馈网络。典型的反馈型神经网络如图 2 - 20(a)所示,每个节点都表示一个计算单元,同时接受外加输入和其他各节点的反馈输入,每个节点也都直接向外部输出。Hopfield 网络即属于此种类型。在某些反馈网络中,各神经元除接受外加输入与其他各节点反馈输入之外,还包括自身反馈。有时,反馈型神经网络也可表示为一张完全的无向图,如图 2 - 20(b)所示。图中,每一个连接弧都是双向的。这里,第 i 个神经元对于第 j 个神经元的反馈与第 j 至 i 神经元反馈的突触权重相等,也即 $w_{ij} = w_{ji}$。

以上介绍了两种最基本的人工神经网络结构,实际上,人工神经网络还有许多种连接形式,例如,从输出层到输入层有反馈的前向网络,同层内或异层间有相互反馈的多层网络等。

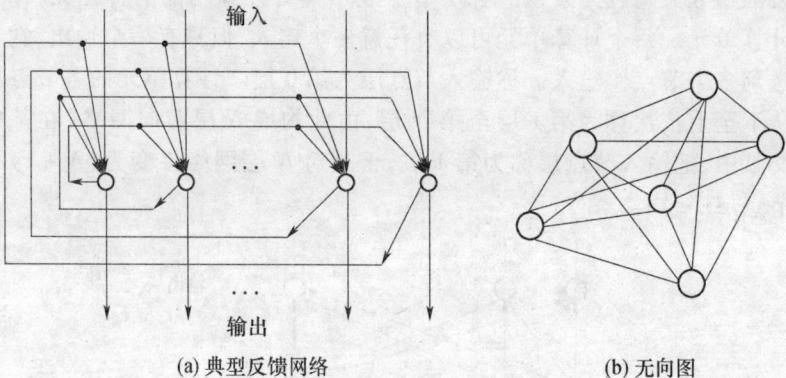

(a) 典型反馈网络   (b) 无向图

图 2 - 20 反馈网络

3)学习(训练)

学习功能是神经网络最主要的特征之一。各种学习算法的研究,在人工神经网络理论与实践发展过程中起着重要作用。目前,人工神经网络研究的许多课题都致力于学习算法的改进、更新和应用。常见的学习规则分为基于样本误差学习规则和竞争学习规则,表 2 - 2 是神经网络的主要学习算法。

表 2 - 2　神经网络常规学习算法

学习规则	权值调整	权值初始化	学习方式	功能函数
Hebb 规则	$\Delta w_{ij} = \eta f(\boldsymbol{W}_j^{\mathrm{T}} \boldsymbol{X}) x_i$	0	无导师	任意
离散感知器	$\Delta w_{ij} = \eta [d_j - \mathrm{sgn}(\boldsymbol{W}_j^{\mathrm{T}} \boldsymbol{X} - \theta)] x_i$	任意	有导师	二进制
δ	$\Delta w_{ij} = \eta [d_j - f(\boldsymbol{W}_j^{\mathrm{T}} \boldsymbol{X})] f'(\boldsymbol{W}_j^{\mathrm{T}} \boldsymbol{X}) x_i$	任意	有导师	连续
Widrow - Hoff	$\Delta w_{ij} = \eta (d_j - \boldsymbol{W}_j^{\mathrm{T}} \boldsymbol{X}) x_i$	任意	有导师	任意
Winner - Take - All	$\Delta \boldsymbol{W}_m = \alpha (\boldsymbol{X} - \boldsymbol{W}_m)$	随机,归一化	无导师	连续

3. 水下机器人的人工神经网络控制

水下机器人的人工神经网络控制主要分为直接神经网络控制和间接神经网络控制两种。前者利用神经网络作为控制器,直接输出控制信号,当然,神经网络在输出控制信号前需要进行训练学习,一般离线完成,学习样本的获取是它应用的一个瓶颈,如文献[17]根据带翼水下机器人的运动特性提出了 S 型模糊神经网络控制方法;后者将神经网络作为一个辅助工具使用,如将神经网络作为时变系统的辨识工具使用,控制器根据神经网络辨识结果,在线调整控制参数,如文献[18]采用径向基神经网络来逼近载体坐标系下的水下机器人逆动力学模型,设计的控制器包括控制项、神经网络控制项和鲁棒控制项,文献[19]针对自治式水下机器人高度非线性和时变性的特点,提出了一种基于神经网络的水下机器人广义预测控制策略均属于间接神经网络控制方法。此处关键是神经网络学习的实时性和准确性要高。

本章介绍了水下机器人控制技术,内容包括:水下机器人运动学建模、水下机器人动力学建模、水下机器人推进器的布置和水下机器人基本控制方法,为后面水下机器人可靠性控制技术研究打下了基础。

参 考 文 献

[1] 蒋新松,封锡盛,王棣棠. 水下机器人. 沈阳:辽宁科学技术出版社,2000:304 - 326.

[2] 杨文才,朱大奇. 无人水下机器人传感器故障检测仪研制. 自动化与仪表,2011,17(1): 17 - 21.

[3] Wang W. Autonomous Control of a Differential Thrust Micro ROV. The Degree of Master of Applied Science,2006.

[4] Zand J. Enhanced Navigation and Tether Management of Inspection Class Remotely Operated Vehicles. University of British Columbia, The degree of Master of Applied Science,2005.

[5] Zadeh L A. Fuzzy sets. Information and Control,1965,8(3):338 - 353.

[6] Cang Y,Yung N H C,Wang D. A fuzzy controller with supervised learning assisted reinforcement learning algorithm for obstacle avoidance. IEEE Trans. on Systms,Man,and Cybernetics, Part B,2003,33(1):17 - 27.

[7] Yang S X,Li H,Meng M Q,et al. An embedded fuzzy controller for a behavior - based mobile robot with guaranteed performance. IEEE Trans. on Fuzzy Systems,2004,12(4):436 - 446.

[8] Yoerger D R,Slotine J J. Adaptive Sliding Control of an Experimental underwater Vehicle. IEEE International Conference on Robotics and Automation,Sacramento,California,1991:2746 - 2751.

[9] Cristi R,Pappulias F A,Healey A. Adaptive Sliding Mode Control of Autonomous Underwater Vehicles in the Dive Plane. IEEE Journal of Oceanic Engineering,1990,15(3):152 - 160.

[10] Healey A J,Lienard D. Multivariable Sliding Mode Control for Autonomous Diving and Steering of Unmanned Underwater Vehicles. IEEE Journal of Oceanic Engineering, 1993, 18 (3), 327 - 339.

[11] 朱大奇. 计算机过程控制技术. 南京:南京大学出版社,2001:48 - 59.

[12] 朱大奇. 人工神经网络研究现状及其展望. 江南大学学报,2004,3(1):103 - 110.

[13] 韩力群. 人工神经网络理论、设计及应用. 北京:化学工业出版社,2002.

[14] 朱大奇,史慧. 人工神经网络原理与应用. 北京:科学出版社,2006.

[15] Omerdic E,Roberts G. Thruster fault diagnosis and accommodation for open - frame underwater vehicles. Control Engineering Practice,2004,12(12):1575 - 1598.

[16] Ni L L. Fault - tolerant control of unmanned underwater vehicles. Ph. D. Dissertation,2001, Blacksburg,Virginia.

[17] 郭冰洁,万磊,梁霄,等. 水下机器人的S型模糊神经网络控制. 系统仿真学报,2008,20(15):4118 - 4121.

[18] 俞建成,李强,张艾群,等. 水下机器人的神经网络自适应控制. 控制理论与应用,2008,25(1):9 - 13.

[19] 张铭钧,高萍,等. 基于神经网络的自治水下机器人广义预测控制. 机器人,2008,30(1):91 - 96.

[20] Zhao Side. Advanced control of autonomous underwater vehicles. Dissertation of Ph. D,MIT, 2004.

[21] Fossen T. Guidance and control of ocean vehicles. John Wiley and Sons Ltd.,1994.

[22] Li J H, Lee P M. A neural network adaptive controller design for free - pitch - angle diving behavior of an autonomous underwater vehicle. Robotics and Autonomous Systems,2005,52:132 - 147.

第3章 故障诊断与容错控制技术

所谓故障(Fault),广义地讲,可以理解为任何系统的异常现象,使系统表现出所不期望的特性。狭义地讲,是指系统至少一个特性或参数出现较大偏差,超出了可以接受的范围,此时系统的性能明显低于其正常水平,已难以完成预期的功能[1]。故障诊断技术(Fault Diagnosis,FD)主要包含3方面的内容:故障检测、故障隔离、故障辨识。故障检测是判断系统中是否发生了故障及检测出故障发生的时刻;故障隔离就是在检测出故障后确定故障的位置和类型;故障辨识是指在分离出故障后确定故障的大小和时变特性。本质上,故障诊断是一个模式分类与识别问题,即把系统的运行状态分为正常和异常两类,判别异常的信号样本究竟属于哪种故障类别,这又属于一个模式识别的问题。

容错(Fault-tolerance,FT)通俗地说就是容许错误,是指系统的一个或多个部件发生故障时,能够自动地进行诊断,并采取相应措施,保证系统维持其规定功能,或用牺牲某些性能来保证系统在可以接受的范围内继续工作[2]。容错控制(Fault-tolerant Control,FTC)的概念是1986年由美国国家科学基金会和美国电气电子工程师学会(IEEE)控制系统学会共同在加州桑塔卡拉大学,召开控制界专题讨论会的报告中正式提出的。作为一门新兴的交叉学科,其学科意义就是要尽量保证动态系统在发生故障时仍然可以稳定运行,且具有可以接受的性能指标[3]。

3.1 故障诊断与容错控制的目的与意义

故障诊断与容错控制技术是近几十年发展起来的一门新学科,它是适应各种工程需要而形成的多学科交叉的综合学科。在当今技术竞争日益激烈的环境下,工业企业成功的关键因素之一是产品和制造过程的质量控制;军事领域里,要求武器装备具有高可靠性、高保障性和可维修性。另一方面,随着现代工业及科学技术的迅速发展,设备的结构越来越复杂,自动化程度也越来越高,不仅同一设备的不同部分之间互相关联,紧密耦合,而且不同设备之间也存在着紧密的联系,在运行过程中形成一个整体。因此,一处故障可能引起一系列连锁反应,导致整个设备甚至整个过程不能正常运行,轻者造成停机、停产,重者会产生严重的甚至灾难性的人员伤亡。下面介绍一些典型的灾难性故障。

1. 化工生产与核工业领域

1984 年 12 月,印度博帕尔农药厂毒气泄露事故,造成 2000 多人死亡,成为目前为止世界工业史上空前的大事故。1986 年 4 月,苏联切尔诺贝利核电站放射性泄露事故,损失达 30 亿美元,核污染波及周边各国。2008 年 8 月底,中国田湾核电站发生变压器爆炸事故,并引发火灾,事故导致一组产于乌克兰的变压器被炸毁,多名工作人员和消防员受伤,火灾在 5 个小时后被扑灭。2011 年 3 月 11 日,日本发生 9 级大地震,引起福岛核电站断电,导致反应堆冷却剂泵停止工作,反应堆芯温度不断升高,安全壳建筑内的氢气不断积聚,发电机产生的火花导致氢气爆炸,安全壳的屋顶被掀翻。第二天,3 号反应堆所在建筑内的氢气发生强度更大的爆炸。事故产生的核污染不仅影响日本本岛,而且影响到亚洲多国,甚至太平洋对岸的美国。

2. 航空航天领域

1986 年 1 月,"挑战者"号航天飞机的空中爆炸事件,导致 7 名宇航员全部遇难,总计损失达 12 亿美元。2003 年 2 月 1 日,美国"哥伦比亚"号航天飞机在返回地面时,由于航天飞机左翼上隔热片之间的密封层出现破裂,使得航天飞机在得克萨斯州中北部地区上空解体并坠毁,机上 7 名宇航员全部遇难。这是继 1986 年"挑战者"号航天飞机爆炸后,美国发生的第二次航天飞机失事事件。航空领域更是事故的高发区,以世界发生空难最少的 2001 年为例,全世界共发生有人员死亡的空难事故 33 起,死亡人数达 778 人。

3. 水下潜艇与水下机器人领域

核潜艇自问世以来,美、俄、英、法和中国共建造和发展核潜艇 500余艘。在近半个世纪里,核潜艇事故频频发生,经对有关资料分析统计,仅核潜艇沉没的恶性事故就达 20 起,并造成 700 多名艇员丧生,海洋环境也受到威胁。影响最大莫过于 2000 年 8 月"库尔斯克"号在演习中沉入巴伦支海,118 名官兵全部遇难,沉重打击了俄罗斯的海军信心。在水下机器人领域,如本书前面所介绍的日本"海沟"号水下机器人及国内"海龙"一号的故障失踪事故等,损失都十分巨大。

切实保障现代复杂系统的可靠性与安全性,具有十分重要的意义,故障诊断与容错控制技术的出现,为提高复杂系统的可靠性开辟了一条新的途径。状态监测与故障诊断已成为现代工业生产和国防建设中的重要内容,也是目前科学界研究的热点之一。

3.2 故障诊断方法

3.2.1 故障诊断方法分类

故障的分类方法有多种,按故障的时变性质分,有固定性故障、随机性故障、突发性故障、渐进性故障;按故障严重程度来分,有灾难性故障、可控性故障,容错控制一般是针对可控性故障来设计的;从控制系统可靠性角度来看,有设备故障(被控对象)、传感器故障、推进器故障、控制器故障以及软件故障,本书主要讨论水下机器人控制系统的故障诊断与容错控制技术。

对于故障诊断技术也有多种分类方法,从故障诊断的发展来看,可以分为传统故障诊断方法与现代故障诊断方法;从诊断对象的模型来讨论,又分为基于模型故障诊断方法和无模型故障诊断方法等;但是大多数学者将现有的故障诊断方法概括为 3 类[1-4],即基于信号处理的故障诊断方法、基于解析模型的故障诊断方法和基于知识的故障诊断方法。

1. 基于信号处理的方法

所谓基于信号处理的方法,通常是利用信号模型,如相关函数、频谱、自回归滑动平均、小波变换、主元分析等,直接分析可测信号,提取诸如方差、幅值、频率等特征值,从而检测出故障。典型的信号处理故障诊断方法,如旋转机械故障诊断的振动信号频谱特征分析技术。

2. 基于解析模型的方法

它是在明确诊断对象数学模型的基础上,按一定的数学方法对被测信息进行处理诊断。基于模型的故障诊断方法可分为状态估计方法、参数估计方法及等价空间法等。状态估计方法首先重构被控过程的状态,然后产生残差序列,再构造适当的模型并用统计检测法从残差序列中检测出故障。在各种状态估计方法中,卡尔曼滤波器状态评估法应用广泛。参数估计方法不需要检测残差序列,而是根据参数变化的统计特性来检测故障的发生,用自动跟踪模型来代表系统输入和输出信号的关系,通过模型的参数评估来诊断系统故障。等价空间法是把测量信息进行分类,得到最一致的冗余数据子集,并识别出最不一致的冗余数据,即可能产生故障的数据。

目前,基于模型的故障诊断方法得到了较为深入的研究。但我们知道,在实际情况中,常常难以获得复杂对象的精确数学模型,这就大大限制了基于解析模型诊断方法的使用范围和效果。

3. 基于知识的故障诊断方法

前面两种故障诊断策略,可以看成是传统的故障诊断技术。近年来,人工智能及计算机技术的飞速发展,为故障诊断技术提供了新的理论基础,产生了基于知识的故障诊断方法,也称基于人工智能的故障诊断方法,或称现代故障诊断方法。此方法由于不需要对象的精确数学模型,而且具有某些"智能"特性,因此是一种很有生命力的方法。基于知识的故障诊断方法又可以分为专家系统故障诊断方法、模糊故障诊断方法、故障树故障诊断方法、神经网络故障诊断方法和信息融合故障诊断方法等。

3.2.2 基于知识的故障诊断方法

1. 专家系统故障诊断方法

专家系统故障诊断方法,是计算机在采集被诊断对象的信息后,综合运用各种规则(专家经验),进行一系列的推理,必要时还可以随时调用各种应用程序,运行过程中向用户索取必要的信息后,就可快速地找到最终故障或最有可能的故障,再由用户来证实。此种方法国内外已有不少应用[5-17]。专家系统故障诊断方法可用图 3-1 的结构来说

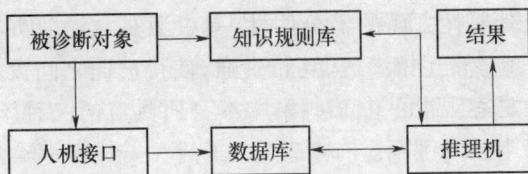

图 3 - 1　故障诊断专家系统结构图

明,它由数据库、知识规则库、人机接口、推理机等组成。各部分的功能如下:

(1) 数据库:对于在线监视或诊断系统,数据库的内容是实时检测到的工作状态数据;对于离线诊断,数据库内容可以是故障时检测数据的保存,也可是人为检测的一些特征数据,即存放推理过程中所需要和所产生的各种信息。

(2) 知识规则库:存放的知识可以是系统的工作环境、系统知识(反映系统的工作机理及系统的结构知识)规则库则存放一组组规则,反映系统的因果关系,用来故障推理。知识库是专家领域知识的集合。

(3) 人机接口:人与专家系统打交道的桥梁和窗口,是人机信息的交接点。

(4) 推理机:根据获取的信息综合运用各种规则,进行故障诊断,输出诊断结果,是专家系统的组织控制机构。

目前,已研究的专家系统模型有很多种,其中较为流行的有基于规则的专家系统、基于案例的专家系统、基于框架的专家系统、基于 Agent 的专家系统和基于遗传算法的专家系统等。专家系统故障诊断的根本目的在于利用专家的领域知识、经验为故障诊断服务,目前在机械系统、电子设备及化工设备故障诊断等方面已有成功的应用。但专家系统的应用依赖于专家的领域知识获取。知识获取被公认为专家系统研究开发中的"瓶颈"问题;另外,在自适应能力、学习能力及实时性方面也都存在不同程度的局限。

2. 模糊故障诊断方法

模糊理论的概念由美国加利福尼亚大学著名学者 Zadeh 教授在他

的 *Fuzzy Sets* 和 *Fuzzy Algorithm* 等论著中首先提出。模糊性是指客观事物在状态及其属性方面的不分明性,其根源是在类似事物间存在一系列过渡状态,它们互相渗透、互相贯通,使得彼此之间没有明显的分界线。模糊性是客观世界中某些事物本身所具有的一种不确定性,它与随机性有着本质的区别。有明确定义但不一定出现的事件中包含的不确定性称为随机性,它不因人的主观意识变化,而是由事物本身的因果规律决定。而已经出现但难以给出精确定义的事件中包含的不确定性称为模糊性,是由事物的概念界限模糊和人的主观推理与判断产生的。模糊逻辑理论则是对模糊事物相互关系的研究。

故障诊断是通过研究故障与征兆(特征元素)之间的关系来判断系统状态。由于实际因素的复杂性,故障与征兆之间的关系很难用精确的数学模型来表示,随着某些故障状态模糊性的出现,就不能用"是否有故障"的简易诊断结果来表达,而要求给出故障产生的可能性及故障位置和程度如何。此类问题用模糊逻辑能得到较好的解决,这就产生了模糊故障诊断方法。其典型方法是模糊故障矢量识别法[18 23],诊断过程如图 3 - 2 所示。

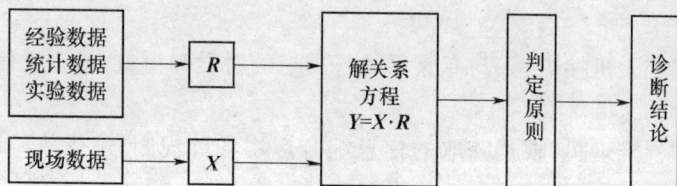

图 3 - 2 模糊故障诊断方法

(1)根据经验、统计和实验数据,建立故障与征兆之间的模糊关系矩阵 R(隶属度矩阵)。矩阵中的每个元素的大小表明了它们之间的相互关系的密切程度。

$$R = \left[\mu_R(x_i, y_i) \right] \qquad (3-1)$$

式中:$y_i \in Y$,$Y = [y_1\ y_2\ y_3 \cdots\ y_n] = \{y_i \mid i = 1,2,\cdots,n\}$ 表示可能发生故障的集合,n 为故障总数;$x_i \in X$,$X = [x_1\ x_2 \cdots\ x_m] = \{x_i \mid i = 1,2,\cdots,m\}$ 表示由上面这些故障所引起的各种特征元素(征兆)的集合,m 为各种特征元素(征兆)总数。

（2）根据待诊断对象的现场测试数据，提取特征参数矢量 X。

（3）求解关系矩阵方程 $Y = X \cdot R$，得到待检状态的故障矢量 Y，再根据一定的判断准则，如最大隶属度原则、阈值原则或择近原则等，得到诊断结果。

模糊故障诊断方法是利用模糊集合论中的隶属函数和模糊关系矩阵的概念来解决故障与征兆之间的不确定关系，进而实现故障的检测与诊断。这种方法计算简单，应用方便，结论明确直观。在模糊故障诊断中，构造隶属函数是实现模糊故障诊断的前提，但由于隶属函数是人为构造的，因此含有一定的主观因素；另外，对特征元素的选择也有一定的要求，如选择得不合理，诊断结果的准确性会下降，甚至造成诊断失败。

3. 故障树故障诊断方法

故障树（Fault Tree,FT）模型是一个基于被诊断对象结构、功能特征的行为模型，是一种定性的因果模型，以系统最不希望事件为顶事件，以可能导致顶事件发生的其他事件为中间事件和底事件，并用逻辑门表示事件之间联系的一种倒树状结构。它反映了特征矢量与故障矢量（故障原因）之间的全部逻辑关系。图 3 - 3 即为一个简单的故障树。图中顶事件为系统故障，由部件 A 或部件 B 引发，而部件 A 的故障又是由两个元件 1、2 中的一个失效引起，部件 B 的故障是在两个元件 3、4 同时失效时发生。

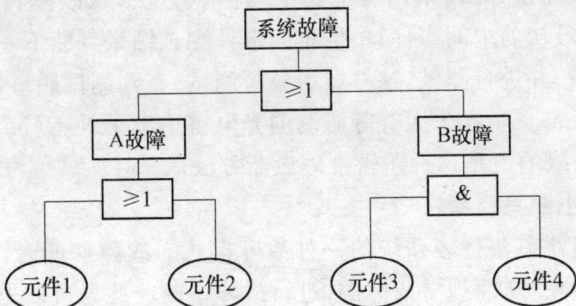

图 3 - 3　简单故障树

故障树分析（Fault Tree Analysis,FTA）[24-30] 不仅能分析硬件的影响，还能分析人为因素、环境因素及软件的影响；不仅能反映单元故障对设备的影响,而且能反映几个单元故障组合对设备的影响,还能把这种影响的中间过程用故障树清楚地表示出来。它有定性分析和定量分析两个层次。

故障树的定性分析是故障树分析最为关键的一步,是定量分析的基础。故障树定性分析的目的在于寻找导致顶事件发生的基本事件(底事件)或基本事件的组合,即识别出导致顶事件发生的所有故障模式。由于故障信息有时难以获得,特别是人的可靠性难以定量化,因此有时故障树分析往往只能进行到定性阶段,即寻找到故障树的全部最小割集。

一般地说,故障树定性分析工作包括以下3方面内容:一是对故障树进行规范化处理,将非规范化的逻辑门或事件,如禁止门、异或门、房形事件等按等效变换为规范化的逻辑门或事件,使建造出来的故障树为仅含有基本事件、结果事件以及"与"、"或"等几种逻辑门的故障树;二是对故障树进行简化和模块化处理,这对减小故障树的规模,节省处理工作量是有好处的;最后,采用故障树算法(上行法或下行法)对故障树处理,得到故障树全部最小割集。在利用故障树进行故障搜寻与诊断时,根据搜寻方式不同,又可分为逻辑推理诊断法和最小割集诊断法。

1) 逻辑推理诊断法

此种故障搜寻法,采用从上而下的测试方法,从故障树顶事件开始,先测试最初的中间事件,根据中间事件测试结果判断下一级中间事件是否故障,并进行测试,这样层层分析测试,直到测试底事件,搜寻到故障原因及部位。在朱大奇等研制的光电雷达电子设备(36E)故障搜寻中[25],采取的就是这种逻辑推理诊断方法。

2) 最小割集诊断法

一个最小割集代表系统的一种故障模式。故障诊断时,也可逐个测试最小割集,从而搜寻故障源,进行故障诊断。此处可以先根据每个最小割集所含底事件数目(级数)排序,在各个底事件发生概率比较小、差别相对不大的条件下,依据以下规则进行测试诊断:

(1) 级数越小的最小割集越重要。

(2) 在低级最小割集中出现的底事件比高级最小割集中的底事件

82

重要;在同一级最小割集的条件下,在不同最小割集中重复出现次数越多的底事件越重要。

4. 神经网络故障诊断方法

人工神经网络(Artificial Neural Network,ANN)是仿效生物体信息处理系统获得柔性信息处理能力,从20世纪80年代后期开始兴起(由理论研究阶段发展到应用阶段)。它是从微观上模拟人脑功能,是一种分布式的微观数值模型,神经网络通过大量经验样本学习知识。更重要的是,神经网络有极强的自学习能力,对于新的模式和样本可以通过权值的改变进行学习、记忆和存储,进而在以后的运行中能够判断这些新的模式。

神经网络模型从知识表示、推理机制到控制方式,都与目前专家系统中的基于逻辑的心理模型有本质的区别。知识从显式变为隐式表示,这种知识不是通过人的加工转换成规则,而是通过学习算法自动获取的。推理机制从检索和验证过程变为网络上隐含模式对输入的竞争,这种竞争是并行的针对特定特征的,并把特定论域输入模式中各个抽象概念转化为神经网络的输入数据。对于故障诊断而言其核心技术是故障模式识别,而人工神经网络由于其本身信息处理特点,如并行性、自学习、自组织性、联想记忆功能等,使其能够出色地解决那些传统模式识别方法难以圆满解决的问题,所以故障诊断是人工神经网络的重要应用领域之一。目前,神经网络是故障诊断领域中的一个研究热点,已有不少应用系统的报道[31-44]。

神经网络在设备诊断领域的应用研究主要集中在两个方面:一是从模式识别的角度应用它作为分类器进行故障诊断;二是将神经网络与其他诊断方法相结合而形成复合故障诊断方法。模式识别的神经网络故障诊断过程主要包括学习(训练)与诊断(匹配)两个过程。学习过程是在一定的标准模式样本的基础上,依据某一分类规则来设计神经网络分类器,并用标准模式训练;诊断过程是将未知模式与训练的分类器进行比较来诊断未知模式的故障类别。其中每个过程都包括预处理和特征提取两部分。具体诊断过程如图3-4所示。

(1)预处理。首先对映射得到的样本空间数据进行预处理,主要是通过删除原始数据中的无用信息得到另一类故障模式,由样本空间

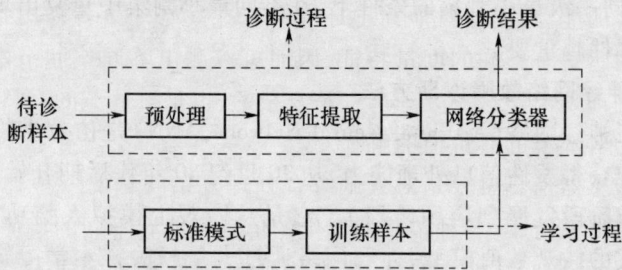

图 3 - 4　神经网络故障诊断

映射成数据空间。在数据空间上，通过某种变换(如对模式特征矢量进行量化、压缩等)使其有利于故障诊断。

(2)特征提取。将从诊断对象获得的数据看作一组时间序列，通过对该时间序列的分段采样，可以将输入数据映射成样本空间的点。这些数据可能包含故障的类型、程度和位置等信息。但从样本空间看，这些特征信息的分布是变化的，因此，一般不能直接用于分类，需经合适的变换来提取有效的故障特征。而所提取的这些特征对于设备的参数应具有不变性。常用的特征提取方法有傅里叶变换、小波变换、分形维数等。

(3)网络分类器。常用于故障诊断分类的神经网络有 BP 网络、双向联想记忆(BAM)网络、自适应共振理论(ART)、B 样条网络等。

利用各种诊断方法的优点，将其他诊断方法与神经网络相结合，可以得到效率更高的复合故障诊断方法。如将神经网络与专家系统相结合的诊断方法，模糊神经网络故障诊断系统和神经网络信息融合故障诊断系统等，都显示出其特别的诊断特性。

神经网络故障诊断虽然有它独特的优越性，但也存在一些问题，主要表现在 3 方面：一是训练样本获取困难；二是忽视了领域专家的经验知识；三是网络权值表达方式难以理解。

5. 信息融合故障诊断方法

多传感器信息融合(Information Fusion,IF)是人类和其他生物系统普遍存在的一种基本功能，人类具有将自身的各种功能器官(眼、耳、鼻、四肢)所探测的信息(图像、声音、气味和触觉)与先验知识进行综合的能力,以便对他周围环境和正在发生的事件做出估计。由于人类的感官有不同的度量特征,因而可以测出不同空间范围内发生的各种物理现象。这一处理过程是复杂的,也是自适应的,它将各种信息转换为对环境的有价值的解释。

多传感器信息融合是对人脑综合处理复杂问题的一种功能模拟。在多传感器系统中,各种传感器提供的信息可能有不同的特征:时变的或非时变的,实时或非实时的,模糊的或确定的,精确的或不完全的,可靠的或非可靠的,互补的或相互矛盾的。多传感器信息融合的基本原理就像人脑综合处理信息的过程一样,它充分利用多个传感器资源,通过对各种传感器及其观测信息的合理支配与使用,将各种传感器在空间和时间上的互补与冗余信息依据某种优化准则组合起来,产生对观测环境的一致性解释和描述。信息融合的目标是基于各传感器分别观测信息,通过对信息的优化组合导出更多的有效信息,它的最终目的是利用多传感器共同联合操作的优势,来提高整个传感器系统的有效性。

信息融合可以用一句话来定义,就是利用计算机对来自多传感器的信息按一定的准则加以自动分析和综合的数据处理过程,以完成所需要的决策和判定。目前信息融合在军事领域中已有广泛的应用,但在设备故障诊断中的应用还是近年来的事情[45-60]。信息融合应用于故障诊断的起因有 3 个方面:一是多传感器形成了不同通道的信号;二是同一信号形成了不同的特征信息;三是不同诊断途径得出了有偏差的诊断结论。多传感器信息融合技术的发展,为解决复杂系统故障诊断的不确定性问题提供了一条新的途径。这是由信息融合独特的多维信息处理方式决定的。单维的信息含量显然有其局限性,根据信息论的原理,由单维信息融合起来的多维信息,其信息含量比任何一个单维信息量都要大。融合诊断的最终目标是综合利用各种信息提高诊断准确率。目前,故障诊断的信息融合方法按其融合算法的不同主要可分为贝叶斯定理信息融合故障诊断方法、模糊信息融合故障诊断方法、DS 证据理论信息融合故障诊断方法、神经网络信息融合故障诊断方法和集成信息融合故障诊断方法等。

3.3　容错控制技术

3.3.1　容错控制的基本概念

所谓"容错",通俗地说就是"允许"系统发生错误(故障)。容错控制是提高动态系统可靠性的有效手段,它是尽量保证动态系统在发生故障时仍然可以稳定运行,并且具有可以接受的性能指标,由于任何系统都不可避免地会发生故障,因此,容错控制也可以看成是保证系统安全运行的最后一道防线。

3.3.2　容错控制的方法

经过 20 多年的发展,容错控制基本形成了两大类控制方法[1-2]——被动容错控制和主动容错控制。前者的设计出发点是减少系统对单个部件运行情况的依靠性,即使在出现故障又无校正作用的情况下,系统仍能工作,由于不需要故障诊断机构的介入,一般来说这种方案的容错控制仅能达到有限的性能和效果;后者则首先检测并识别故障,在故障实时诊断的基础上,对系统控制规律进行重新构造,从而保证系统的稳定性和运行性能。

对主动容错控制来说,早期容错控制器的设计主要是采用控制律重新调度的方法,它是离线计算出各种故障模式下所需的控制律,系统根据检测到的故障模式,进行控制律的在线切换。如 Gao 和 Antsaklis 采用伪逆法对故障系统进行的控制律重构[61],Jiang 提出的基于特征结构配置方法实现的控制律重构策略等[62]。其指导思想是在系统发生故障时,根据计算状态反馈矩阵,使闭环系统在正常条件和故障发生后的特征值和特征向量尽可能地接近。但这种控制律重新调度方法首先必须准确检测系统故障,其次必须预先了解各种故障模式,对未知故障模式无能为力。

与此相对应的是模型跟随重组控制方法,它采用模型参考自适应控制思想,使被控过程的输出自适应地跟踪参考模型的输出,而不管是否发生故障。该方法降低了对故障辨识和诊断的快速性要求,故障辨识和诊断不对控制律的重构起关键作用,而是用于报警和起辅助控制作用。该方法的优点是无需复杂的迭代优化过程,实现简单;主要不足是缺少有效的方法对控制算法中的参数矩阵进行优化。

　　主动容错控制器设计的另一重要方法是控制律在线重构策略。它根据系统在线实时故障诊断结果,通过一定算法对控制系统的控制规律进行在线实时重构。此处的故障模式既可以是已出现过的故障,也可是过去未出现过的故障。它是目前容错控制领域中备受关注的研究方向,也是容错控制的难点之一。

　　早期在线控制律重构主要是针对飞行控制系统展开研究的[63-64]。随着人工神经网络及故障诊断技术的发展,控制律在线重构技术在各个领域得到了广泛研究。如 Eryurek 的核反应堆故障在线诊断与控制律的重构设计[65],Diao 针对涡轮发动机提出基于 T - S 模糊系统的非线性自适应模糊神经网络容错控制方法[66],Kabore 研究的基于非线性观测器故障诊断的仿射系统反馈控制律在线重构方法[67],Polcarpou 研究的基于径向基函数 RBF 故障学习的喷气压缩系统控制律重构方法[68],Zhang 提出的分阶段非线性不确定系统容错控制[69] 及 Ashari 提出的特征结构配置技术重构故障后控制律的容错控制策略等[70],Zhu 等人提出的基于小脑神经网络滑模控制(Cerebellar Model Articulation Controllers,CMAC)[71-73] 的动态非线性故障辨识与容错控制技术,并将其应用于水下机器人的容错控制之中[74-75]。

　　到目前为止,虽然故障诊断与容错控制技术在航空航天、国防武器系统、工业自动化等诸多领域已取得了许多成功的应用,但在水下机器人可靠性控制技术方面的应用报道还较少,仍有许多关键问题需要探索与研究。

3.4　水下机器人故障诊断与容错控制

　　海洋是人类发展的四大战略空间(陆、海、空、天)中继陆地之后的第二大空间,是生物资源、能源、水资源和金属资源的战略性开发基地,是最有发展潜力的空间,它对我国经济与社会发展产生着直接、巨大的支撑作用。作为人类探索和开发海洋的助手,水下机器人将在这一领域发挥重要作用。

由于海洋深处工作环境的复杂性和不可预测性,特别是水下机器人的无人驾驶的特征,以及自治水下机器人的高度自治要求,与母船之间没有任何物理连接的特性,使得水下机器人一旦出现故障,不仅机器人无法完成水下作业任务,而且机器人本身有时也无法回收,损失巨大。因此其可靠性控制技术研究与设计十分关键。但是,作为可靠性要求较高的水下机器人领域,由于各种原因的影响,其故障诊断与容错控制研究直到 20 世纪末才引起国际控制界的广泛关注。2006 年,水下机器人控制权威 A. Gianluca 教授,在其再版的 *Underwater Robots Motion and Force Control* 专著中,专门新辟一章介绍近些年水下机器人故障诊断与容错控制研究成果。目前,水下机器人故障诊断与容错控制技术研究,美、英等西方国家处于领先地位,如美国的伍兹霍尔(Woods Hole)海洋研究所,夏威夷大学的水下自治系统实验室,佛罗里达州大西洋大学海洋与系统工程研究所,英国的南安普顿海洋研究中心及法国国家海洋开发中心等,均有较好研究积累;国内研究主要集中在哈尔滨工程大学、华中科技大学、中科院沈阳自动化研究所、上海海事大学等单位。有关水下机器人故障诊断与容错控制研究报道还很少[75-79],应该说还处于一种起步状态。

3.4.1　水下机器人故障诊断方法

目前,控制系统的故障诊断方法基本上可概括为两大类,即基于模型故障诊断方法和无模型的故障诊断方法;但从控制系统的结构来看,也可认为水下机器人故障诊断主要包括传感器系统故障诊断、推进器系统故障诊断和关键设备的故障诊断[80-81]等。

1. 基于模型的水下机器人故障诊断

基于模型的水下机器人故障诊断方法可分为状态估计方法、参数估计方法及等价空间法。状态估计方法首先重构被控过程的状态,然后产生残差序列,再构造适当的模型并用统计检测法,从残差序列中检测出故障。早期的状态估计方法有 Alessandr 等[90,98]提出的推进器故

88

障诊断卡尔曼滤波器和滑模观测器方法，Lingli[85]针对自治水下机器人的传感器和推进器故障，利用卡尔曼滤波器构造的递阶故障检测与辨识方法(Hierarchical Fault Detection and Identification，HFDI)等。近几年 Loebis 等[86-87]讨论了噪声干扰情况下，卡尔曼滤波器自适应调整问题及其在智能 AUV 推进器故障诊断中的应用，Caccavale 等[100]进一步研究了非线性时变系统故障辨识的自适应观测器方法。

参数估计方法不需要检测残差序列，而是根据参数变化的统计特性来检测故障的发生。如 Rae[88]针对自治水下机器人，用一自动跟踪模型来代表系统输入和输出信号的关系，通过模型的参数评估来诊断 AUV 故障；Mcintyre 等[101]研究了机器人推进系统的参数分析故障辨识方法；Hamilton 等[102]则将基于模型故障诊断与智能故障诊断方法(如故障树分析、专家系统等)相结合，提出自治水下机器人的集成故障诊断策略。

等价空间法是把测量信息进行分类，得到最一致的冗余数据子集，并识别出最不一致的冗余数据，即可能产生故障的数据，从而判定故障。目前水下机器人故障诊断的等价空间方法报道还很少。

2. 无模型水下机器人故障诊断方法

无模型水下机器人故障诊断方法包括信号处理故障诊断方法和智能故障诊断方法。

1) 水下机器人信号处理故障诊断方法

信号处理方法依据直接可测的输入和输出及其变化趋势，提取幅值、相位、频谱等特征值，用这些特征值分析、判断、处理故障。常见有快速傅里叶变换方法、小波分析方法等[78,81-82]。

随着信号处理技术的发展，近年来，一些新的信号处理算法被应用到水下机器人传感器故障检测之中。如 Demin 等[83]利用小波变换检测传感器信号的突变，从而诊断自治水下机器人的传感器故障；Zhu 等[84]应用主元分析模型来重构(预测)水下机器人传感器信号，进而计算传感器系统的平方预测误差，从而判定传感器系统故障，并可及时隔离故障传感器。这些现代信号处理传感器故障检测技术，一般是通过较复杂运算抽取故障特征，剔除各种噪声干扰的影响，因此有较高的故障检测准确率,但运算复杂,计算量也较大。

2) 水下机器人智能故障诊断方法

智能故障诊断方法是将人工智能技术引入故障诊断之中,其中最典型的是人工神经网络故障诊断方法。自 1993 年 Farrell 等[103] 在国际上首次提出故障诊断的自适应学习策略以来,基于神经网络学习的故障诊断方法得到深入的研究[104-105]。其中有多种神经网络被应用到水下机器人故障诊断研究中。早期的研究成果是 Healey 等[89] 将卡尔曼滤波器与多层感知器(Multi Level Perceptron, MLP)相结合,用卡尔曼滤波器来辨识 AUV 系统的关键参数,进而训练神经网络,利用离线训练过的神经网络,应用在线测试的信号实时诊断 AUV 传感器与推进器故障;2004 年 Podder 和 Edin 等[91,106] 将推进器故障分为不同等级,应用(Self - Organizing Feature Map, SOM)自组织神经网络对水下机器人推进器系统进行故障模式识别;最近,Lin 等[75,97] 将小脑神经网络应用到两足机器人和水下机器人的在线故障辨识中,提出一种基于 CMAC 神经网络的机器人故障诊断与容错控制策略。

在以上的各种水下机器人推进器故障诊断研究中,大多将推进器看成完全正常和完全故障两种极端模式来处理,这与水下机器人实际运行状况差距较大,实际推进器故障除有推进器完全失效模式外,还可能出现推进器部分失效等故障,这是更常见的故障形式。对此,Edin 等[91,97] 将水下机器人推进器的拥堵故障大小用一个量程约束系数 S_i 来表示,同时将推进器故障分为正常($S=1$)、一般拥堵($S=0.5$)、严重拥堵($S=0.25$)和完全失效($S=0$)4 种运行模式,针对开架缆控水下机器人,利用自组织神经网络进行故障状态的模式识别,并给出了两种水下机器人(URIS 和 FALCON)的仿真诊断识别结果。

基于模型故障诊断方法原理简单,但它依赖于对象的数学模型,对水下机器人来说,大多数情况下无法精确获知其模型参数,需要进行大量的模型简化和辨识。另外,有些模型诊断方法对干扰信号比较敏感,这些不利因素都影响了模型故障诊断的应用效果。

信号处理方法主要用于故障检测,在故障辨识中应用很少;神经网络故障诊断虽然不需要对象的具体模型参数,但也存在故障样本难以获取,有些神经网络还存在训练时间过长或不收敛的情况,使水下机器人故障诊断的实时性难以满足实际要求。另外,从水下机器人推进器故障特性来看,故障模式是时变、不确定的,与水下机器人当时所处的运行状态和环境有关。将其设定为推进器完全正常和完全失效两种状态是不合适的,应用几种固定故障状态来表示,虽然与实际情况有所接近,但仍有较大距离。

3.4.2 水下机器人容错控制技术

虽然控制系统的自修复容错控制在近20年取得了许多重要进展,特别是在航空航天等领域已得到了实际应用,但在水下机器人容错控制方面,其研究成果还很有限。目前,水下机器人的容错控制的主要方法可以概括为传感器故障的信号替代容错方法、推进器控制矩阵的离线设计在线调度方法、容错控制律滑模重构方法、推进器控制矩阵的伪逆重构方法和推进器控制矩阵的智能优化计算方法等。

早期水下机器人容错控制,大多是针对传感器系统故障,应用硬件冗余或传感器信号预测替代的方法,如 Leith 等[82]讨论的就是深度传感器故障时的系统容错问题,它具有冗余传感器,在线诊断时利用水下机器人的深度动力学模型给出深度传感器的预测值,并与实际测量值比较,从而找出故障传感器,淘汰故障传感器的测量数值,以正常传感器作为水下机器人系统状态测量值,实现传感器故障情形下的容错控制,其工作原理如图3-5所示。对水下机器人的深度测量,安装了压

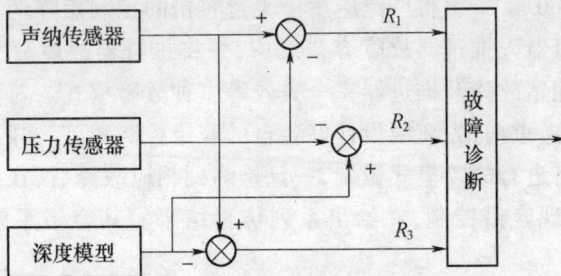

图3-5 传感器冗余容错控制

力传感器和底部的声纳传感器。另外,设计了一个水下机器人深度动力学模型,进行深度预测,通过比较实际传感器的测量值与模型预测值,计算各传感器的误差 R_i(正常情况时,3 个 R_i 接近于零),进而可以检测、隔离故障传感器,最后淘汰故障传感器数值,实现容错控制。

文献[94]中,作者采用有限脉冲响应滤波器模型跟踪水下机器人系统的传感器信号,通过跟踪误差调整并监视有限脉冲响应滤波器参数,一旦滤波器参数发生明显变化,则传感器系统出现故障,此时用有限脉冲响应滤波器信号代替故障传感器信号,实现容错控制。实验表明这种替代容错控制在一段时间内有效,时间太长时,由于有限脉冲响应滤波器的时间累计误差作用,使其输出数据偏离机器人的实际状态。

对具有冗余推进机构的水下机器人,一个重要容错控制律产生方法是离线设计在线调度方法。Yang 等[96]针对水下机器人推进器故障,离线设计推进器控制矩阵,在线检测到相应故障后,再淘汰控制矩阵的相应阵列,实现水下机器人容错控制。但这种控制律重构方法的主要不足是首先必须准确检测系统故障,其次必须预先了解各种故障模式,对未知故障模式无能为力。对此有补充作用的是滑模控制方法,它是在故障在线辨识的基础上,实现控制律重构,如 Yoerger 等[95]的自治水下机器人滑模容错控制设计,Healey 和 Lienard 等[92-93]研究的自治水下机器人多变量滑模容错控制问题。不过,滑模控制一直存在控制系统的抖振问题,虽然也有一些学者在这方面提出一些解决方法,但到目前为止,还未找到满意的答案。

水下机器人容错控制的另一个重要方法是伪逆重构策略,近年来 Edin 和 Geoff 等[91,97]将广泛应用于飞行容错的控制矩阵伪逆重构方法引入水下机器人推进器故障容错之中,并将推进器故障分为推进器不同程度的拥堵故障及推进器完全失效等多种故障模式。对不同故障模式,通过伪逆重构,先离线设计好各自的容错控制矩阵,实际应用时,利用神经网络进行故障模式识别,一旦检测到相应故障后,在线调度相应控制律,实现容错控制,并给出系列仿真结果。其容错系统结构如图3-6所示。

这种在线调度的容错控制策略,使水下机器人的推进器容错控制更接近于系统的实际运行状态,提高了容错控制的应用范围和控制性

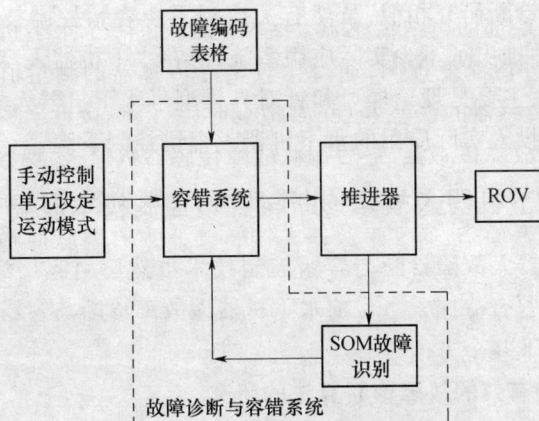

图 3-6　推进器容错控制

能。但是正如前面内容所述,实际上水下机器人推进器拥堵的程度是时变的、不确定的,与水下机器人当时所处的运行状态和环境有关。因此将其设定为推进器完全正常和完全失效两种状态,或几种固定故障状态都是不合适的,因此这种方法对连续、时变的故障也就无法离线设计好所有可能故障模式的容错控制规律,实现"控制律重新调度"。对此,朱大奇等[75,107]将 CMAC 神经网络在线故障辨识与推进器伪逆重构算法结合,提出一种集成水下机器人容错控制算法,从理论仿真结果来看,能够解决推进器时变故障的在线辨识与容错控制。

　　伪逆重构容错方法计算简单、实时性高,不足之处是产生的控制信号常常会出现超出推进器控制上限或下限的问题,即控制饱和。对此,常采取"定比"或"截断"近似处理,但这必然使水下机器人容错控制出现一定的误差。对此,近年来,部分研究者将智能优化计算方法应用到水下机器人控制矩阵的重构之中,将水下机器人状态误差设计为目标函数,利用进化计算方法寻找最优控制矩阵[108-110],但它需要解决优化计算的收敛性与快速性问题。另外一种策略是将人工神经网络直接应用到水下机器人的容错控制律的重构上,由神经网络根据故障辨识结果自适应地产生容错控制规律。神经网络容错策略的主要不足在于以下两个方面:一是训练样本获取常常存在一定的困难;二是在实时性要求较高的场合,由于要进行大量样本的获取与训练,常常难以满足快速性要求。

与故障诊断研究相似,虽然有关控制系统容错控制技术已有较深入的研究,并推出了不少实际应用系统,但在水下机器人容错控制方面还不够深入,主要是理论探讨和针对具体型号水下机器人的实验研究,还未见真正投入实际应用的水下机器人容错控制系统。

3.4.3　水下机器人故障诊断与容错控制技术展望

水下机器人故障诊断与容错控制技术虽然已引起广泛关注,但仍然有许多问题有待探索。目前水下机器人故障诊断与容错控制研究主要集中在以下几个方面[107]。

1. 新的有效的故障诊断算法的研究

故障诊断是系统容错控制的前提,因此快速准确的水下机器人故障诊断算法研究是水下机器人可靠性控制研究的永恒主题。虽然已有不少故障诊断方法被报道,但真正实用的方法并不多。以水下机器人推进器拥堵故障诊断来说,实际上其拥堵的程度是连续变化和不确定的,与水下机器人当时的所处的运行状态和环境有关。而目前的诊断方法中,都将其设定为推进器完全正常和完全失效两种状态或几种固定故障状态,与实际情况有较大距离。因此,有关推进器故障特性的在线辨识算法有待进一步研究。

2. 故障判定规则的研究

目前的水下机器人故障判定规则大多采用最大阈值原则来判定故障模式,而阈值的选取往往带有人为因素,而且最大阈值原则只在单故障情形下有效,对多故障问题则无法判定;另外,它受外界干扰的影响也较大,易引起误诊断。因此,如何根据实际情形自适应的选择故障判定阈值也是水下机器人故障诊断中值得研究的问题。

3. 水下机器人安全状态可靠性控制技术

目前的水下机器人故障诊断与容错控制研究极大多数是针对传感器和推进器故障展开的。而对机器人的其他装置的可靠性控制研究非常少,如水下机器人的通信系统、密封装置、动力系统和作业系统等。它们也是水下机器人安全作业的重要设备,研究其安全控制技术同样重要。

4. 水下机器人容错控制律的在线重构算法

目前水下机器人容错控制主要还是采用控制律重新调度方法,即离线计算出各种故障模式下所需的控制律,系统根据检测到的故障模式,进行控制律的在线切换。实际上水下机器人由于工作环境的复杂多变,其故障是时变不确定的,也就无法事先设计好所有故障的容错控制律。因此,研究水下机器人容错控制律在线自适应重构算法必然是其可靠性控制的重要研究内容之一。

5. 水下机器人可靠性控制的实际系统研制

理论与技术研究的目的是工程应用。目前的水下机器人控制系统可靠性技术研究大多还停留在理论探讨和实验研究阶段,还未见真正投入实际应用的水下机器人容错控制系统。因此,水下机器人故障诊断与容错控制实际应用系统的研制是其发展的重要方向之一。

参 考 文 献

[1] 周东华,叶银忠. 现代故障诊断与容错控制. 北京:清华大学出版社,2000.

[2] 王仲生. 智能容错控制技术及应用. 北京:国防工业出版社,2002.

[3] 朱大奇. 电子设备故障诊断原理与实践. 北京:电子工业出版社,2004.

[4] 朱大奇. 基于知识的故障诊断方法综述. 安徽工业大学学报,2002,19(3):197-204.

[5] 吴明强,史慧,朱晓华,等. 故障诊断专家系统研究的现状与展望. 计算机测量与控制,2005,13(12):1301-1304.

[6] 张代胜,王悦,陈朝阳. 融合实例与规则推理的车辆故障诊断专家系统. 机械工程学报,2002,38(7):91-95.

[7] 杨兴,朱大奇,桑庆兵,等. 智能故障诊断专家系统开发平台研制. 控制工程,2005,12(S1):180-183.

[8] 杨兴,朱大奇,桑庆兵. 专家系统研究现状与展望. 计算机应用研究,2007,24(5):4-10.

[9] 吴今培. 智能故障诊断与专家系统. 科学出版社,1999.

[10] 虞和济,陈长征,张省. 基于神经网络的智能诊断. 北京:冶金工业出版社,2000.

[11] 杨良土,等. 动态系统故障诊断的新方法——专家系统. 信息与控制,1998,17(5):26-31.

[12] Pazani M J,Failure-Driven learning of fault diagnosis heuristics. IEEE Trans on systems,Man and cybemetics,1998,17(3):380-384.

[13] Huang C Y,Stengel RF. Failure Model determination is a knowledge based control system. Proc. of American control conference,1987:1642-1649.

[14] Youn W C,Hammen J M. Aiding the operator during novel fault diagnosis. IEEE Trans. on system,Man and cybernetics,1998,18(1):142-147.

[15] Su Y L,Govindaraj T. Fault diagnosis is a large dynamic system:Experiments on a training

simulator. IEEE Trans. on systems,Man and cybernetics,1986,16(1):129 – 141.

[16] 张雪江,等.汽轮发电机组故障诊断专家系统知识处理技术的研究.振动工程学报,1996,9(3):230 – 236.

[17] 王飚舵,等.基于专家系统和神经网络的机车电路故障诊断系统研究.北方交通大学学报,1996,20(4):495 – 501.

[18] 张鸣柳,等.变压器油气体色谱分析中以模糊综合评判进行故障诊断的研究.电工技术学报,1998,13(1):51 – 54.

[19] 朱大奇,于盛林,田裕鹏.应用模糊数据融合实现电子电路的故障诊断.小型微型计算机系统,2002,23(5):633 – 635.

[20] Tsukamto Y,Terano T. Failure diagnosis by using fuzzy logic. Proc. IEEE conf decision & control,New Orleans,1987:1390 – 1395.

[21] 杨苹,等.变权重模糊综合评判模型及其在故障诊断中的应用.控制理论与应用,2000,17(5):707 – 710.

[22] Zhao Z Y,Introduction to fuzzy theory and neural networks and their application. Beijing:Tsinghua University Press,1996:165 – 169.

[23] Ruckley J J,Hayashi Y. Neural Nets for Fuzzy systems. Fuzzy sets and systems,1995,71:265 – 276.

[24] 朱大奇,于盛林.基于故障树最小割集的故障诊断方法研究.数据采集与处理,2002,17(3):341 – 344.

[25] 朱大奇,于盛林,陈小平.基于故障树分析及虚拟仪器的电子设备故障诊断研究.仪器仪表学报,2002,23(1):16 – 19.

[26] 朱大奇,刘文波,陈小平,等.基于虚拟仪器技术的光电雷达电子部件性能检测与故障诊断系统.航空学报,2001,22(5):468 – 470.

[27] 王巍,崔海英,黄文虎.基于故障树最小割集和最小路集的诊断方法研究.数据采集与处理,1999,14(1):26 – 29.

[28] 程明华,等.动态故障树在软硬件容错计算机系统中的应用.航空学报,2000,21(1):34 – 37.

[29] 张建刚,等.模糊树模型及其在复杂系统辨识中的应用.自动化学报,2000,26(3):378 – 381.

[30] 闻新,等.控制系统的故障诊断和容错控制.北京:机械工业出版社,1998.

[31] 朱大奇,史慧.人工神经网络原理与应用.北京:科学出版社,2006.

[32] 朱大奇.人工神经网络研究现状及其展望.江南大学学报,2004,3(1):103 – 110.

[33] 朱大奇,陈尔奎.旋转机械故障诊断的量子神经网络算法.中国电机工程学报,2006,26(1):132 – 136.

[34] 朱大奇,于盛林.电子电路故障诊断的神经网络数据融合算法.东南大学学报,2001,31(6):87 – 90.

[35] 朱大奇,张伟.基于平衡学习的 CMAC 神经网络非线性辨识算法.控制与决策,2004,19

（12）:1425 - 1428.

[36] Zhu Daqi, Yang Bin, Li Wuzhao. Study on Fault Diagnosis for Engineering System Based on Multi - Agents. Dynamics of Continuous, Discrete and Impulsive Systems, 2005, Series B: 47 - 51.

[37] Zhu Daqi, Yu Shenglin. Fault Diagnosis Algorithm for Integrated Circuit Based on the CPN Neural Networks. Lecture Notes in Computer Science, Springer - Verlag, 2004, 3174:619 - 626.

[38] Zhu Daqi, Kong Min. A fuzzy CMAC neural network model based on credit assignment. International Journal of Information Technology, 2006, 12(6):1 - 8.

[39] 钮永胜, 赵新民, 等. 采用基于神经网络的时间系列预测器的故障诊断新方法. 仪器仪表学报, 1998, 19(4):383 - 387.

[40] Kiran K V, Joanne B D. Automatic synthesis of fault trees for computer - based systems. IEEE Transactions on Reliability, 1999, 48(4):394 - 401.

[41] 杨一平, 戴汝为. 神经元网络专家系统及其在反应堆事故诊断中的应用. 电子学报, 1990, 18(6):62 - 67.

[42] Naidu S R, et al. Use of Neural Networks for Sensor Failure detection is a Control System. IEEE Control Systems Magazine, 1990, 49(2):225 - 231.

[43] 林京. FUZZY ART 及其在故障诊断中的应用. 西安交通大学学报, 1999, 33(5):88 - 92.

[44] Sorsa T, Hei K N. Networks in process Fault Diagnosis. IEEE Transactions on system, Man, and cybernetics, 1991, 21(4):815 - 825.

[45] 朱大奇. 航空电子设备故障诊断技术研究. 博士论文, 南京航空航天大学, 2002.

[46] 朱大奇, 刘永安. 故障诊断的信息融合方法. 控制与决策, 2007, 22(12):1321 - 1328.

[47] 朱大奇, 于盛林. 基于 DS 证据理论的数据融合算法及其在电路故障诊断中应用. 电子学报, 2002, 30(2):221 - 223.

[48] 朱大奇, 桑庆兵. 光电雷达电子部件的量子神经网络故障诊断算法. 电子学报, 2006, 34(3):573 - 576.

[49] 朱大奇, 徐振斌, 于盛林. 基于证据理论的电机故障诊断方法研究. 华中科技大学学报, 2001, 29(12):58 - 60.

[50] Zhu Daqi, Gu Wei. Sensor Fusion in Integrated Circuit Fault Diagnosis Using a Belief Function Model. International Journal of Distribute Sensor Networks, 2008, 6(4):247 - 261.

[51] Zhu Daqi, Yu Shenglin, Shi Yu. The Studies of Analog Circuit Fault Diagnosis Based Multi - Sensors BP Neural Network Data Fusion Technology. Dynamics of Continuous, Discrete and Impulsive Systems, 2003(1):73 - 77.

[52] 朱大奇, 于盛林. 故障诊断的 DS 信息融合算法比较分析. 控制理论与应用, 2004, 21(4):559 - 663,

[53] Gros X E, Lowden D W. Bayesian approach to NDT data fusion. Non - Destuctive Tes ting and condition monitoring, 1995, 37(5):462 - 468.

[54] Luo R C,Key M G. Multi – sensor Integration and Fusion in Intelligent systems. IEEE Transaction on systems,Man and cybernetics ,1989,19(5):901 – 931.

[55] Bogler P L. Shafer – dempster reasoning with application to multi – sensor target identification system. IEEE Trans. System,Man and cybernetics. 1987,SMC – 17:968 – 977.

[56] Alouani A T,Rice T R. Optimal Multi – sensor Track Fusion ,SPIE,1994,22:327 – 334.

[57] 徐从富,耿卫东,等. 面向数据融合的 DS 方法综述. 电子学报,2001,29(3):393 – 396.

[58] 黄瑛,陶云刚,等. D – S证据理论在多传感器数据融合中的应用. 南京航空航天大学学报,1999,31(2):172 – 177.

[59] 罗志增,等. 应用模糊信息融合实现目标物的分类. 仪器仪表学报,1999,20(4):401 – 404.

[60] 王建波,于达仁. 液体火箭发动机故障诊断的信息融合技术. 航空动力学报,2001,16(1):38 – 40.

[61] Gao Z,Antsaklis P J. Stability of the pseudo – inverse method for reconfigurable control systems. International Journal of Control,1991,55(3):717 – 729.

[62] Jiang J. Design of reconfigurable control system using eigenstructure assignments. International Journal of Control,1994,59(2):395 – 410.

[63] Huber R R,et al. Self – repairing flight control system,SAE Technology Paper Series,1984:1 – 20.

[64] Looze D P. et al. An automatic redesign approach for restructruable control systems. IEEE Trans. On Control System Magzine,1985,5(1):16 – 22.

[65] Eryurek E,et al. Fault – tolerant control and diagnosis for large scale systems. IEEE Trans. On Control System Magzine,1995,15(5):34 – 42.

[66] Diao Y,Passino K M. Stable fault – tolerant adaptove fuzzy/neural control for a turbine engine. IEEE Trans. On Control Systems Technology,2001,9(3):494 – 509.

[67] Kabore P ,Wang H. Design of fault diagnosis filters and fault – tolerant control for a class of nonlinear systems. IEEE Trans. On Automatic Control,2001,46(11): 1805 – 1809.

[68] Polycarpou M M. Fault Accommodation of a class of multivariable nonlinear dynamical systems using a learning approach,IEEE Transactions on Automatic Control,2001,46(5):737 – 742.

[69] Zhang X,Parisini T,Polycarpou M M. Adaptive fault – tolerant control of nonlinear uncertain systems:An information – based diagnosis approach. IEEE Transactions on Automatic Control,2004,49(8):1259 – 1274.

[70] Ashari A E,Sedigh A K,Yazdanpanah MJ. Reconfigurable control system design using eigenstructure assignment:static,dynamic and robust approaches,International Journal of Control,2005,78 (13):1005 – 1016.

[71] Zhu D Q,Kong M,Adaptive Fault – tolerant Control of Nonlinear System:An Improved CMAC Based Fault Learning Approach. International Journal of Control,2007,80(10):1576 – 1594.

[72] Zhu Daqi,Kong Min. Fault – tolerant control of dynamic nonlinear system using credit assign

fuzzy CMAC. ACTA Automatica Sinica(自动化学报),2006,32(3):329 – 336.

[73] 朱大奇,孔敏.基于平衡学习 CMAC 神经网络非线性滑模容错控制.控制理论与应用, 2008,25(1):81 – 86.

[74] Zhu Daqi,Liu Qian, An Integrated Fault – tolerant Control for Nonlinear Systems with Multi – Fault. International Journal of Innovative Computing, Information and Control,2009,5(4): 941 – 950.

[75] Zhu Daqi,Liu Qian,Yang Yongsheng. An active fault – tolerant control method of unmanned underwater vehicles with continuous and uncertain faults. International Journal of Advanced Robotic Systems,2008,5(4):411 – 418.

[76] 刘建成,万磊,戴捷,等.水下机器人推理器容错控制技术的研究.机器人,2003,25(2): 163 – 166.

[77] 俞建成,张艾群,王晓辉,等.基于模糊神经网络水下机器人直接自适应控制.自动化学 报,2007,33(8):840 – 846.

[78] 王丽荣,徐玉如.水下机器人传感器故障诊断.机器人,2006,28(1):25 – 29.

[79] 张铭钧,孙瑞琛,王玉甲.基于 RBF 神经网络的水下机器人传感器状态检测方法研究. 哈尔滨工程大学学报,2005,26(6):726 – 731.

[80] Gianluca A. Underwater Robots Motion and Force Control. Springer – Verlag Berlin Heidelberg,2006,2nd Edition:78 – 93.

[81] 徐玉如,庞永杰,甘永,等.智能水下机器人技术展望.智能系统学报,2006,1(1):9 – 16.

[82] Leith C,Yang J. Choi S K. Experimental study of fault – tolerant system design for underwater robots. Proceedings of the IEEE International Conference on Robotics and Automation,1998, Leuven,Belgium:1051 – 1056.

[83] Demin X,Lei G. Wavelet Transform and its Application to Autonomous Underwater Vehicle Control System Fault Detection. In: Proceedings 2000 International Symposium Underwater Technology,Tokyo,Japan:99 – 104.

[84] Zhu Daqi,Gu Wei. Sensor fault diagnosis of autonomous underwater vehicle based on nonlinear principal component analysis,6th IFAC Symposium on Intelligent Autonomous Vehicle,2007, Toulouse,France.

[85] Ni L L. Fault – tolerant control of unmanned underwater vehicles,Ph. D. Dissertation,2001, Blacksburg,Virginia.

[86] Loebis D,Suttor R,Chudley J. Adaptive tuning of Kalman filter via fuzzy logic for an intelligent AUV navigation system. Control Engineering Practice,2004,12:1531 – 1539.

[87] Tiano A,Sutton R,Lozowicki A,et al. Observer kalman filter identification of an autonomous underwater vehicle. Control Engineering Practice,2007,15:727 – 739.

[88] Rae G J S. Damage detection for autonomous underwater vehicles,Ph. D. Dissertation,1993, Florida Atlantic University,Boca Raton,Florida.

[89] Healey A J, Marco D B. A neural network approach to failure diagnostics for underwater vehicles. Proceedings of IEEE Oceanic Engineering Society Symposium on Autonomous Underwater Vehicles, AUV – 92, 1992, Washington D. C. : 131 – 135.

[90] Alessandri A, Gibbons A, Healey A J, et al. Robust Model – Based Fault Diagnosis for Unmanned Underwater Vehicles Using Sliding Mode – Observers. Proceedings International Symposium Unmanned Underwater Submersible Technology, 1999, Durham, New Hampshire: 352 – 359.

[91] Edin O, Geoff R. Thruster fault diagnosis and accommodation for open – frame underwater vehicles. Control Engineering Practice, 2004, 12:1575 – 1598.

[92] Cristi R F A, Healey A J. Adaptive sliding mode control of autonomous underwater vehicles in the dive plane, IEEE Journal of Oceanic Engineering, 1990, 15(3):152 – 160.

[93] Healey A J, Lienard D:Multivariable sliding mode control for autonomous diving and steering of unmanned underwater vehicles. IEEE Journal of Oceanic Engineering, 1993, 18(3):327 – 339.

[94] 朱大奇, 陈亮. 一种无人水下机器人传感器故障诊断与容错控制方法. 控制与决策, 2009, 24(9):1287 – 1293.

[95] Yoerger D G, Slotine J J E. Adaptive sliding control of an experimental underwater vehicle. Proceedings of IEEE International Conference on Robotics and Automation, California, USA, 1991:2746 – 2751.

[96] Yang K C H, Choi SK. Fault – tolerant system design of an autonomous underwater vehicle—ODIN: an experimental study, International Journal of Systems Science, 1999, 30(9):1011 – 1019.

[97] Edin O, Geoff R. Fault diagnosis and accommodation for ROVs, Sixth IFAC conference on manoeuvring and control marine craft, 2003, Girona, Spain:575 – 588.

[98] Lin C M, Chen C H. Robust Fault – Tolerant Control for a Biped Robot Using a Recurrent Cerebellar Model Articulation Controller. IEEE Transactions on Systems, Man and Cybernetics – Part B, 2007, 37(1): 110 – 123.

[99] Ranganathan N, Patel M I, Sathyamurthy R. An Intelligent System for Failure Detection and Control in an Autonomous Underwater Vehicle. IEEE Transactions on SMC—Part A: Syetems and Humans, 2001, 31(6): 762 – 767.

[100] Caccavale F, Pierri F. Adaptive Observer for Fault Diagnosis in Nonlinear Discrete – Time Systems. Journal of Dynamic Systems, Measurement, and Control, 2008, 130(2):210 – 219.

[101] Mcintyre M L, Dixon W E, Dawson D M, et al. Fault identification for robot manipulators. IEEE Transactions on Robotics, 2005, 21(5): 1028 – 1034.

[102] Hamilton K, Lane D M, Brown K E, et al. An Integrated Diagnostic Architecture for Autonomous Underwater Vehicles. Journal of Field Robotics, 2007, 24(6):497 – 526.

[103] Farrell J A, Berger T, Appleby B D. Using learning techniques to accommodate unanticipated

faults. IEEE Control Systems Magzine,1993,13(1):40 – 49.

[104] Polycarpou M M,Trunov A B. Learning approach to nonlinear fault diagnosis: Detectability analysis. IEEE Trans. On Automatic Control,2000,45 (8):1312 – 1318.

[105] Trunov A B,Polycarpou M M. Automated fault diagnosis in nonlinear multivariable systems using a learning methodology. IEEE Trans. On Neural Networks,2000,11(2): 91 – 101.

[106] Ven P,Flanagan C,Toal D,et al. Identification and control of underwater vehicles with the aid of neural networks. IEEE Conference on Robotics,Automation and Mechatronics,2005, 1:428 – 433.

[107] 朱大奇,胡震.无人水下机器人可靠性控制技术综述.中国造船,2009,50(2):183 – 192.

[108] Liu Jing,Wu Qi,Zhu Daqi. Thruster Fault – Tolerant for UUVs Based on Quantum – Behaved Particle Swarm Optimization. 22th International Conference on Industrial,Engineering and Other Applications of Applied Intelligent Systems,Taiwan China:159 – 165.

[109] Zhu Daqi, Liu Qian,Hu Zhen. Fault – tolerant control algorithm of the manned submarine with multi – thruster based on Quantum behaved Particle Swarm Optimization. International Journal of Control,2011,84(11):1817 – 1829.

[110] Zhu Daqi,Liu Jing,Liu Qian. Particle Swarm Optimization Approach to Thruster Fault – tolerant Control of Unmanned Underwater Vehicles. International Journal of Robotics and Automation,2011,26(3):426 – 432.

第4章 水下机器人传感器故障诊断

水下机器人传感系统按功能大致可分为导航与定位系统传感器、位置与姿态传感器及附属作业系统传感器 3 类[1-5],对载人水下潜器来说,还有生命支持及舱室环境传感器。传感器系统作为水下机器人控制系统的重要组成部分,相当于人的感觉器官,对水下机器人完成正常的水下作业任务起到非常关键的作用。另一方面,水下机器人的传感器系统相对比较脆弱,有的传感器还直接处于海水之中,极易出现故障。本章主要讨论水下机器人传感器故障诊断的有限脉冲响应滤波器(Finite Inpulse Response Filter, FIR)方法。

4.1 水下机器人的主要传感器及其故障

4.1.1 导航与定位系统传感器

(1)罗经:用于测量水下机器人的航向角。罗经分为磁罗经和电罗经两种。前者原理简单,可靠性高,无需电源,是常用导航设备,但易受地磁场干扰,不能用于大于北纬 60°的地区;后者不受地磁场影响。其不足是体积较大,需要不间断电源供电。

(2)方向陀螺:能指示方向,并能将该方向保持一段时间,不受磁场影响。但它漂移较大,因此不宜长时间连续使用。

(3)测速传感器:用于测量水下机器人的航速。主要有涡轮计程仪和多普勒声纳。前者原理简单,成本低,不足是不够精确;后者利用多普勒效应测试水下机器人速度,精度相对较高。

(4)水声导航与定位传感器:主要包括通信声纳、测深声纳、避碰声纳和扫描声纳、水声定位传感器等。

(5)全球定位系统:即 GPS(Global Positioning System),适当的时

候可用于水下机器人定位,需要在水面条件下工作。

（6）视觉系统:包括水下电视、照明灯、摄像机、照相机和前视声纳等。

4.1.2　姿态与位置传感器

（1）深度计:测量机器人与水面的垂直距离,一般采用高精度压力传感器,目前主要有多应变式和振弦式深度计。前者利用应变电阻随受力面在外压下变形而变化的特性测深,有较大零点漂移;后者利用弦的固有频率会因弦的一端受到海水压力而改变的特性工作,适用于深水环境测量。

（2）高度计:测量水下机器人与海底的垂直距离,一般由测距声纳实现。

（3）角速度仪:主要指垂直角速度陀螺仪和水平角速度陀螺仪。

4.1.3　附属装置传感器

（1）位置传感器:主要是指用于检测关节角度的位置传感器。

（2）力传感器:主要指检测机械手力量的六分力式力觉传感器。

（3）距离传感器:主要指水下机器人与目标物距离的测试传感器。

水下机器人传感器故障的形式主要表现为以下几种[6,11-13]:

① 传感器无输出;

② 传感器出现间歇性输出;

③ 传感器出现漂移性输出;

④ 传感器出现超出允许误差的输出。

4.2　有限脉冲响应滤波器故障检测算法

4.2.1　水下机器人的有限脉冲响应滤波器模型

1. 水下机器人的状态方程

以水下机器人某状态参量控制为实验基础。水下机器人传感器、推进器故障状况下的运动方程可以近似表示为

$$\begin{cases} \dot{X} = AX + (B + B_F)u + f_d \\ Y = (C + C_F)X + v \end{cases} \quad (4-1)$$

式中：A 为状态矩阵；B 为控制矩阵；B_F 为推进器故障控制矩阵；C 为传感器矩阵；C_F 为传感器故障矩阵；X 为状态变量；Y 为传感器输出；u 为控制信号；f_d 为其他影响水下机器人运动状态的非线性项；v 为测量噪声。

离散化，得

$$\begin{cases} X_{k+1} = \Phi X_k + \Gamma(\theta_k)u_k + W_k \\ Y_k = H(\theta_k)X_k + V_k(\theta_k) \end{cases} \quad (4-2)$$

2. 水下机器人的有限脉冲响应滤波器跟踪模型

针对水下机器人系统的状态方程，可以用一有限脉冲响应滤波器模型给水下机器人建模[7-9]，跟踪水下机器人的输出。模型结构如图 4-1 所示，控制系统与有限脉冲响应滤波器（FIR）在线训练原理如图 4-2 所示。

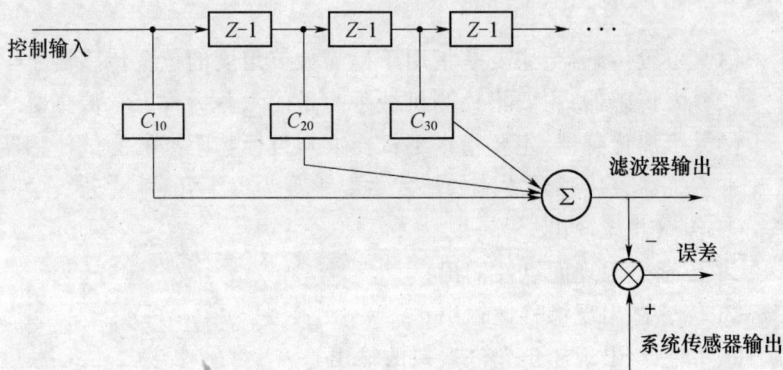

图 4-1　FIR 模型

利用机器人定向控制的时间系列数据 $(u(k),y(k))$（正常状态）在线训练 FIR 模型，得到模型参数矢量 $C_k = (C_{10}\ C_{20}\cdots\ C_{N0})$。具体过程如下：

输出信号为

$$d(k) = C_k^T u(k), e(k) = d(k) - y(k) \quad (4-3)$$

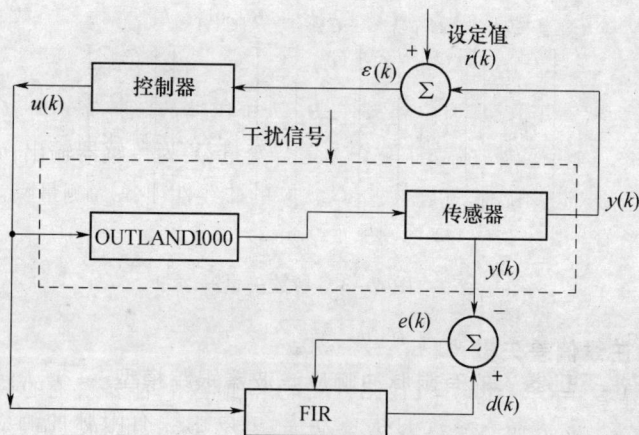

图 4 - 2　控制系统与 FIR 在线训练

参数训练为

$$C_{k+1} = C_k + \mu(-\nabla e^2(k)) = c(k) + 2\mu e(k)u(k) \quad (4-4)$$

式中：μ 为学习率。

训练的目标函数为

$$e(k) \approx 0$$

4.2.2　水下机器人的传感器故障检测算法

利用在线实际测量的传感器信号，对 FIR 进行训练，得到新的参数系列 $C_j = (C_{1j}\ C_{2j}\cdots\ C_{Nj})$，并作相关处理，观察参数变化，出现跳变时，则有故障存在。

1. 在线参数矢量

利用系统运行某时刻的数据$(y(1),u(1))$，对 FIR 按式$(4-3)$和式$(4-4)$进行学习训练，从而得到该时刻的系统参数矢量 $C_1 = (C_{11}\ C_{21}\cdots\ C_{N1})$；下一时刻的数据$(y(2),u(2))$，对 FIR 仍按式$(4-3)$和式$(4-4)$进行学习训练，从而得到该时刻的系统参数矢量 $C_2 = (C_{12}\ C_{22}\cdots\ C_{N2})$；…；第 n 时刻的数据$(y(n),u(n))$，对 FIR 进行式$(4-3)$和式$(4-4)$的学习训练，从而得到该时刻的系统参数矢量$C_n = (C_{1n}\ C_{2n}\cdots\ C_{Nn})$。各个时刻的参数系列如图 4 - 3 所示。

$$\begin{matrix} \boldsymbol{C}_0 & \boldsymbol{C}_1 & \boldsymbol{C}_2 & \boldsymbol{C}_{n-1} & \boldsymbol{C}_n \\ \begin{bmatrix} C_{10} \\ \vdots \\ C_{i0} \\ \vdots \\ C_{M0} \end{bmatrix} & \begin{bmatrix} C_{11} \\ \vdots \\ C_{i1} \\ \vdots \\ C_{M1} \end{bmatrix} & \cdots & \begin{bmatrix} C_{1j} \\ \vdots \\ C_{ij} \\ \vdots \\ C_{Mj} \end{bmatrix} & \cdots & \begin{bmatrix} C_{1n-1} \\ \vdots \\ C_{in-1} \\ \vdots \\ C_{Mn-1} \end{bmatrix} & \begin{bmatrix} C_{1n} \\ \vdots \\ C_{in} \\ \vdots \\ C_{Mn} \end{bmatrix} \end{matrix}$$

$$i = 1, 2, \cdots, M; j = 0, 1, 2, \cdots, n$$

图 4 – 3　参数矢量

2. 在线偏差矢量

计算 $\boldsymbol{D}_j = \boldsymbol{C}_j - \boldsymbol{C}_0 (j = 1, 2, 3, \cdots, n)$ 得到各个时刻系统的偏差矢量组,如图 4 – 4 所示。再对 $\boldsymbol{D}_j$ 的矢量元素 D_{ij} 求和,得到一组标量数值:

$d_j = \sum_{i=1}^{N} D_{ij} (i = 1, 2, 3, \cdots, n)$,从而得到不同时刻模型参数的偏差矢量

$\boldsymbol{D} = \begin{bmatrix} d_1 & d_2 & \cdots & d_n \end{bmatrix}$。根据 $\boldsymbol{D}$ 的大小可以进行初步故障判定:无故障时,$\boldsymbol{D}$ 趋近于 0;某时刻故障后,$\boldsymbol{D}$ 会出现较大偏离。

$$\begin{matrix} \boldsymbol{D}_1 & \boldsymbol{D}_2 & \boldsymbol{D}_{n-1} & \boldsymbol{D}_n \\ \begin{bmatrix} D_{11} \\ D_{21} \\ \vdots \\ D_{M1} \end{bmatrix} & \begin{bmatrix} D_{12} \\ D_{22} \\ \vdots \\ D_{M2} \end{bmatrix} & \cdots & \begin{bmatrix} D_{1n-1} \\ D_{2n-1} \\ \vdots \\ D_{Mn-1} \end{bmatrix} & \begin{bmatrix} D_{1n} \\ D_{2n} \\ \vdots \\ D_{Mn} \end{bmatrix} \end{matrix}$$

图 4 – 4　偏差矢量 $\boldsymbol{D}$

3. 在线规一化偏差矢量

对偏差矢量 $\boldsymbol{D}$ 进行规一化处理

$$V = \left| \frac{\boldsymbol{D} - \mathrm{mean}(\boldsymbol{D})}{\mathrm{std}(\boldsymbol{D})} \right|$$

式中:$\mathrm{mean}(\boldsymbol{D})$ 为 $\boldsymbol{D}$ 的所有元素平均值;$\mathrm{std}(\boldsymbol{D})$ 为 $\boldsymbol{D}$ 的所有元素标准差。

4. 在线信噪比

为了更好消除干扰信号对故障检测的影响,进一步计算水下机器人传感器的信噪比(Signal to Noise Ratio,SNR),有

$$\mathrm{SNR} = \frac{\mathrm{diag}([V - \mathrm{mean}(V)]^{\mathrm{T}}[V - \mathrm{mean}(V)])}{[\mathrm{std}(V)]^2}$$

5. 相关参数选择

（1）FIR 阶数 M 选择：由具体闭环控制系统特性而定，阶数选择过低，模型精度会受到影响，阶数过高，会使计算量激增，影响 FIR 的实时性。对 OUTLAND1000 定向控制系统，选取 $M = 70$。

（2）采样点数选择：一般来说采用固定点数的滑动窗口，当增加一个新数据后，马上淘汰第一个数据。对 OUTLAND1000 定向控制系统，窗口的宽度设定为 200 个采样点。这样既有足够的数据，也有较快的计算速度，保持故障检测的实时性。

4.3　OUTLAND1000 水下机器人实验系统

OUTLAND 公司的水下机器人 OUTLAND1000 为一开放式水下机器人实验平台，它由水下载体部分、传感器部分、推进器部分、通信系统、水面系统组成。

4.3.1　OUTLAND1000 传感器与推进器

传感器主要有深度计、陀螺仪、罗经及云台，加装了一台 Micron DST 扫描声纳系统；4 个推进器，其中一个侧推实现机器人横移功能，一个垂直方向推进器实现机器人水中潜浮功能，尾推 2 个推进器实现转艏和直推功能。对直推功能，加在两个推进器上的控制信号大小相等、方向相同，其中功能一致为正时，实现机器人"前进"功能，功能一致为负时，实现机器人"后退"功能；对转艏功能，加在两个推进器上的控制信号大小相等、方向相反，相互配合实现水下机器人的"正转"和"反转"功能。这些不同控制功能的实现，都是通过计算机向 OUTLAND1000 水下机器人发送控制字到不同地址实现的。

4.3.2　OUTLAND1000 通信系统与水面支持系统

数据交换与通信是通过串行口来实现的，便携式计算机与 OUTLAND1000 控制转换器连接，采用 RS-232 接口进行信息交换；OUT-

LAND1000 控制转换器与机器人水下载体部分通过电缆连接,采用 RS－485 接口进行数据传输,整个控制系统通过串行通信方式采集机器人的水下信号,再通过串行通信方式发送水面控制信号给水下机器人,验证故障诊断与容错控制算法。图 4 – 5 为 OUTLAND1000 通信系统示意图。水面支持系统主要包括 OUTLAND1000 控制转换器连接、液晶显示器、便携式计算机和手动操作器等。

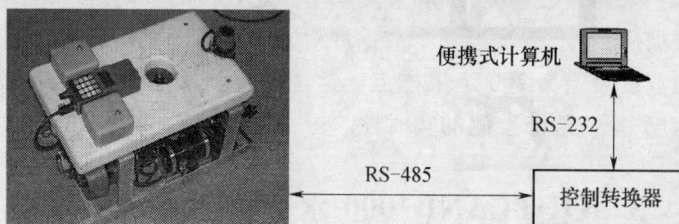

图 4 – 5　OUTLAND1000 通信系统

另外,OUTLAND1000 采用框架式结构,为系统升级和加装各种附件提供了充足的空间。其主要性能如下:尺寸为 65cm × 37cm × 26cm;质量约为 17.7kg;最大潜水深度为 300m;航行速度范围为 0 ~ 3kn,可调;负载为 2.3kg。图 4 – 6 为 OUTLAND1000 实验载体,图 4 – 7 为 OUTLAND1000 推进器及水面显示部分结构。图 4 – 8 为 OUT-LAND1000 水池实验现场。

图 4 – 6　OUTLAND1000 实验载体

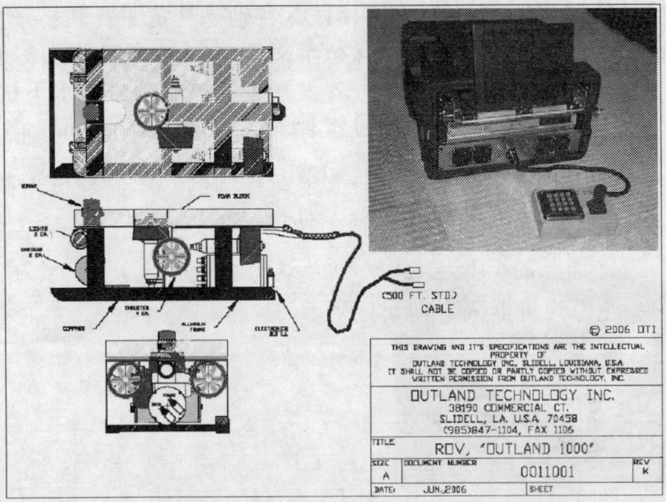

图 4-7　OUTLAND1000 推进器及水面显示部分结构

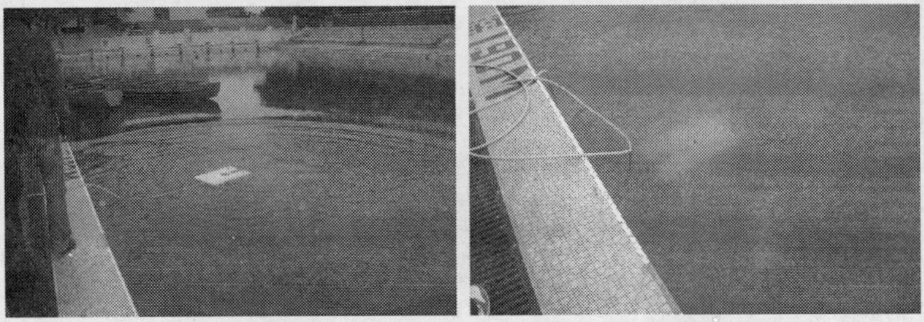

图 4-8　OUTLAND1000 水池实验现场

4.4　基于 FIR 的传感器故障诊断算法与水池实验

　　对 OUTLAND1000 水下机器人传感器故障,采用前面介绍的有限脉冲响应滤波器进行在线诊断,其中 FIR 模型的训练应用最小均方误差(Least Mean Square,LMS)算法。LMS 算法具有计算量小、结构简单、易于实现等优点,它是 FIR 滤波器的基础。同时,有限脉冲响应滤波器 FIR 具有对干扰信号不敏感的特点,广泛地应用于信号检测、信号

109

恢复、数字通信、视频处理等应用领域。特别是其抗干扰和易于实现的特点,可以较好地适应复杂海洋环境下的机器人传感器故障检测。

4.4.1 OUTLAND1000 方向传感器(罗经)故障设定及实验

传感器故障情形下,水下机器人定向控制的基本原理可用图 4 - 9 表示。$\psi(k)$ 为航向传感器罗经输出,$f(k)$ 是人为加上的固定故障信号,$d(k)$ 为已训练的 FIR 输出,$e(k) = d(k) - [\psi(k) + f(k)]$ 为二者之间的偏差,$r(k)$ 为机器人方向设定值。

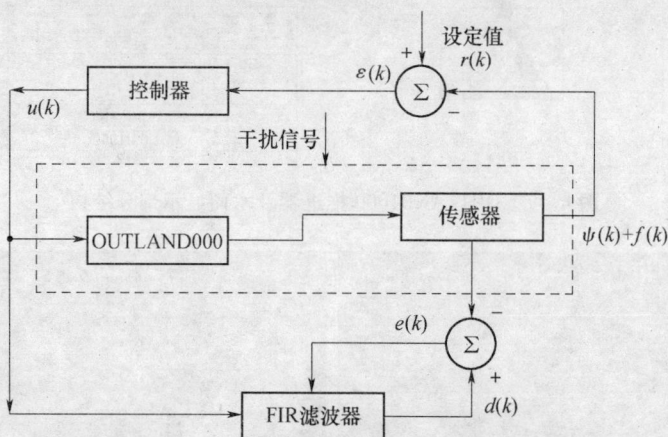

图 4 - 9 OUTLAND1000 的定向控制与 FIR 诊断原理

1. 无故障时的定向控制

在便携式计算机的 OUTLAND1000 软件控制平台上,输入 $r(k) = 150°$ 的期望定向角,利用串行通信,采集 OUTLAND1000 水下载体的罗经输出的方位信号,计算控制偏差 $\varepsilon(k) = r(k) - \psi(k)$,PID 控制器根据 ε 值来调整控制信号,进而控制 OUTLAND1000 的尾部水平推进器,使 OUTLAND1000 航向指示器的指示角不断地靠近期望值 150°,经过多次调整,二者最终趋于一致。同时,FIR 滤波器也按式(4 - 3)和式(4 - 4),不断学习调整其系统参数矢量 $\boldsymbol{C}_k = (C_{1k} \ C_{2k} \cdots \ C_{Nk})$,记录定向控制稳定状态下的传感器输出数据和 FIR 的输出数据,可以比较滤波器跟踪系统的精度,亦即 FIR 模型的精度。

2. 传感器固定漂移故障的设定与数据记录

在系统定向稳定的某一时刻,在计算机采集的传感器信号上人为加上一固定信号 $f(k)$（本实验中分别为 30°、20°、10°）,模仿传感器固定漂移故障,这样包含故障信号 $f(k)$ 的传感器输出值就是 $\psi(k) + f(k)$,控制系统根据这一故障传感器输出值进行 PID 运算,必然使机器人偏离原来设定的方向 150°,即偏离了设定状态;同时 FIR 的系统参数矢量 $\boldsymbol{C}_k = (C_{1k}\ C_{2k}\cdots\ C_{Nk})$ 随着机器人方向的不断偏离,数值调整会越来越大,分析系统参数矢量 $\boldsymbol{C}_k = (C_{1k}\ C_{2k}\cdots\ C_{Nk})$,计算偏差矢量 $\boldsymbol{D}_j$、规一化偏差矢量 $\boldsymbol{V}$ 和信噪比 SNR,可以判定故障是否发生。

表 4-1 为部分水池实验数据,它们是在设定值为 150° 的定向控制状态,具体故障为加 30° 时 OUTLAND1000 的方向数值、推进器控制信号数据。故障发生时刻为第 70 个采样点。采样周期为 200ms。

表 4-1　OUTLAND1000 定向控制实验部分数据表（加 30°故障）

对应时刻	指示角度/(°)	推进器控制信号	对应时刻	指示角度/(°)	推进器控制信号
1	149	0.101235012	16	148	0.124660272
2	152	0.100123901	17	148	0.133764988
3	151	0.09901279	18	148	0.134876099
4	152	0.106450839	19	147	0.144536371
5	151	0.105895284	20	148	0.146203038
6	151	0.113888889	21	149	0.147869704
7	150	0.113888889	22	148	0.149536371
8	150	0.113888889	23	148	0.151203038
9	150	0.113888889	24	147	0.152869704
10	150	0.113888889	25	147	0.154536371
11	150	0.113888889	26	147	0.156203038
12	150	0.12243805	27	147	0.157869704
13	147	0.122993605	28	147	0.159563371
14	147	0.123549161	29	147	0.152653877
15	148	0.124104716	30	147	0.153764988

（续）

对应时刻	指示角度 /(°)	推进器控制信号	对应时刻	指示角度 /(°)	推进器控制信号
31	147	0.157993605	62	148	0.116790568
32	147	0.158549161	63	148	0.115679456
33	147	0.150555556	64	147	0.114568345
34	148	0.142006395	65	147	0.113457234
35	148	0.132901679	66	148	0.112346123
36	148	0.131790568	67	148	0.11901279
37	148	0.139228617	68	148	0.117901679
38	147	0.130123901	69	148	0.116790568
39	147	0.120463629	70	150	− 0.37963254
40	148	0.118796962	71	150	− 0.3605632
41	148	0.117130296	72	147	− 0.3395703
42	148	0.115463629	73	145	− 0.3384903
43	148	0.113796962	74	143	− 0.3327399
44	148	0.112130296	75	140	− 0.19763291
45	147	0.110463629	76	136	− 0.0883232
46	147	0.108796962	77	134	− 0.22546568
47	148	0.107130296	78	132	− 0.19793791
48	148	0.105463629	79	127	− 0.1023651
49	148	0.103796962	80	124	− 0.0936254
50	148	0.102130296	81	123	− 0.07213622
51	147	0.100463629	82	121	0.052124213
52	147	0.098796962	83	121	0.107562364
53	148	0.11901279	84	123	0.107005146
54	148	0.117901679	85	118	0.107005146
55	148	0.116790568	86	118	0.106457561
56	151	0.115679456	87	118	0.106425651
57	150	0.114568345	88	118	0.107005146
58	147	0.113457234	89	118	0.106425651
59	148	0.112346123	90	118	0.102517562
60	149	0.11901279	91	118	0.107005146
61	148	0.117901679	92	118	0.107005146

（续）

对应时刻	指示角度 /(°)	推进器 控制信号	对应时刻	指示角度 /(°)	推进器 控制信号
93	118	0.107005146	110	118	0.106425651
94	118	0.106457561	111	119	0.102517562
95	122	0.106425651	112	118	0.107005146
96	122	0.102517562	113	118	0.107005146
97	122	0.106457561	114	117	0.107005146
98	121	0.106425651	115	117	0.106457561
99	121	0.102517562	116	117	0.106425651
100	120	0.106457561	117	122	0.102517562
101	117	0.107005146	118	122	0.106457561
102	117	0.107005146	119	121	0.106425651
103	118	0.107005146	120	121	0.102517562
104	118	0.12037649	121	117	0.107005146
105	118	0.12888949	122	117	0.106457561
106	122	0.12039536	123	118	0.107005146
107	122	0.12037649	124	118	0.106457561
108	121	0.107005146	125	118	0.106425651
109	121	0.106457561	126	118	0.102517562

　　表 4 – 1 中的实验数据可分为 3 个部分。第一部分是加 30°故障之前,OUTLAND1000 的航向传感器处于正常状态。由表 4 – 1 的传感器数据,可知机器人定向在 150°上下,需要指出的是,本书的控制结果均未考虑水下机器人的水动力损失项的影响(以下同)。此时推进器的控制信号很小,为 0.124660272(范围为[– 1, +1]),期望定向角是 150°,从上面的结果可以看出 OUTLAND1000 能达到定向控制的要求,其误差在 ±2°之内。

　　第二部分是加故障之后且未达到稳定之前,在这个过程中航向传感器罗经不断地进行方向调整,从表中可以看出这段时间内推进器的控制信号比较大,为 – 0.33 左右,航向由约 150°逐渐向 120°靠近,在这个过程中,罗经实际输出加上故障信号 30°(模拟的故障传感器输出)和期望数值出现明显的偏差,偏离了设定状态。借助于 FIR 算法,此时由在线计算的信噪比 SNR 值可以判定航向传感器罗经产生故障。

最后一部分是传感器的指示角达到新的稳定状态,近似为120° ± 2°,这时系统已处于一个新的状态。对加20°故障模式、加10°故障模式,实验数据的变化趋势与表4-1类似。

4.4.2 OUTLAND1000 方向传感器故障检测及实验分析

在水池实验时[10-14],滤波器的阶数 M 选取比较困难,M 值越大,则滤波的效果越好,可是,M 越大,计算的数量也就越大,实时性下降,这是一对矛盾。仿真时采取多次试探的方法来确定 M,最后选取 $M=70$。对于 LMS 算法中 μ 值的选取,要顾及到有限脉冲响应滤波器模型的收敛速度和迭代学习的次数,经过多次的实验和仿真效果比较,取 $\mu=0.01$ 较为合适。

1. 数据处理

输入控制信号为归一化了的电压控制信号,期望信号为 OUT-LAND1000 定向角度150°。故障仿真过程中,在计算机采集的传感器信号上人为加上一固定信号 $f(k)$(本实验中分别为 30°、20°、10°),模仿传感器固定漂移故障。在图4-9中,针对正常运行和故障情形下的数据,分别计算各个时刻 FIR 滤波器与传感器输出偏差平方,即

$$\varepsilon^2(k) = \{d(k) - [\psi(k) + f(k)]\}^2 \qquad (4-5)$$

计算 $D_j = C_j - C_0(j=1,2,3,\cdots,n)$ 得到各个时刻系统的偏差矢量组,再对 D_j 的矢量元素 D_{ij} 求和,即

$$d_j = \sum_{i=1}^{N} D_{ij}(i=1,2,3,\cdots,n) \qquad (4-6)$$

得到一组标量数值,从而得到不同时刻模型参数的偏差矢量 $D = [d_1\ d_2\cdots\ d_n]$,不同时刻模型参数的偏差矢量 $D = [d_1\ d_2\cdots\ d_n]$,规一化偏差矢量:

$$V = \left| \frac{D - \text{mean}(D)}{\text{std}(D)} \right| \qquad (4-7)$$

式中:mean(D) 为 D 的所有元素平均值;std(D) 为 D 的所有元素标准差。

归一化信噪比为

114

$$\text{SNR} = \frac{\text{diag}([\boldsymbol{V} - \text{mean}(\boldsymbol{V})]^{\text{T}}[\boldsymbol{V} - \text{mean}(\boldsymbol{V})])}{[\text{std}(\boldsymbol{V})]^2} \qquad (4-8)$$

2. 双判据故障检测

对于水下机器人传感器故障,此处提出一种双判据故障检测算法[10]。首先利用在线测量的传感器信号,对 FIR 进行在线学习训练,并同时根据式(4-5)计算 $\varepsilon^2(k)$ 的时间分布,在无故障、无干扰信号时,$\varepsilon^2(k)$ 较小且处于一定阈值之内;当传感器系统有故障发生时,$\varepsilon^2(k)$ 必然立即产生跳变,超出阈值。据此可以快速判定系统传感器故障:

$$\varepsilon^2(k) = \begin{cases} > \varepsilon_0 & （故障） \\ \leqslant \varepsilon_0 & （无故障） \end{cases} \qquad (4-9)$$

式中:ε_0 为 $\varepsilon^2(k)$ 的阈值。

通过 $\varepsilon^2(k)$ 的跳变来判定传感器故障,$\varepsilon^2(k)$ 为所说的双判据的第一个故障判据,它的最大优点是几乎没有滞后存在,此时的 FIR 模型完全反映正常状况的传感器输出,这对系统容错极为有利,可将此刻 FIR 的输出直接代替故障传感器输出,进行水下机器人的容错控制,实时性好。但它也存在一个明显的不足,即故障检测易受外界干扰影响,当传感器未出现故障,而是附加了一个外界随机的干扰信号时,$\varepsilon^2(k)$ 同样会发生跳变,这时就会发生传感器故障检测的误判,对此必须依据更可靠的故障判定策略,即系统的 SNR。

无故障、有干扰时,SNR 较小且平稳变化;传感器故障后,SNR 会出现跳变,超出设定阈值范围,故传感器系统故障判定规则如下:

$$\text{SNR}(k) = \begin{cases} > r_0 & （故障） \\ \leqslant r_0 & （无故障） \end{cases} \qquad (4-10)$$

式中:r_0 为 SNR 的阈值。

这种基于信噪比的传感器故障检测方法有较强的抗干扰能力,不足之处是 FIR 学习训练是一个渐进的过程,SNR 的跳变与故障发生时刻存在一定的滞后,当判定出系统故障时,有限脉冲响应滤波器 FIR 已偏离正常传感器输出(它已被故障传感器的输出数据训练),无法用它的输出代替故障传感器信号实现容错控制。

115

针对 $\varepsilon^2(k)$ 和 SNR 判定故障的优点与不足,提出双判据传感器故障检测算法。首先,系统根据状态误差 $\varepsilon^2(k)$ 的跳变初步判定系统故障;接着,继续监测系统 SNR,根据 SNR 的跳变来确诊传感器是否故障。具体说来,如 $\varepsilon^2(k)$、SNR 均有跳变发生,则传感器系统一定发生故障;如仅有 $\varepsilon^2(k)$ 发生跳变,则系统受到外界干扰,传感器未有故障发生,可以继续使用正常传感器输出信号进行系统控制。

当 $\varepsilon^2(k)$ 和 SNR 出现明显跳变时,系统出现故障。对表 4 - 1 以及 20°、10°故障的数据,应用式(4 - 5)~式(4 - 8)进行相关处理,得到图 4 - 10、图 4 - 11 和图 4 - 12 所示的故障诊断曲线。

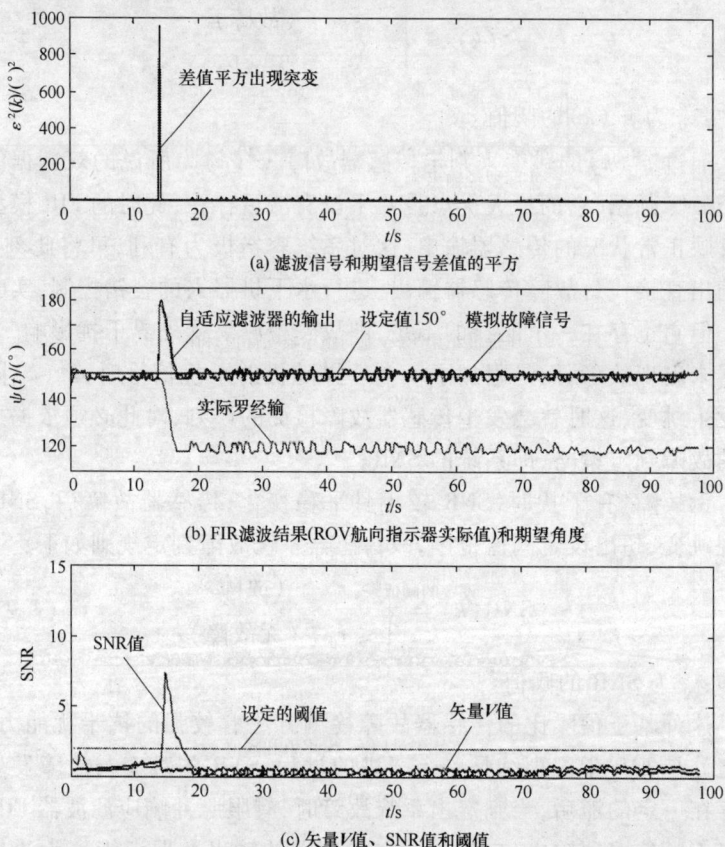

(a) 滤波信号和期望信号差值的平方

(b) FIR滤波结果(ROV航向指示器实际值)和期望角度

(c) 矢量V值、SNR值和阈值

图 4 - 10   加 30°故障检测图

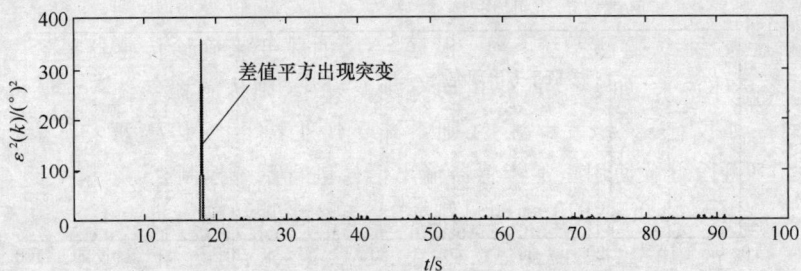

(a) 滤波信号和期望信号差值的平方

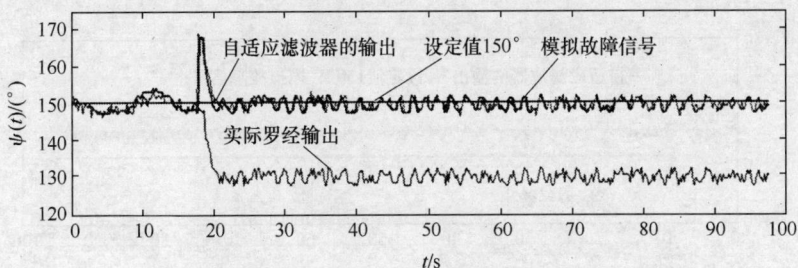

(b) FIR滤波结果(ROV航向指示器实际值)和期望角度

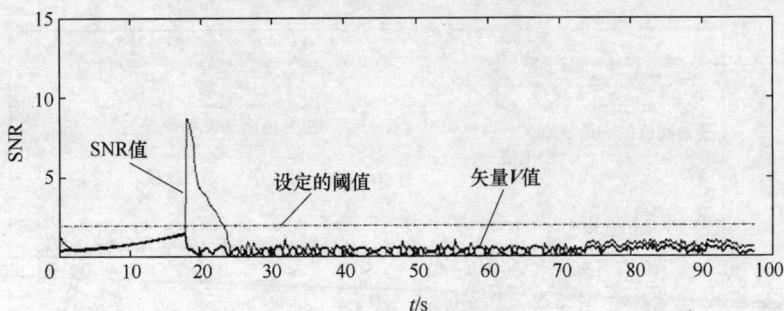

(c) 矢量V值、SNR值和阈值

图 4 – 11　加 20°故障检测图

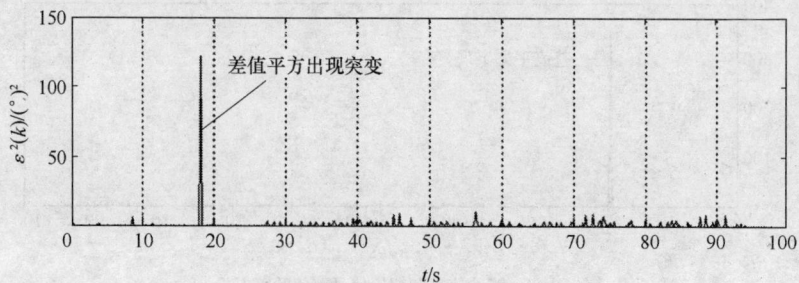

(a) 滤波信号和期望信号差值的平方

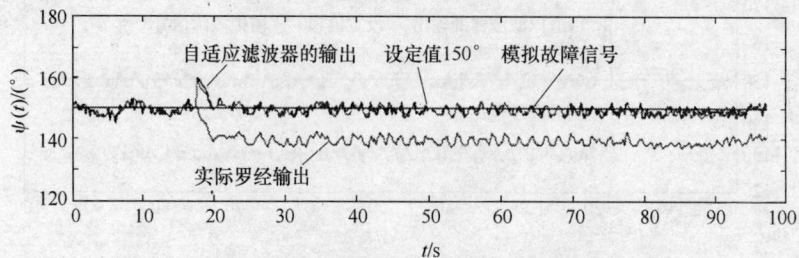

(b) FIR滤波结果(ROV航向指示器实际值)和期望角度

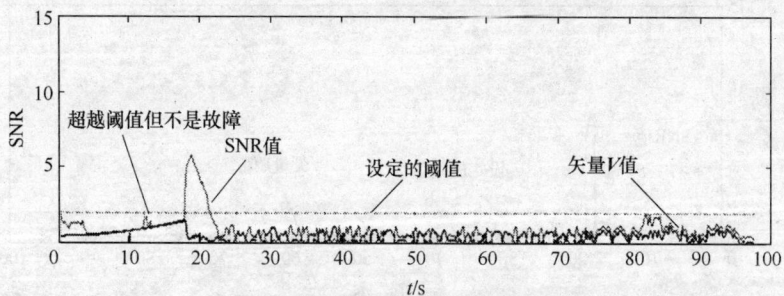

(c) 矢量V值、SNR值和阈值

图 4-12　加 10°故障检测图

图 4 - 10 是在 $t=70$ 时刻让传感器加入人为设置的 30°故障,从图 4 - 10(a)和图 4 - 10(c)可以看出 $\varepsilon^2(k)$ 在 $t=70$ 时刻和 SNR 的值在 $t=75$ 时刻都发生了明显的跳变,SNR 的值也超过了阈值,由此可以从图上判定传感器系统出现故障了,此时根据 SNR 值判定故障有近 5 个采样周期的滞后,滞后时间 $T=5\times0.2\mathrm{s}=1\mathrm{s}$(采样周期为 200ms)。

从图 4 - 10(c)还可以看出,加故障后 FIR 不断地学习"错误的传感器"数值,经过一段时间后,FIR 和"错误的传感器"数值就基本一致了,进而 SNR 值变得趋于平缓,降到阈值以下。

在以上的 $\varepsilon^2(k)$ 和 SNR 的跳变故障检测中,如果仅 $\varepsilon^2(k)$ 值发生跳变,而 SNR 值未出现超出阈值的跳变,则有时难以准确判定系统故障,这是因为,此时完全可能是传感器上出现随机干扰信号,这是系统状态偏差故障判定方法的固有缺陷。由此可见在外界干扰较少的情况下,可以只依靠 $\varepsilon^2(k)$ 值的跳变来判断传感器是否发生故障,这时故障检测快速、及时,几乎无滞后;在干扰较频繁的实际场合,显然,应用 $\varepsilon^2(k)$ 和 SNR 的双跳变故障检测方法比仅检验 SNR 值或 $\varepsilon^2(k)$ 要可靠得多。

图 4 - 11 和图 1 - 12 中都是在 $t=90$ 时刻加入故障,而在 $t=95$ 时刻左右检测到 SNR 值开始跳变,也就是说 FIR 故障检测有一定的时间延迟,延迟时间为 1s 左右(在实验过程中就是 5 个采样点,采样周期为 200ms),考虑到定向控制没有很高的实时要求,因此该故障检测方法是可行的。另外,从上面 3 幅图中还可以看出,故障大小不同,$\varepsilon^2(k)$ 值有明显的差别,同时 SNR 值在跳变处的大小也不同,所加故障越大,$\varepsilon^2(k)$ 和 SNR 的值就越大,突变越明显。通过对 $\varepsilon^2(k)$ 值的分析可以对故障大小做出初略的判断,然后再通过 SNR 的跳变进一步判定故障。

4.4.3　传感器时变性故障诊断的实验及结果

上节讨论的是水下机器人传感器故障为固定偏移故障,有时传感器故障并非都是这种理想的故障形式。本节研究应用有限脉冲响应滤波器检测传感器时变故障,以水池实验数据进行故障诊断结果分析。水下机器人定向控制的基本原理如图 4 - 9 所示,$\psi(k)$ 为艏向角传感器输出,设 $f(k)$ 是人为加上的故障信号(模拟传感器故障),$d(k)$ 为已训练的有限脉冲响应滤波器输出,$e(k) = d(k) - [\psi(k) + f(k)]$ 为二者之间的偏差。当系统方向稳定在 150° 的某一时刻,在计算机采集的传感器信号上人为加上故障信号 $f(k)$(本节实验中与采样时间有关的时变故障 $f(k) = 40\sin((k-j)/20)(k \geqslant j)$ 和传感器无信号输出故障 $\psi(k) = 0$),这样包含故障信号 $f(k)$ 的传感器输出值就是 $\psi(k) + f(k)$,控制系统根据这一故障传感器输出值进行 PI 运算,必然使机器人偏离原来设定的方向值 150°,即偏离了设定状态;同时有限脉冲响应滤波器的系统参数矢量 $C_k = (C_{1k}\ C_{2k} \cdots\ C_{Nk})$ 随着机器人方向不断偏离,数值调整会越来越大,分析系统参数矢量系列,计算偏差矢量 D_j、规一化偏差矢量 V、SNR,依据前述的判据规则式(4-10)判定故障是否发生。

图 4-13 显示了 OUTLAND1000 ROV 定向控制子系统无故障时的有限脉冲响应滤波器模型效果。如图 4-13 所示,在模型开始运行的第 50 个采样时刻之后,其预测输出与方位传感器罗经的正常工作状态下的输出几乎完全匹配。

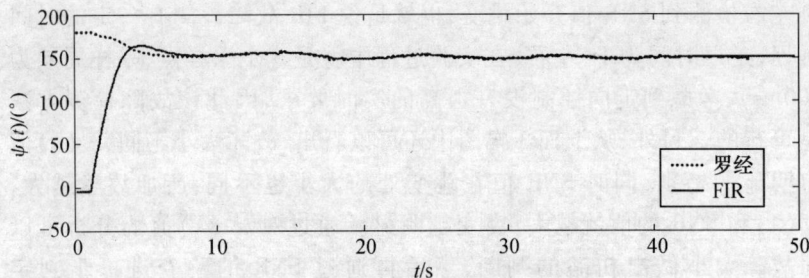

图 4-13　FIR 模型预测定向控制系统

图 4-14、图 4-15 分别显示了定向控制系统对于两种不同的故障类型的在线检测结果。定向控制的角度设定为 150°,人为模拟的故障均设定在 $j = 100$ 的采样时刻。在故障发生之前,FIR 模型的预测输出与罗经输出的方位角信号几乎完全重合。当罗经发生故障之后,水

下机器人的方向输出信号偏离所设定的定向角度,FIR 模型输出偏离罗经输出值。由于自适应的特点,FIR 之后的预测输出不断跟随"故障传感器"信号(即罗经实际信号与模拟故障的和)的变化而变化。在罗经故障发生之后,FIR 输出偏离罗经实际信号时,SNR 发生显著的跳变,而 FIR 模型此后的自适应跟随"故障传感器"信号使得这种偏离缩小,SNR 显著回落到阈值以内。

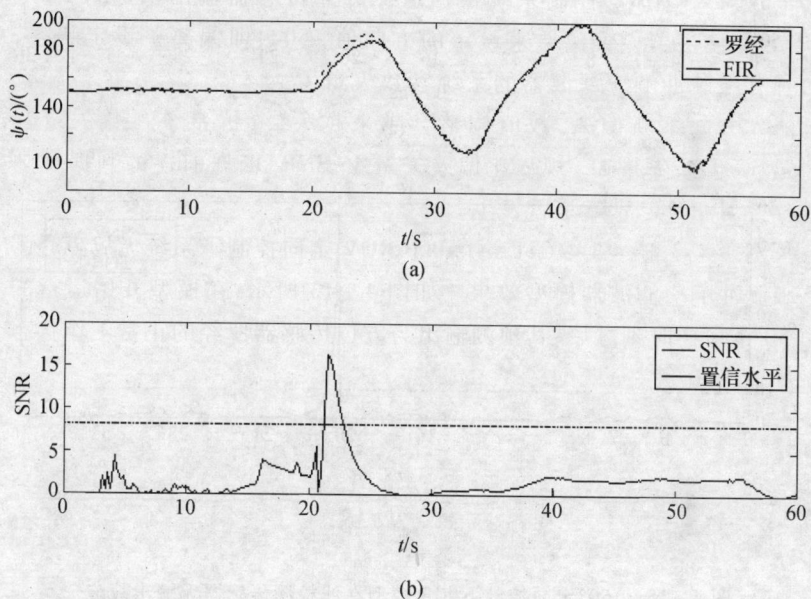

图 4 – 14　150°定向控制下 FIR 模型在线检测传感器时变故障

在图 4 – 14 中,罗经在 $j = 100$ 时刻发生时变故障,即 $\psi'(k) = \psi(k) + f(k)(k \geq j)$。这里 $f(k) = 40\sin[(k-j)/20](k \geq j)$ 是在正常罗经信号中人为引入的时变信号,用来模拟时变故障。图 4 – 14 显示,SNR 在第 $(j+6)$ 时刻发生显著跳变,由式(4 – 10)判定罗经发生故障。

在图 4 – 15 中,罗经在 $j = 100$ 时刻出现无信号输出故障,即 $\psi'(k) = 0, (k \geq j)$。SNR 在第 $(j+3)$ 时刻发生跳变,由式(4 – 10)判定罗经发生故障。

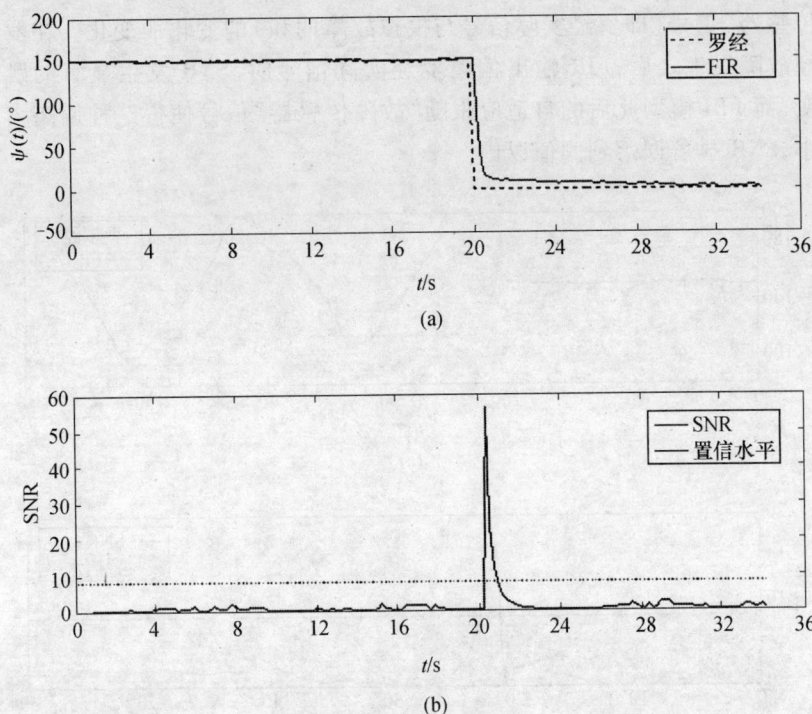

图 4 – 15 150°定向控制下 FIR 模型在线检测传感器无输出故障

应用有限脉冲响应滤波器进行水下机器人传感器故障在线检测，具有较高的检测精度和抗干扰性能，它的主要不足之处是故障检测存在一定的滞后。表 4 – 2 给出了 3 种常见故障模式的故障检测滞后周期。必须说明一点，在系统实际运行过程中，由于传感器发生故障，艏向角的偏移 $\Delta\psi_n$ 必然无法由其实际测得。因此，在确认故障发生之后，如果系统利用有限脉冲响应滤波器的输出代替故障传感器的输出，实现容错控制，则必须考虑对艏向角的偏移 $\Delta\psi_n$ 做出估计，以还原当前时刻的真实艏向角。

表 4 - 2　3 种故障类型的检测效果对比

故障类型	故障信号 $\psi'(k)(k \geq j)$	故障发生时刻 j	故障检测时刻 $j+n$	实际艏向角偏移 $\Delta\psi_n$
跳变	$\psi(k)+30$	100	104	5
时变	$\psi(k)+f(k)$	100	106	6
无输出	$\psi(k) \times 0$	100	103	3

对水下机器人控制系统来说,传感器系统是最易出现故障的部分之一。本章提出了一种基于有限脉冲响应滤波器 FIR 的双判据传感器故障检测方法,并利用上海海事大学水下机器人与智能系统实验室的开架水下机器人 OUTLAND1000 试验系统进行了水池实验验证,实验表明该方法是可行的,能实时有效地进行水下机器人传感器的故障检测。传感器故障检测算法虽然仅仅是在 OUTLAND1000 开架水下机器人上进行实验验证的,但从理论上讲该故障检测方法完全可以应用到其他 ROV 系统和 AUV 系统。

参 考 文 献

[1] 蒋新松,封锡盛,王棣棠.水下机器人.沈阳:辽宁科学技术出版社,2000.

[2] 徐玉如,庞永杰,甘永,等.智能水下机器人技术展望.智能系统学报,2006,1(1):9 - 16.

[3] 王丽荣,徐玉如.水下机器人传感器故障诊断.机器人,2006,28(1):25 - 29.

[4] 张铭钧,孙瑞琛,王玉甲.基于 RBF 神经网络的水下机器人传感器状态检测方法研究.哈尔滨工程大学学报,2005,26(6):726 - 731.

[5] 方少吉,王丽荣,朱计华,等.水下机器人传感器容错控制技术的研究.机器人,2007,29(2):155 - 159.

[6] Gianluca A. Underwater Robots Motion and Force Control. Springer - Verlag Berlin Heidelberg, 2006,2nd Edition.

[7] Lingli N. Fault - tolerant control of unmanned underwater vehicles. Ph. D. Dissertation,2001, Blacksburg,Virginia.

[8] Rae G J S. Damage detection for autonomous underwater vehicles. Ph. D. Dissertation,1993, Florida Atlantic University,Boca Raton,Florida.

[9] Leith C,Yang J,Choi S K. Experimental study of fault - tolerant system design for underwater robots. Proceedings of the IEEE International Conference on Robotics and Automation,1998,

Leuven,Belgium:1051 - 1056.

[10] 朱大奇,陈亮,刘乾.一种无人水下机器人传感器故障诊断与容错控制方法.控制与决策,2009,24(9):1287 - 1293.

[11] 朱大奇,史慧.人工神经网络原理与应用.北京:科学出版社,2006.

[12] 朱大奇,刘乾,胡震.无人水下机器人可靠性控制技术综述.中国造船,2009,50(2):183 - 192.

[13] 颜明重,刘乾,朱大奇.基于神经网络的水下机器人容错控制方法与实验研究.船海工程,2009,38(5):138 - 141.

[14] 王翠翠,朱大奇,刘静.基于粒子群优化卡尔曼滤波的水下机器人信号处理.船海工程,2010,39(1):99 - 102.

第5章　水下机器人传感器故障容错控制

在有限脉冲响应滤波器（FIR）故障检测基础上，本章讨论如何实现水下机器人传感器故障时的容错控制方法，重点介绍有限脉冲响应滤波器替代容错控制和神经网络逆推容错控制方法与实验结果[1-6]。

5.1　基于 FIR 的阈值故障检测与容错控制

水下机器人传感器故障时的容错控制实验系统与第 4 章的传感器故障诊断系统相同。图 5 - 1 为 OUTLAND1000 水下载体与水面系统以及推进器结构。图 5 - 2 为水池故障诊断与容错控制的人机界面，在此界面上可以人为设置机器人方向设定值，人为设定传感器故障，显示故障诊断结果和机器人实际方向输出，启动神经网络逆推计算，并进行相关容错控制设置与数据记录。

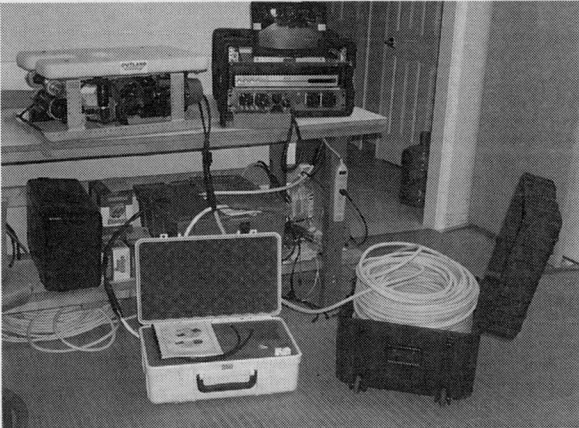

(a) OUTLAND1000水下载体与水面系统

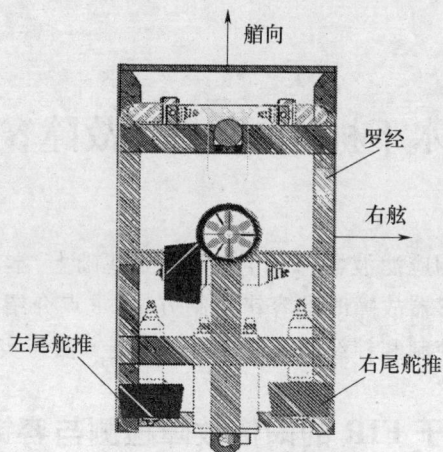

(b) OUTLAND1000推进器结构

图 5 - 1　OUTLAND1000 控制系统与推进器布置

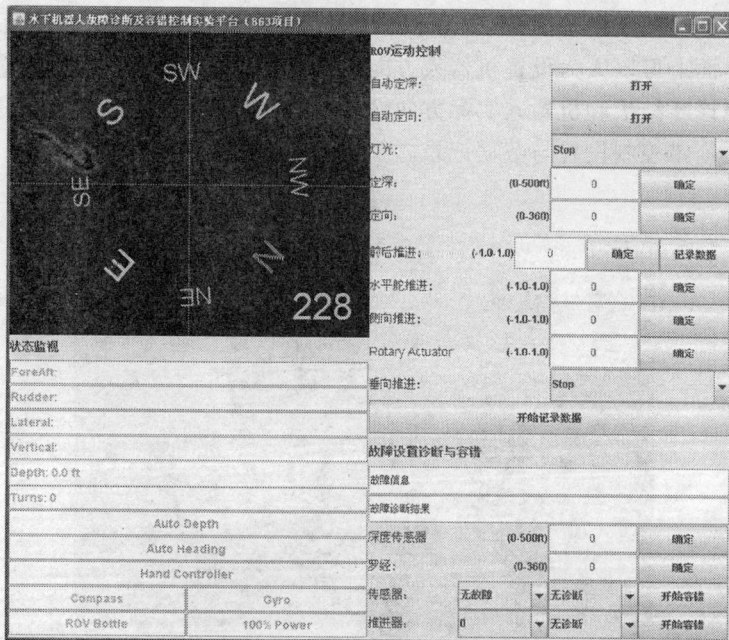

图 5 - 2　水池故障诊断与容错控制的人机界面

126

针对第 4 章提出的双判据传感器故障检测算法,首先,系统根据状态误差 $\varepsilon^2(k)$ 的跳变初步判定系统故障;接着继续监测系统信噪比 SNR,根据 SNR 的跳变来确诊传感器是否故障。

具体说来,如 $\varepsilon^2(k)$、SNR 均有跳变发生,则传感器系统一定发生故障;如果仅有 $\varepsilon^2(k)$ 发生跳变,则传感器可以继续使用。

5.1.1　OUTLAND1000 状态阈值故障检测与容错控制设计

为了比较传感器故障时的容错控制效果,OUTLAND1000 实验分两步进行。

(1) 针对定向控制状态(设定值为 150°),人为设置 30°、20°、10° 故障模式,应用 FIR 输出与传感器输出偏差平方: $\varepsilon^2(k) = \{d(k) - [\psi(k) + f(k)]\}^2$ 的跳变进行故障检测,针对 3 种故障模式,计算设定值与故障传感器输出偏差 $e(k) = r(k) - [\psi(k) + f(k)]$,继续应用 PID 控制,观察并记录机器人的实际方向输出:新的稳定状态应为(150° - 30°)、(150° - 20°)、(150° - 10°)。

(2) 针对 3 种故障模式,在第一次检测到有限脉冲响应滤波器与传感器输出偏差平方 $\varepsilon^2(k) = \{d(k) - [\psi(k) + f(k)]\}^2$ 跳变时,即将 FIR 输出代替故障传感器数值,与控制系统的设定值 150° 相减,计算偏差 $e(k) = r(k) - d(k)$,进行 PID 输出,实现容错控制,观察并记录机器人实际输出,并与无容错情况(步骤(1)实验结果)进行比较,从而判定容错控制效果。

5.1.2　OUTLAND1000 阈值故障检测与 FIR 替换容错实验结果分析

针对定向控制状态(设定值为 150°),人为设置 30°、20°、10° 故障模式,采样周期为 200ms,FIR 与传感器输出偏差平方 $\varepsilon^2(k) = \{d(k) - [\psi(k) + f(k)]\}^2$ 的数据变化曲线如第 4 章的图 4 - 10(a)、图 4 - 11(a)和图 4 - 12(a)所示,它能在故障发生的第一时间检测到故障发生;而针对以上各种故障模式,继续应用传感器输出(已包含故障信号)与设定值 150° 计算控制偏差,再计算相应的 PID 控制信号,观察机器人在故障状况下,无容错控制时运行状态的输出如第 4 章的图

4 - 10(b)、图 4 - 11(b)和图 4 - 12(b)所示,从图中可以清楚看出,故障情形下的系统实际输出分别近似为 120°(150° - 30°)、130°(150° - 20°)、140°(150° - 10°);很明显,控制系统无法保持原有的工作状态,偏离了设定值 150°。

为了实现系统在故障状况下保持原来的工作状态,实现容错控制,在第一次检测到 FIR 与传感器输出偏差平方 $\varepsilon^2(k) = \{d(k) - [\psi(k) + f(k)]\}^2$ 跳变时,即将 FIR 输出代替实际测试值(故障传感器输出信号),此时 FIR 输出近似等于传感器的真实数值,再将 FIR 输出与控制系统的设定值 150° 相减,计算 PID 输出,实现容错控制,观察机器人实际输出,并与无容错情况进行比较。此处给出表 5 - 1:人为加 30°故障模式时,替代容错控制后的罗经实际输出、FIR 的输出和无容错时的罗经实际输出(另外一个实验的结果,即第 4 章中仅进行故障检测、无容错措施的实验结果)。

表 5 - 1 人为加 30°故障模式的容错控制部分实验数据

单位:(°)

对应时刻	无容错罗经输出	容错时罗经输出	容错时FIR 的输出	对应时刻	无容错罗经输出	容错时罗经输出	容错时FIR 的输出
1	149	149	149.41	16	148	148	148.12
2	152	152	151.72	17	148	148	148.33
3	151	151	151.47	18	148	148	148.32
4	152	152	151.67	19	147	147	147.43
5	151	151	150.57	20	148	148	147.54
6	151	151	150.89	21	149	149	148.65
7	150	150	149.79	22	148	148	147.7
8	150	150	149.88	23	148	148	14.82
9	150	150	149.87	24	147	147	146.76
10	150	150	149.88	25	147	147	146.92
11	150	150	150	26	147	147	146.95
12	150	150	150.1	27	147	147	146.88
13	147	147	146.86	28	147	147	146.93
14	147	147	147.13	29	147	147	146.96
15	148	148	148.21	30	147	147	146.99

（续）

对应时刻	无容错罗经输出	容错时罗经输出	容错时FIR的输出	对应时刻	无容错罗经输出	容错时罗经输出	容错时FIR的输出
31	147	147	147	62	148	148	147.79
32	147	147	147.03	63	148	148	147.87
33	147	147	147.04	64	147	147	146.8
34	148	148	148.21	65	147	147	146.98
35	148	148	148.05	66	148	148	147.99
36	148	148	148.09	67	148	148	147.92
37	148	148	148.13	68	148	148	147.97
38	147	147	147.02	69	148	148	149.11
39	147	147	147.2	70	150	150	148.99
40	148	148	147.62	71	150	147	147.91
41	148	148	147.55	72	147	148	148.03
42	148	148	147.21	73	145	146	146.99
43	148	148	147.67	74	143	147	147.99
44	148	148	147.67	75	140	147	147.09
45	147	147	146.82	76	136	147	147.5
46	147	147	146.88	77	134	147	147.12
47	148	148	147.96	78	132	148	148.32
48	148	148	147.84	79	127	147	147.54
49	148	148	147.85	80	124	147	147.61
50	148	148	148.02	81	123	148	148.17
51	147	147	147.01	82	121	147	146.98
52	147	147	147.13	83	118	148	148.24
53	148	148	148.22	84	118	148	148.1
54	148	148	148.13	85	118	148	148
55	148	148	148.15	86	118	148	147.94
56	151	151	150.53	87	118	147	146.93
57	150	150	150.29	88	118	148	147.09
58	147	147	147.17	89	118	148	148.24
59	148	148	147.56	90	118	148	148.02
60	149	149	148.63	91	118	147	147.03
61	148	148	147.7	92	118	148	148.04

（续）

对应时刻	无容错罗经输出	容错时罗经输出	容错时FIR 的输出	对应时刻	无容错罗经输出	容错时罗经输出	容错时FIR 的输出
93	118	148	148.1	109	118	148	147.69
94	122	152	152.52	110	119	149	149.29
95	122	152	151.9	111	118	148	147.8
96	122	152	152.07	112	118	148	147.96
97	121	151	150.8	113	117	147	146.94
98	121	151	151.05	114	117	147	147.01
99	120	150	149.84	115	117	147	147.04
100	117	147	146.68	116	122	152	151.97
101	117	147	147.08	117	122	152	151.27
102	118	148	148.18	118	121	151	151.1
103	118	148	148.04	119	121	151	151.09
104	118	148	148.04	120	117	147	146.7
105	122	153	152.43	121	117	147	147.18
106	122	152	151.87	122	118	148	148.22
107	121	151	151.89	123	118	148	147.99
108	121	151	151				

图 5-3(a)、图 5-3(b)和图 5-3(c)分别为人为加 30°、20°、10° 故障模式时，容错控制输出和无容错控制输出结果比较。从中可以明显看出，容错控制使系统基本保持了原有工作状态，与设定值 150° 保持在允许的误差范围内，说明传感器发生固定偏移故障时，有限脉冲响应滤波器 FIR 替代容错控制在一定时间内能达到较好的容错效果。

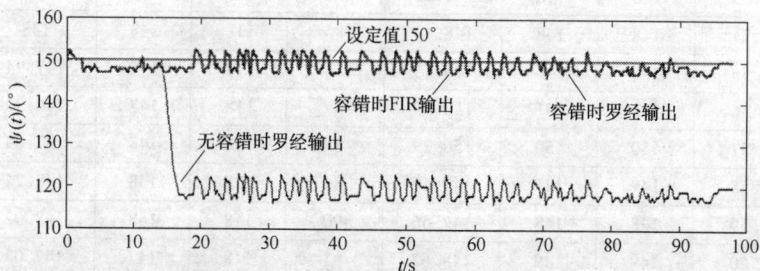

(a) 加30°故障模式

(b) 加20°故障模式

(c) 加10°故障模式

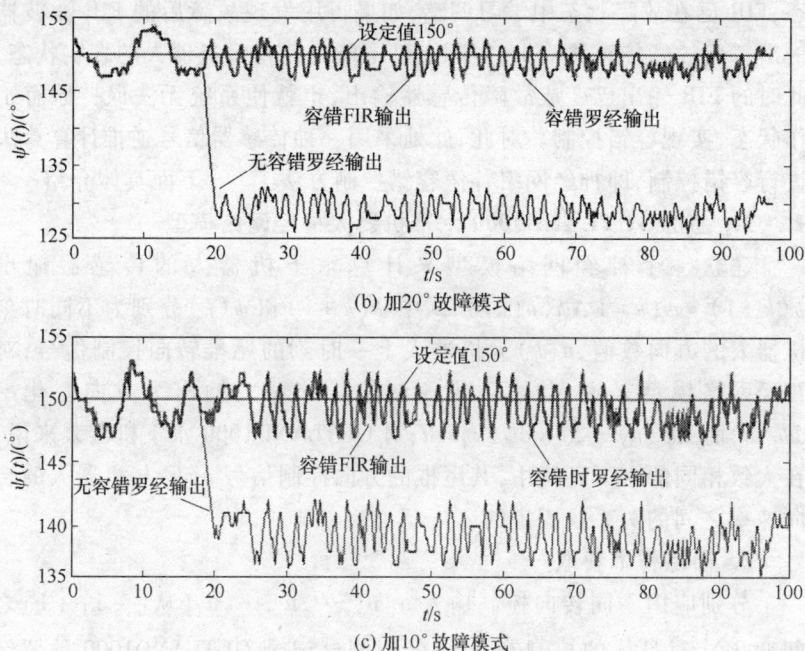

图 5－3　OUTLAND1000 容错控制输出和无容错控制输出

5.2　基于 FIR 信噪比的故障检测与神经
网络信号逆推容错控制

5.2.1　OUTLAND1000 FIR 信噪比故障检测与容错
控制设计

在第 4 章的故障诊断分析中我们知道,当机器人系统出现外界干扰时,$\varepsilon^2(k)$ 值同样会发生跳变,但 SNR 值却不出现超出阈值的跳变,因此只依靠 $\varepsilon^2(k)$ 值的跳变来判断传感器是否发生故障,在干扰存在时是不可靠的,容易发生误判;而应用 SNR 和 $\varepsilon^2(k)$ 双跳变判定故障要可靠得多。但是,和仅应用 $\varepsilon^2(k)$ 值跳变检测故障相比,应用 SNR 和 $\varepsilon^2(k)$ 双跳变判定故障存在另一个问题,就是 SNR 跳变判定时刻的滞后,对容错控制来说,在这滞后时间内系统已偏离了原有的工作状态,FIR 已在故障状态中学习调整,如果再用发现故障后的 FIR 滤波器输出替代故障传感器输出,实际上已不能正确指示机器人的真实状态,此时的 FIR 输出已变成故障传感器输出,也就使系统无法保持原有工作状态,实现容错控制。对此,此处采用一种传感器信号逆推计算算法进行容错控制,即神经网络补偿容错控制方法[7-12],下面具体介绍。

1. 建立 OUTLAND1000 水下机器人神经网络模型

建立一个神经网络模型来计算水下机器人的传感器输出 $\psi(k+1) = \psi(k) + \Delta\psi(u(k))$,式中 $\psi(k+1)$ 和 $\psi(k)$ 分别为不同时刻机器人的方向数值,$u(k)$ 为机器人上一时刻的尾推转向控制信号;对神经网络模型来说,其输入为控制信号 $u(k)$,输出为方向变化率 $\mathrm{d}\psi/\mathrm{d}t$,而 $\Delta\psi(k) = \Delta t \times \mathrm{d}\psi(k)/\mathrm{d}t$;对 OUTLAND1000 水下机器人来说,在大致相同的水下环境中,其尾推的方向控制信号 $u(k)$ 与机器人的转向速率之间的关系是固定的。

2. 训练样本获取

分别应用不同转向控制输入 $u_1 u_2, \cdots, u_i, \cdots, u_n$(从 $[-1, +1]$ 之间变化),对具体的控制输入 u_i 分别测试记录 OUTLAND1000 的罗经输出数值 $\psi(k), \psi(k-1), \psi(k-2), \cdots$,计算各个时刻的转向速率 $\dfrac{\Delta\psi(k)}{\Delta t} = \dfrac{\psi(k) - \psi(k-1)}{\Delta t}, \dfrac{\Delta\psi(k-1)}{\Delta t} = \dfrac{\psi(k-1) - \psi(k-2)}{\Delta t}, \cdots$,此处 Δt 为采样周期,将同一个控制信号下的转向速率平均得到该控制信号 $u_i(k)$ 下的转向速率 $\dfrac{\mathrm{d}\psi_i}{\mathrm{d}t}$;对不同控制输入 $u_i(k)$,得到训练样本 $\left[u_i; \dfrac{\mathrm{d}\psi_i}{\mathrm{d}t}\right](i = 1, 2, \cdots, n)$,通过训练 BP 神经网络,从而建立控制信号 $u(k)$ 与机器人的转向速率之间的模型,供容错控制在线使用。BP 神经网络模型如图 5-4 所示。它由 3 层结构组成:输入层 N_1、隐藏层 N_2 以及输出层 N_3。输入层为 1 个节点,隐藏层为 10 个节点,输出层为 1 个节点。

3. 神经网络信号逆推容错控制方法分析

当在 OUTLAND1000 输出上人为加上 30°故障信号后,有限脉冲响应滤波器 FIR 通过 SNR 和 $\varepsilon^2(k)$ 双跳变检测到系统发生故障时,故障

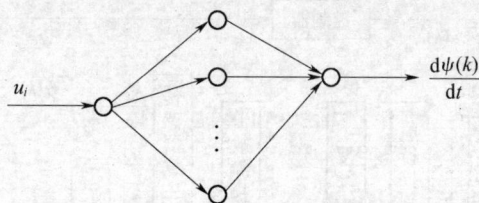

图 5-4 3 层 BP 网络结构

已存在几个周期(实验中近似为 5 个周期,1000ms 左右),机器人方向传感器输出已不正确,因为已包含了故障信号。对实际故障情形来说,此时的故障传感器数据 $\psi'(k)$ 是已知的(实验中认为故障传感器输出 $\psi'(k+1)=\psi(k)+30$),但不能应用此数值与设定值 150° 相减求偏差,进行 PID 容错控制;要进行有效的 PID 容错控制,就必须知道故障时水下机器人真实输出数值,即传感器的真值。

此时机器人传感器真值的近似值可以由已训练的 BP 神经网络模型给出 $\psi(k+1)=\psi(k)+\Delta\psi(u(k))$(注:通过 BP 神经网络已建立控制信号 $u(k)$ 与机器人的转向速率之间的模型不随故障的存在而变化),但此时模型中上一时刻的传感器真值 $\psi(k)$ 是未知的(上一时刻传感器已故障),无法直接求解,必须采用迭代逆推方法 $\psi(k+1)=\psi(k)+\Delta\psi(u(k))=\psi(k-1)+\Delta\psi(u(k-1))+\Delta\psi(u(k))=\cdots=\psi(k-n)+\Delta\psi(u(k-n))+\cdots+\Delta\psi(u(k-1))+\Delta\psi(u(k))$,此处 $\psi(k-n)$ 为传感器无故障时的输出数值,是 $(k-n)$ 时刻传感器的真实数值(此时传感器还未出现故障),n 为故障检测的滞后周期,$u(k-n),\cdots,u(k-1),u(k)$ 分别为故障发生时刻与故障检测时刻之间的计算机已储存的控制输入。用此迭代逆推数据与设定值相减求偏差,就可以实现 PID 容错控制。

图 5-5 为 OUTLAND1000 定向控制系统的主动容错控制结构。整体结构包括水下机器人的控制器、推进器、传感器(罗经)、故障检测模块以及控制重构模块等。容错控制系统中的故障检测模块采用有限脉冲响应滤波器模型的故障检测方法,重构模块采用 BP 神经网络实现控制信号重构。

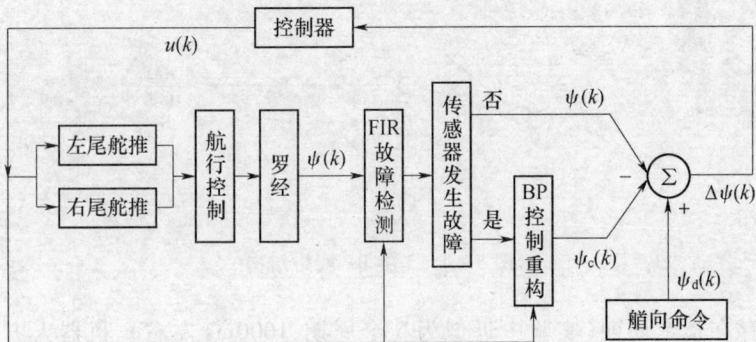

图 5 - 5　容错控制结构

容错控制系统的工作原理:定向控制系统运行过程中,罗经输出信号 $\psi(k)$ 送至 FIR 故障检测模块进行故障判定,若无故障,控制系统使用 $\psi(k)$ 实现正常的定向控制;若判定有故障发生,则启动 BP 控制重构模块,用其输出信号 $\psi_c(k)$ 替代故障信号 $\psi(k)$,以保证系统继续正常运行,此处的 $\psi_c(k)$ 为由神经网络迭代逆推得到的 k 时刻传感器的近似真实数值(k 时刻为传感器故障检测时刻)。

5.2.2　OUTLAND1000 FIR 信噪比故障检测与容错实验结果分析

针对定向控制状态(设定值为 150°),人为设置 30°、20°、10°故障模式,OUTLAND1000 采样周期为 200ms,有限脉冲响应滤波器信噪比 SNR 值的数据变化曲线如第 4 章图 4 - 10(c)、图 4 - 11(c)和图 4 -12(c)所示,它在故障发生的第 5 周期左右检测到故障发生,即 $n = 5$,因此故障检测有近 1000ms 的滞后存在。根据上面介绍的方法,进行 OUTLAND1000 水下机器人传感器故障检测实验和容错控制实验。根据前面神经网络模型的介绍,测试不同控制信号下,OUTLAND1000 的方向传感器的输出变化,进一步得到神经网络模型的训练学习样本,应用训练收敛的 BP 神经网络推算水下机器人故障时刻的真实方向输出。此处给出表 5 -2,即人为加 30°故障模式时,部分容错控制输出和 FIR 滤波器输出。

表 5 - 2　30°故障模式时,部分容错控制输出和 FIR 输出

单位:(°)

时刻 k	真实艏向	故障罗经	BP 重构输出	时刻 k	真实艏向	故障罗经	BP 重构输出
⋮				⋮			
90	149	149		215	152	182	148
91	150	150		216	153	183	148
92	150	150		217	153	183	148
93	150	150		218	152	182	148
94	149	149		219	152	182	148
95	150	150		220	152	182	148
96	151	151		221	152	182	148
97	151	151		222	151	181	148
98	151	151		223	151	181	148
99	151	151		224	151	181	148
100	151	181	(发生故障)	225	152	182	148
101	150	180		226	152	182	149
102	148	178		227	152	182	149
103	145	175	(启动容错)	228	152	182	149
104	145	175	145	229	152	182	149
105	145	175	144	230	152	182	149
106	145	175	144	231	152	182	149
107	145	175	144	232	152	182	149
108	145	175	144	233	151	181	149
109	145	175	145	234	151	181	149
110	145	175	145	235	152	182	149
111	146	176	145	236	152	182	149
112	146	176	145	237	152	182	149
113	146	176	145	238	152	182	149
114	146	176	145	239	152	182	149
115	146	176	145	240	152	182	150
116	146	176	145	241	152	182	149
⋮				⋮			

图 5 - 6(a)、图 5 - 6(b)和图 5 - 6(c)分别为 30°、20°、10°故障模式时,容错控制输出和无容错控制输出(另外一个实验的结果,即第 4 章中仅进行故障检测、无容错措施的实验结果)比较。从中可以明显看出,基于 BP 神经网络的 OUTLAND1000 容错控制使系统基本保持了原有工作状态,与设定值 150°保持在允许的误差范围内。

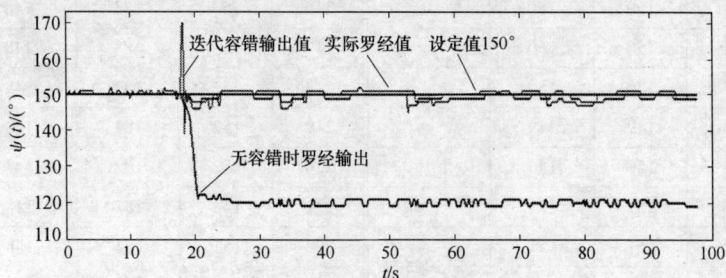

(a) 加30°故障模式

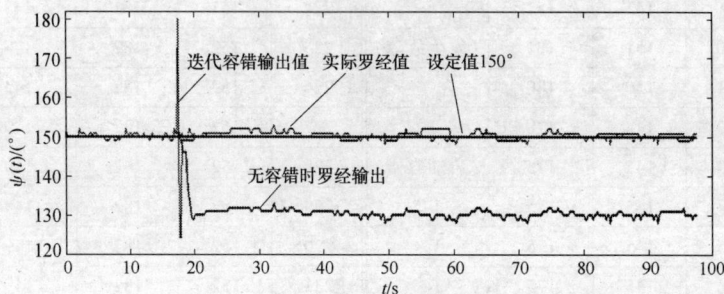

(b) 加20°故障模式

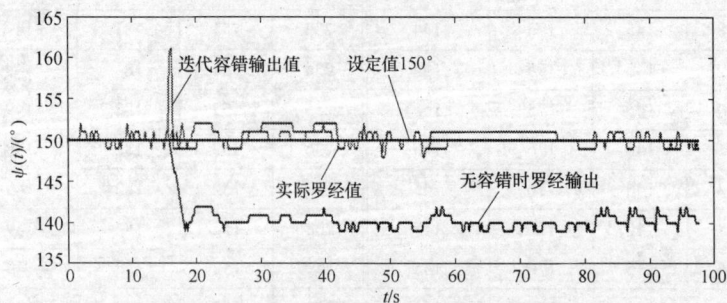

(c) 加10°故障模式

图 5 - 6　基于 BP 神经网络模型的 OUTLAND1000
容错控制输出和无容错控制输出

5.3　传感器时变故障的神经网络信号逆推容错控制

上节讨论的是水下机器人传感器故障为固定偏移故障,有时传感器故障并非都是这种理想的故障形式。本节进一步研究传感器时变故障情形的逆推容错控制[12-15],包括传感器无信号输出故障。

图 5-7 显示艏向角传感器(罗经)在第 100 时刻发生时变故障,人为设定故障信号 $f(k) = 40\sin(k - 100/20)$,$k > 100$,采样周期为 200ms。在第 106 时刻有限脉冲响应滤波器 FIR 检测到故障,此时水下机器人艏向已偏离设定方向,即 $n = 6$,因此故障检测有近 1200ms 的滞后存在。根据上面介绍的方法,应用 BP 神经网络模型输出,得到传感器近似真实数值 $\psi_c(106) = 155°$,虽然与传感器真值 156°有偏差,但基本预测出水下机器人的当前真实艏向角。

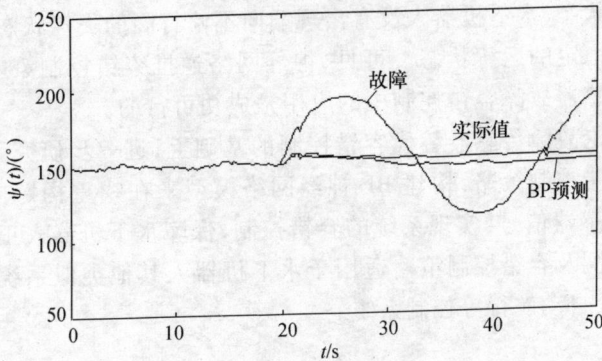

图 5-7　罗经时变故障在线容错

图 5-8 显示罗经在第 100 时刻 OUTLAND1000 水下机器人发生无信号输出故障,FIR 模型在第 103 时刻检测到该故障,此时机器人艏向已偏至 157°的位置。此刻 BP 模型估算值为 157°,正好与实际艏向一致。检测到到故障之后 $(k \geq j + n)$,容错控制策略将一直采用 BP 模型预测值 ψ_c 来替代故障信号,作为定向控制系统的输入信号,从而实现系统的容错控制。

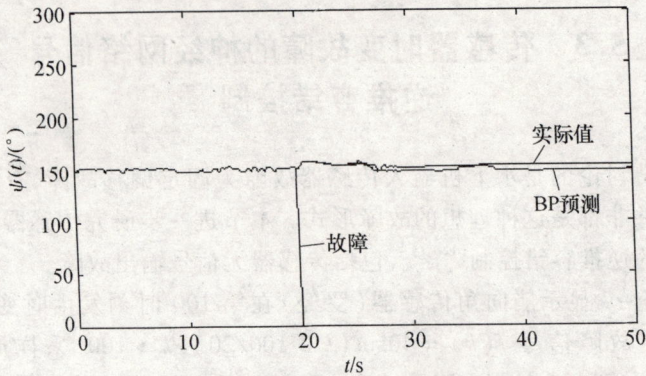

图 5 - 8　罗经无输出故障在线容错

由图 5 - 7 及图 5 - 8 可知,在容错控制开始之时,BP 模型估值与水下机器人的真实艏向基本一致,容错控制效果良好。随着时间的推移,两者之间的误差逐渐加大,即定向效果逐渐下降。但是,此时相对于无容错状态,水下机器人没有出现艏向不停打圈的失控状态,仍然保证了基本稳定的运行状态。可见,神经网络逆推容错控制策略在水下机器人传感器故障容错控制中的应用是成功可行的。

在讨论故障传感器替代容错控制的基础上,进一步研究了神经网络逆推容错控制策略,构建 BP 神经网络模型来在线重构定向控制系统中的传感器信号,实现系统的容错控制,保障水下机器人正常运行。其故障检测及容错控制策略适用于水下机器人其他类似系统,比如定深、定高及自动航行等控制系统。

参 考 文 献

[1] 周东华,叶银忠. 现代故障诊断与容错控制. 北京:清华大学出版社,2000:1 - 23.

[2] 孙瑞琛. 自主式水下机器人传感器状态监测技术研究. 哈尔滨:哈尔滨工程大学,2005.

[3] Lingli N. Fault - tolerant control of unmanned underwater vehicles. Ph. D. Dissertation,2001, Blacksburg,Virginia.

[4] Tiano A,Sutton R, Lozowicki A,et al. Observer kalman filter identification of an autonomous underwater vehicle. Control Engineering Practice,2007,15:727 - 739.

[5] Rae G J S. Damage detection for autonomous underwater vehicles. Ph. D. Dissertation,1993,

Florida Atlantic University,Boca Raton,Florida.

［6］ Takai M,Fujii T,Ura T. A Model Based Diagnosis System for Autonomous Underwater Vehicles using Artificial Neural Networks. *Proceedings International Symposium Unmanned Untethered Submersible Technology*,1995,Durham,New Hampshire:243 – 252.

［7］ 张铭钧,孙瑞琛,王玉甲.基于 RBF 神经网络的水下机器人传感器状态检测方法研究.哈尔滨工程大学学报,2005,26(6):726 – 731.

［8］ 方少吉,王丽荣,朱计华,等.水下机器人传感器容错控制技术的研究.机器人,2007,29(2):155 – 159.

［9］ 朱大奇,陈亮,刘乾.一种无人水下机器人传感器故障诊断与容错控制方法.控制与决策,2009,24(9):1287 – 1293.

［10］ 朱大奇,史慧.人工神经网络原理与应用.北京:科学出版社,2006.

［11］ Zhu D Q,Kong M. Adaptive Fault – tolerant Control of Nonlinear System:An Improved CMAC Based Fault Learning Approach. *International Journal of Control*,2007,80(10):1576 – 1594.

［12］ Zhu Daqi,Chu Jianxin. Sensor Fusion in Integrated Circuit Fault Diagnosis Using a Belief Function Model. *International Journal of Distribute Sensor Networks*,2008,6(4):247 – 261.

［13］ 颜明重,刘乾,朱大奇,等.基于神经网络的水下机器人容错控制方法与实验研究.船海工程,2009,38(5):138 – 142.

［14］ 袁芳,叶银忠,朱大奇.基于 RCMAC 的水下机器人容错控制方法研究.华中科技大学学报,2009,37(8):147 – 150.

［15］ Ranganathan N,Patel M I,Sathyamurthy R. An Intelligent System for Failure Detection and Control in an Autonomous Underwater Vehicle. *IEEE Transactions on SMC – Part A：Syetems and Humans*,2001,31(6)：762 – 767.

［16］ Talebi H A,Khorasani K,Tafazoli S. A Recurrent Neural – Network – Based Sensor and Actuator Fault Detection and Isolation for Nonlinear Systems With Application to the Satellite's Attitude Control Subsystem. *IEEE Transactions on Neural Networks*,2009,20(1):45 – 60.

［17］ Witczak M. Toward the training of feed – forward neural networks with the d – optimum input sequence. *IEEE Transactions on Neural Networks*,2006,17(2):357 – 373.

［18］ Zhang X D,Parisini T,Polycarpou M M. Sensor bias fault isolation in a class of nonlinear systems. *IEEE Transactions on Automatic Control*,2005,50(3):370 – 376.

［19］ Zhu Daqi,Liu Qian. An Integrated Fault – tolerant Control for Nonlinear Systems with Multi – Fault. *International Journal of Innovative Computing. Information and Control*,2009,5(4):941 – 950.

第6章 水下机器人推进器故障
诊断与容错控制

研究水下机器人故障诊断与容错控制技术是实现水下机器人可靠性控制的重要技术手段,也是近年来水下机器人领域备受关注的研究方向之一。水下机器人的水下运动是靠推进器来实现的,推进器故障是水下机器人系统的常见故障源之一[1-2]。

早期,针对水下机器人推进装置的故障,只是简单地处理为无故障和完全失效两种情况,是相当粗糙的[3-4]。对此,近年来 Edin 和 Geoff 等将广泛应用于飞行容错的控制矩阵伪逆重构方法引入水下机器人推进器故障诊断与容错控制之中[5],并将推进器故障分为推进器不同程度的拥堵故障及推进器完全失效等多种故障模式[6-9],使水下机器人的推进器容错控制更接近于系统实际运行状态,提高了容错控制的应用范围和控制性能。

但是实际的推进器故障模式与外界环境密切相关,其故障的大小是不确定的、连续变化的,将其简化为几种固定模式,与实际故障情况仍有较大差距,也必将影响故障辨识的精度。对此,本章将多传感器信息融合故障诊断技术引入推进器拥堵故障在线辨识之中,提出基于信度分配小脑神经网络(Credit Assigned Cerebellar Model Articulation Controller,CA - CMAC)信息融合在线故障辨识模型[10-15,22],利用信息融合的多维信号处理优势提高故障辨识的精度;同时利用信度分配小脑神经网络的快速收敛与局部泛化特性,解决常规故障诊断方法对推进器拥堵故障连续变化不能诊断的缺陷;并进一步比较了误差反向传播 BP 神经网络(Back Propagation Network)、自组织特征映射(Self - organizing Feature Map,SOM)神经网络及 CMAC 小脑神经网络信息融合故障辨识的效果。在推进器故障辨识基础上,进一步研究了水下机器人推进器故障情形下的容错控制器设计及其水池实验验证。

140

6.1　神经网络故障辨识模型

人工神经网络技术(Artificial Neural Network,ANN)是目前一个十分引人注目的研究领域,其理论研究还在不断地深入,同时应用神经网络技术来解决各种类型的实际问题也得到了广泛的重视。此处旨在应用神经网络模型来解决水下机器人推进器故障辨识问题。在分析推进器故障诊断模型之前,先介绍几种神经网络模型。

6.1.1　SOM 自组织特征映射神经网络

1981 年,芬兰 Helsinki 大学的 Kohonen 教授提出了一种自组织特征映射网络(SOM),又称 Kohonen 网络[23-25]。自组织神经网络是无导师学习网络,它通过自动寻找样本中的内在规律和本质属性,自组织、自适应地改变网络参数与结构。

SOM 神经网络的结构是层次型结构,具有竞争层。典型结构是输入层 + 竞争层。图 6 - 1 为 2 维 SOM 神经网络模型。

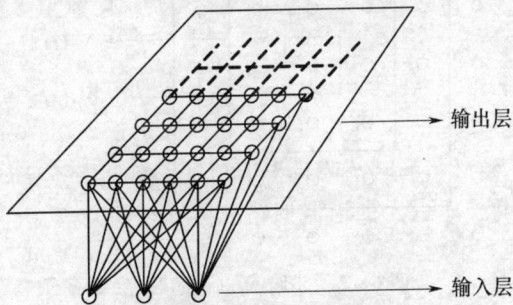

图 6 - 1　2 维 SOM 神经网络模型

输入层:通过权向量将外界信息汇集到输出层各神经元。输入层的形式与 BP 网相同,节点数与样本的维数相同。

输出层:也就是竞争层,负责对输入模式进行"比较分析",寻找规律并归类。对水下机器人推进器来说,输入为推进器控制信号、罗经传感器数据的变化率;输出为推进器不同拥堵故障模式。

141

SOM 神经网络采用的算法称为 Kohonen 算法,它是在"胜者为王"(Winner – Take – All,WTA)学习规则基础上加以改进的,主要区别是调整权向量与侧抑制的方式不同。SOM 神经网络的学习按如下步骤进行:

(1) 初始化。对输出层各权向量赋小随机数并进行归一化处理,得到 $\hat{W}_j(j = 1,2,\cdots,m)$,建立初始优胜邻域 $N_j^*(0)$ 和学习率 η 初值。m 为输出层神经元数目。

(2) 接受输入。从训练集中随机取一个输入模式并进行归一化处理,得到 $\hat{X}^P(P = 1,2,\cdots,n)$,$n$ 为输入层神经元数目。此处 $\hat{X}^P$ 与 $\hat{W}_j$ 维数相同。

(3) 寻找获胜节点。计算 $\hat{X}^P$ 与 $\hat{W}_j$ 的点积,从中找到点积最大的获胜节点 j^*。

(4) 定义优胜邻域 $N_{j^*}(t)$。以 j^* 为中心确定 t 时刻的权值调整域,一般初始邻域 $N_{j^*}(0)$ 较大(大约为总节点的 50% ~ 80%),训练过程中 $N_{j^*}(t)$ 随训练时间收缩,如图 6 – 2 所示。

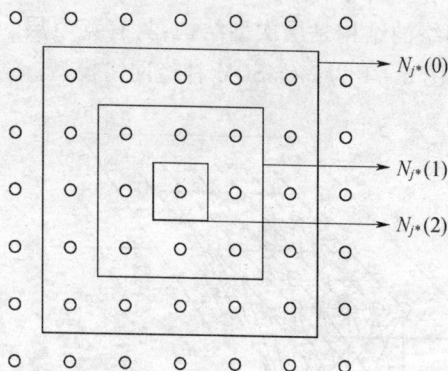

图 6 – 2 邻域 $N_{j^*}(t)$ 的收缩

(5) 调整权值。对优胜邻域 $N_{j^*}(t)$ 内的所有节点调整权值:

$$w_{ij}(t + 1) = w_{ij}(t) + \alpha(t,N)[x_i^P - w_{ij}(t)] \quad (i = 1,2,\cdots,n,j \in N_{j^*}(t))$$

$$(6 – 1)$$

式中:$\alpha(t,N)$ 是训练时间 t 和邻域内第 j 个神经元与获胜神经元 j^* 之间的拓扑距离 N 的函数,该函数一般有以下规律:

$t \uparrow \rightarrow \alpha \downarrow$,$N \uparrow \rightarrow \alpha \downarrow$。如 $\alpha(t,N) = \alpha(t)\mathrm{e}^{-N}$,$\alpha(t)$ 可采用 t 的单调

142

下降函数(也称退火函数)。

(6) 结束判定。当学习率 $\alpha(t) \leqslant \alpha_{\min}$ 时,训练结束;不满足结束条件时,转到步骤(2)继续。

6.1.2　BP 神经网络

BP 神经网络是一种按误差逆向传播算法训练的多层前馈神经网络,是一种应用最为广泛的神经网络模型。最典型的 BP 网络是 3 层前馈网络,即输入层、隐含层和输出层,如图 6-3 所示。

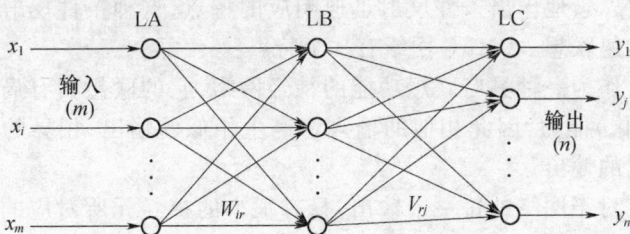

图 6-3　3 层 BP 神经网络结构

设输入层 LA 有 m 个节点,输出层 LC 有 n 个节点,隐含层 LB 的节点数目为 u。隐含层中的节点输出函数为

$$b_r = f(\boldsymbol{W}^{\mathrm{T}} X - \theta) \quad (r = 1, 2, \cdots, u) \qquad (6-2)$$

输出层中节点的输出函数为

$$c_j = f(\boldsymbol{V}^{\mathrm{T}} B - \varphi) \quad (j = 1, 2, \cdots, n) \qquad (6-3)$$

式中:f 采用 S 型函数,即 $f(x) = (1 + \mathrm{e}^{-x})^{-1}$;$W_{ir}$ 为输入层神经元 a_i 到隐含层神经元 b_r 间的连接权;V_{rj} 为隐含层神经元 b_r 到输出层神经元 c_j 间的连接权;θ_r 为隐含层的阈值;φ_j 为输出层单元的阈值。

BP 神经网络的权值学习采用误差反向传播方式:

$$W_{ijk}(t+1) = W_{ijk}(t) + \Delta W_{ijk} \qquad (6-4)$$

$$\Delta W_{ijk} = -\eta \frac{\partial E}{\partial w_{ijk}} \qquad (6-5)$$

式中:W_{ijk} 表示第 i 层第 j 个神经元到第 $(i+1)$ 层第 k 个神经元连接权值;$E = \dfrac{1}{2} \sum_j (d_j - y_j)^2$,其中 y_j 为第 j 个神经元输出,d_j 为第 j 个神经

元所期望的输出。BP 神经网络为全局逼近神经网络,它和局部逼近的 CMAC 神经网络相比,收敛速度较慢,且存在局部极小的缺陷,对此,可以采用相关改进算法,具体改进算法内容见文献[16]。

6.1.3 CMAC 神经网络

1975 年 Albus 提出一种模拟小脑功能的神经网络模型,称为 Cerebellar Model Articulation Controller,简称 CMAC[17-20]。CMAC 网络是仿照小脑控制肢体运动的原理而建立的神经网络模型。小脑指挥运动时具有不假思索地作出条件反射迅速响应的特点,这种条件反射式响应是一种迅速联想。CMAC 网络有 3 个特点:

(1) 作为一种具有联想功能的神经网络,它的联想具有局部推广(或称泛化)能力,因此相似的输入将产生相似的输出,相异的输入将产生独立的输出。

(2) 对于网络的每一个输出,只有很少的神经元所对应的权值对其有影响,哪些神经元对输出有影响则由输入决定。

(3) CMAC 的每个神经元的输入和输出是一种线性关系,但其总体上可看作一种表达非线性映射的表格系统。由于 CMAC 网络的学习只在线性映射部分,因此可采用简单的 δ 算法,其收敛速度比 BP 算法快得多,且不存在局部极小问题。CMAC 最初主要用来求解机械手的关节运动,其后进一步用于机器人控制、模式识别、信号处理以及自适应控制等领域[23-25]。

1. 常规 CMAC 神经网络

CMAC 网络又称为 CMAC 模型[21]。它具有学习速度快、无局部极小点和局部泛化等性质,能够学习任意多维非线性函数,因此得到广泛的关注。

1) CMAC 模型原理

CMAC 空间结构如图 6-4 所示。其中,S 为学习空间(输入空间);y 为输出响应矢量;A 为联想记忆空间(存储空间),将存储空间分成 n 个相互重叠的存储单元,对应于第 j 个存储单元定义联想矢量 a_j,

$$j = 1, \cdots, n, \text{且 } a_j(x) = \begin{cases} 1 & \text{当 } x \text{ 激活第 } j \text{ 个存储单元} \\ 0 & \text{其他} \end{cases}, \text{学习空间 } S \text{ 中}$$

的每一矢量$(\cdots, S_i, \cdots, S_j, \cdots)$被量化后,成为 A 的地址变量。第一次映射由 $S \rightarrow A$,各输入矢量激活 A 中的部分存储单元,考虑 A 中被激活

的单元为 A^* , $A^* \in A$,则 A^* 的模 $|A^*| = m$ 表示了 A^* 空间的长度。输出值 y 为被激活存储单元权值的矢量和。第二次映射依赖于输出响应变化,此变化称为权值调整或训练,则构成如下映射关系:第一次映射, $S \rightarrow A$;第二次映射, $A \rightarrow P$ 。

记快空间 A

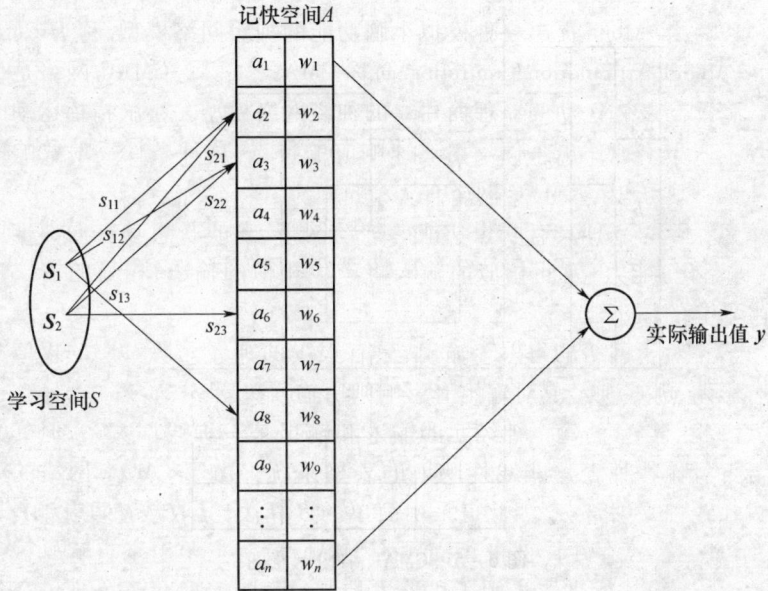

图 6-4 CMAC 空间结构

2) CMAC 的泛化性能

以 2 维 CMAC 为例,定义输入矢量为变量 S_1 和 S_2 。它们向 A 中映射时,在 A 中有相应的两个子空间 A_1^* 和 A_2^* ,即

$$S_1(s_{11}, s_{12}, s_{13}) \rightarrow A_1^* = \{a_2, a_3, a_8\}, A_1^* \in A$$

$$S_2(s_{21}, s_{22}, s_{23}) \rightarrow A_2^* = \{a_2, a_3, a_6\}, A_2^* \in A$$

$S \rightarrow A$ 映射时产生的映射空间 A^* 将生成一交集,即 $A_1^* \cap A_2^* = \{a_2, a_3\}$ 。此交集是在 S_1 与 S_2 的共同作用下被激活的。由此可知, S_1 激活存储单元产生的输出会受到 S_2 的影响,同样的 S_2 对应输出也会受到 S_1 的影响。也就是说, S_1 与 S_2 相互间有一定的联系,可以部分地相互表示,这就是 CMAC 网络的泛化性能。

3）CMAC 的映射方法

映射 $S \to A$ 可分解为两个子映射：$S \to M$；$M \to A$。图 6-5 中，设某一具体输入矢量为 $S_0(s_{01}, s_{02})$，$0 \le s_{01} \le 6$，$0 \le s_{02} \le 6$，首先对输入矢量进行量化，分成 7 个等分区域，取每个状态变量有 3 级，将每级分为 3 块。

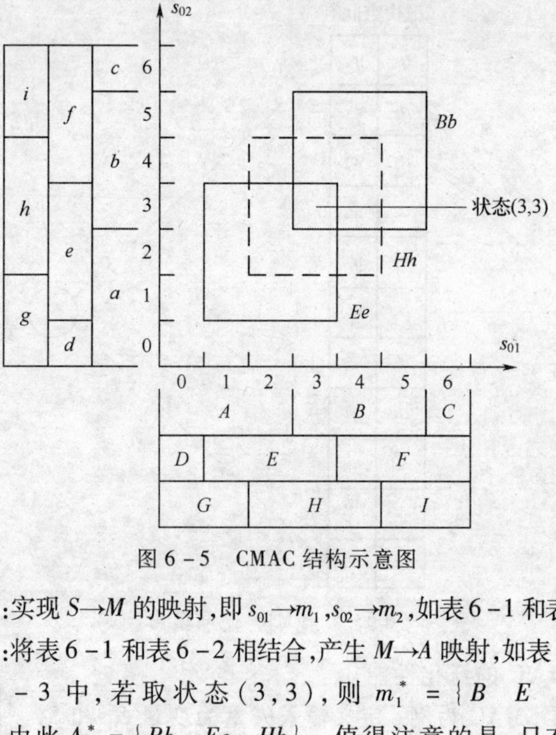

图 6-5　CMAC 结构示意图

第一步：实现 $S \to M$ 的映射，即 $s_{01} \to m_1$，$s_{02} \to m_2$，如表 6-1 和表 6-2 所列。

第二步：将表 6-1 和表 6-2 相结合，产生 $M \to A$ 映射，如表 6-3 所列。

在表 6-3 中，若取状态（3,3），则 $m_1^* = \{B \quad E \quad H\}$，$m_2^* = \{b \quad e \quad h\}$，由此 $A^* = \{Bb \quad Ee \quad Hh\}$。值得注意的是，只有同级的不同变量的分块组合才能形成存储单元，像组合 Ad，Db 等是不存在的。

表 6-1　m_1^* 空间

s_{01}	m_1^*		
0	A	D	G
1	A	E	G
2	A	E	H
3	B	E	H
4	B	F	H
5	B	F	I
6	C	F	I

表 6-2　m_2^* 空间

s_{02}	m_2^*		
0	a	d	g
1	a	e	g
2	a	e	h
3	b	e	h
4	b	f	h
5	b	f	i
6	c	f	i

表 6 - 3　CMAC 2 维映射空间

s_{01} ＼ s_{02}	0 (A D G)	1 (A E G)	2 (A E H)	3 (B E H)	4 (B F H)	5 (B F I)	6 (C F I)
0 (a d g)	Aa Dd Gg	Aa Ed Gg	Aa Ed Hg	Ba Ed Hg	Ba Fd Hg	Ba Fd Ig	Ca Fd Ig
1 (a e g)	Aa De Gg	Aa Ee Gg	Aa Ee Hg	Ba Ee Hg	Ba Fe Hg	Ba Fe Ig	Ca Fe Ig
2 (a e h)	Aa De Gh	Aa Ee Gh	Aa Ee Hh	Ba Ee Hh	Ba Fe Hh	Ba Fe Ih	Ca Fe Ih
3 (b e h)	Ab De Gh	Ab Ee Gh	Ab Ee Hh	Bb Ee Hh	Bb Fe Hh	Bb Fe Ih	Cb Fe Ih
4 (b f h)	Ab Df Gh	Ab Ef Gh	Ab Ef Hh	Bb Ef Hh	Bb Ff Hh	Bb Ff Ih	Cb Ff Ih
5 (b f i)	Ab Df Gi	Ab Ef Gi	Ab Ef Hi	Bb Ef Hi	Bb Ff Hi	Bb Ff Ii	Cb Ff Ii
6 (c f i)	Ac Df Gi	Ac Ef Gi	Ac Ef Hi	Bc Ef Hi	Bc Ff Hi	Bc Ff Ii	Cc Ff Ii

在上述算法中可以看出,映射空间在满足 $S{\rightarrow}A$ 映射的前提下,A 的大小由 S 确定。假定 $S = (S_1, S_2, \cdots, S_n)$,每一个分量取值的数目为 R,那么 A 所需要的空间为 R^n。若 $n = 10, R = 30$,则需要联想记忆空间 A 的大小为 $R^n = 30^{10}$,这个数目在实际应用中是不可能满足的。因此,必然要进行空间压缩,前提是不能影响 CMAC 的特性。常规的方法是采用 HASHING 映射来压缩映射空间。

HASHING 映射是计算技术中常见的一种编码方法,也称为"杂凑编码"。它是将大空间的分散数据或稀疏矩阵中的元素经编码存储在一个较小空间中的方法。HASHING 映射有许多编码方法。上例中,空间 A 是以 $a, b, c, d, \cdots$ 等表示,可将这些符号的 ASCII 码取出并相加,其和再除以集合 A 的长度,其余数就可作为散列值,这就成了杂凑编码。

用 HASHING 映射的方法对存储空间 A 编码,获得散列空间用符号 A_p 表示。这种 $A{\rightarrow}A_p$ 映射实现了从多到少映射的要求,但是 HASHING 映射编码实现 $A{\rightarrow}A_p$ 映射后,必然会出现映射冲突,也就是数据碰撞,这种数据碰撞对 CMAC 学习算法的学习速度与精度是有影响的。本章利用地址函数来产生所需要的存储单元地址,为所有可能存储单元编码,具体内容参考文献[22]。

4) CMAC 输出计算与权值调整

CMAC 可用来逼近函数 $y = f(x)$,其中 $x \in X \subset R^n, y \in Y \subset R^m$,并由映射 $X{\rightarrow}A{\rightarrow}Y$ 实现,A 为 N 维存储单元空间,$a \in A \subset R^N$ 为二进制联想矢量。使输入 x 激活 $N_L(N_L < N)$ 个存储单元;映射 $A{\rightarrow}Y$ 完成存储单元的权值求和:

$$y_i = \sum_{j=1}^{N_L} w_j a_j(x) \quad (i = 1, 2, \cdots, m) \qquad (6-6)$$

式中:w_j 为第 j 个存储单元的权值,若 $a_j(x)$ 激活,则其值为 1,否则为 0,只有 N_L 个存储单元对输出有影响。在网络的权值学习调整阶段,常规 CMAC 是利用误差平均分配来调整权值的,对某个输入 x 激活的存储单元 j,其权值调整为

$$w_j^k = w_j^{k-1} + \beta_1 \left[y_d - \sum_{j=1}^{N_L} w_j^{k-1} a_j(x) \right] / N_L \quad (j = 1, 2, \cdots, N_L)$$

$$(6-7)$$

式中：y_d 为期望值；β_1 为学习率，常规 CMAC 中 β_1 为常数。这样误差被平均分配到 N_L 个激活的存储单元，但是经过多次迭代以后，最初的存储单元已经包含了先前学习的知识，每个存储单元的学习历史都不一样，所以它们有不一样的可信度。常规的学习算法忽视这些可信度，产生"腐蚀"效应。

2. 基于信度分配的 CMAC(CA－CMAC)神经网络

为了避免"腐蚀"效应，校正误差必须根据存储单元的可信度进行分配。然而在 CMAC 学习过程中，还没有一个好的方法来决定某一存储单元对目前的误差负更多的责任。唯一可信的信息就是该存储单元的更新次数，Shun－Feng 等[22]假设存储单元学习更新次数越多，其数值就越可靠，也就是将存储单元的学习次数看成其可信度。可信度越高，其权值修改越小。由此，式(6－7)改写为

$$w_j^k = w_j^{k-1} + \beta_1 \frac{[f(j)+1]^{-1}}{\sum\limits_{l=1}^{N_L} [f(l)+1]^{-1}} \left[y_d - \sum\limits_{j=1}^{N_L} w_j^{k-1} a_j(x) \right] \quad (j=1,2,\cdots,N_L)$$

$$(6-8)$$

式中：$f(j)$ 是第 j 个存储单元的学习次数；N_L 是某状态的激活的存储单元数。

CA－CMAC 神经网络的收敛速度比 CMAC 神经网络要快，学习效果也要好。因为在常规 CMAC 学习算法的权值学习调整中，误差被平均分配给每个被激活的存储单元，而未考虑各个被激活存储单元对误差的贡献率，即在经过多次学习后，对调整次数不同的激活存储单元其权值的可信度仍被看成完全相同的。这种权值更新算法完全违背了信度分配的概念，这样的权值学习算法，必然使那些权值不该调整或应该较少调整的存储单元(其权值可信度高)需反复学习调整；而对误差贡献较大的存储单元(其权值可信度低)，本应该使其权值得到较大调整，但实际上权值学习调整量减少。为了达到预定的逼近精度，网络必须多次反复学习，从而使 CMAC 的学习效率降低，学习时间延长。而基于信度分配的 CMAC(CA－CMAC)神经网络，在分析常规 CMAC 权值调整规则的基础上，考虑到学习知识的可信度，避免了"腐蚀"效应，

使网络的学习速度和精度得到较大的提高。更具体的学习结果比较见文献[10,16,22]。

6.2 水下机器人推进器故障在线辨识信息融合算法

水下机器人的水下运动是靠推进器来实现的,而最普遍使用的推力装置是由驱动电动机加螺旋桨组成。驱动电动机可以是直流伺服电动机或液压电动机,在重型的水下机器人中多数用液压电动机,而大多数中小型水下机器人均采用直流伺服电动机。电动机的转速与螺旋桨转速一般不完全匹配,为了得到较高的效率,需要采用减速器。推进器的故障模式主要可以分为两大类[9,15]。

(1)内部故障:主要指推进器内部器件故障及控制器的连接出现故障,如电机转轴温度超限、控制信号通信中断、总线电压下降等。

(2)外部故障:主要指水下机器人在水下工作时,由外部复杂多变的环境引起的推进器故障,如由于螺旋桨附着物而引起的拥堵故障、螺旋桨断裂故障(完全失效)等。

在这两类故障中,以外部故障最为常见,本章主要研究推进器外部故障的诊断与容错控制技术。

6.2.1 OUTLAND1000 推进器布置

从推进器安装形式来看,大多数的水下机器人的推进器包括:

(1)可旋转推进器。这种推进器最大的特点是在行进过程中可以绕着 z 轴旋转一个角度 α,可以产生水平面上两个方向的推力。当推进器的角度可以在一定范围内任意调整时,即使是发生了一定的故障,也总可以找到一个最优的角度,来控制机器人的运动轨迹。

(2)固定角度推进器。顾名思义,这种推进器是以一个固定的角度安装在水下机器人上,在行进过程中角度是不能变化的。本实验中所使用的机器人的推进器为第 2 种(上海海事大学水下机器人与智能系统实验室的缆控水下机器人 OUTLAND1000),在此先简单介绍一下OUTLAND1000 水下机器人的推进器配置。

图 6-6(a) 为 OUTLAND1000 水下机器人推进器配置图,它共有 4 个推进器,2 个尾推(尾部水平推进),控制机器人前后推进和水平面转向;一个处于重心的垂直推进器,控制机器人潜浮运动;一个侧推,原处于机器人中间的侧面位置,正对机器人重心,控制机器人横移,在实验系统中,为了配合研究水下机器人的容错控制进行了改装,将其平移至机器人前端距重心 7cm 的位置。在本节的故障诊断实验中,它处于停转状态。图 6-6(b) 是对应的尾部推进器实物图片。

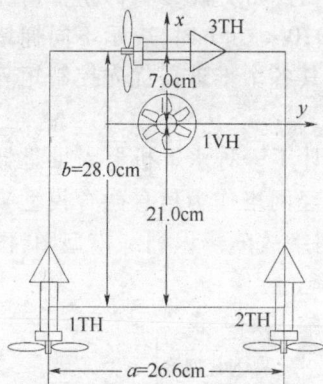

(a) 推进器结构示意图　　　　　(b) 推进器实物图

图 6-6　OUTLAND1000 推进器配置图

6.2.2　OUTLAND1000 推进器故障诊断信息融合模型

故障诊断系统的基本任务是时刻监视推进器的运行状态,辨识推进器故障大小与变化特性。为了研究方便,实验中设定了两个条件:

(1) 水下机器人处在一个稳定的环境中,也就是说水下机器人的运动特性变化只依赖于硬件设备,不考虑水流对水下机器人的影响;

(2) 水下机器人所配备的传感器都工作正常。

推进器拥堵故障诊断最直接的监控信号是螺旋桨转速和电流信号,但对 OUTLAND1000 缆控水下机器人来说,这两个信号均不可测。从它的推进器布置来看,其尾部的两个对称布置的推进器,所加的控制信号大小相同,当两者方向相同时,作用于机器人的力矩为零,如此时侧向推进器控制信号为零,则机器人将处于直线巡航状态;一旦尾部推进器中一个出现拥堵故障,则其将失去一部分推力,从而与另一个尾部推进器一起产生一转动力矩,使水下机器人产生旋转运动,故障越严重,其力矩越大,机器人的方向变化率越大,也就是说,拥堵故障程度和机器人的方向变化率、控制电压信号相关。因此,对水下机器人特定的平面运动状态,可以通过测试机器人的方向变化率、控制电压来辨识推进器故障拥堵状况(拥堵系数 s)。 s 反映拥堵的严重程度,此处设正常情况(无故障)时 $s = 0$;推进器完全失效时 $s = 1$; $0 < s < 1$ 时,表示不同拥堵程度故障。也有反过来设定故障大小的,如文献[9],即正常情况(无故障)时 $s = 1$;推进器完全失效时 $s = 0$; $0 < s < 1$ 时,表示不同拥堵程度故障。对容错控制来说,不同的假设其各个推进器优先控制矩阵计算方法不同,对结果没有影响。

此处应用6.1节的神经网络模型,设计了一种水下机器人推进器故障诊断双参数信息融合系统,即采用神经网络作为信息融合模型来诊断推进器故障大小。图6-7是神经网络故障辨识训练模型图,图6-8是推进器故障诊断系统图。

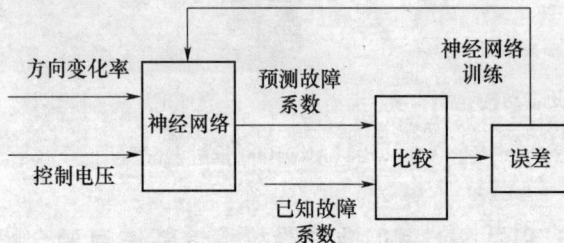

图 6-7　神经网络故障辨识训练模型

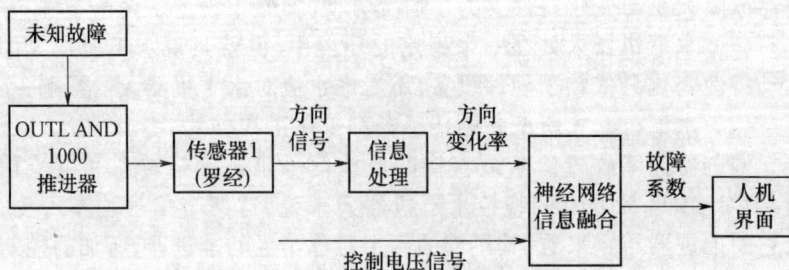

图 6-8　推进器故障诊断系统

OUTLAND1000 推进器故障大小辨识可以采用双参数神经网络信息融合诊断方法。图 6 - 7 为神经网络故障训练模型,双参数的第一个参数是方向变化率 $d\psi/dt$,另一个可以是故障推进器反馈转速 n 或输入控制信号,由于 OUTLAND1000 的推进器反馈转速不可测,我们在融合处理时,采用控制电压信号 $u(k)$ 作为神经网络的另外一个输入;输出分别是"正常状况"、"各种拥堵状况"、"完全失效"故障的拥堵规划系数,即 $(u, d\psi/dt, s)$ 训练神经网络。训练好的神经网络可以作为在线故障辨识器使用。图 6 - 8 为推进器的故障诊断结构简图,其中的"神经网络模型"即为已训练好的模型,将现场实测的方向变化率 $d\psi_i/dt$、控制信号 $u(k)$ 输入训练好的神经网络,其输出即为反映推进器故障状况的拥堵系数 s。容错控制时,根据拥堵系数 s 估算出该推进器的推力损失,与前置推进器(侧推移位的推进器)、正常后置推进器一起,计算转动力矩之和,对定向控制状态,利用 OUTLAND1000 力矩之和为零,推算出新的推力矩阵配置,进而计算出控制电压分配,实现水下机器人巡航状态的容错控制。

1. OUTLAND1000 推进器故障设置

在水池故障实验中,为了模拟推进器拥堵故障模式,在 OUTLAND1000 运行于定向巡航状态下,在后置推进器 1(左侧)中设置不同程度拥堵故障:

(1) 正常状况:拥堵系数 $s = 0$。

(2) 轻微拥堵 1:拥堵系数 $s = 0.25$,在后置推进器 1 上绕 15cm 绳索。

(3) 轻微拥堵 2:拥堵系数 $s = 0.30$,在后置推进器 1 上绕 20cm 绳索。

(4) 中等拥堵 3:拥堵系数 $s = 0.50$,在后置推进器 1 上绕 30cm 绳索。

(5) 严重拥堵 4:拥堵系数 $s = 0.75$,在后置推进器 1 上绕 45cm 绳索。

(6) 完全失效:拥堵系数 $s = 1.0$,将推进器的螺旋桨全部卸下。

为了后面容错控制计算方便,此处将推进器无拥堵(正常状况)的拥堵故障系数设为"0",而将完全失效故障的拥堵系数设为"1"。也有反过来设定的[9,27]，前面已述，这在本质上没有区别，主要是在容错控制矩阵重构时，要区别对待这两种假设。通过向 OUTLAND1000 尾部推进器发送一定大小的前后推进控制电压值，如 0.25、0.5、0.75、-0.25、-0.5、-0.75，对每一个控制电压，设置不同程度的故障模式，由于左边推进器部分故障，它将失去一部分推力，这样与右边推进器的推力不平衡，从而产生转动力矩，故障越大，推力损失越大，其转动力矩越大，机器人转动的速率也越大。实验数据也较好地验证了以上推论。另外，在相同大小的故障模式下，机器人输入控制电压的变化对机器人的状态也有一定影响。OUTLAND1000 的方向数据可以通过有串行通信接口的便携式计算机读出。

2. OUTLAND1000 推进器故障水池实验

对 OUTLAND1000 实验系统的每一种故障模式，用前面所述的几组电压分别进行故障信号测试，然后通过罗经测得机器人运动的方向信号。表 6-4 是拥堵系数 $s = 0.75$ 时，各控制电压下罗经方向的部分输出信号，每个测试时间的间隔为 200ms。可算出机器人运动的方向变化率。下面是方向变化率的定义公式：

$$\frac{\mathrm{d}\psi_i}{\mathrm{d}t} = \frac{\psi_i - \psi_{i-1}}{t_i - t_{i-1}} \quad (i = 1,2,3,\cdots) \qquad (6-9)$$

式中：ψ_i 为 i 时刻的方向信号，$i \geq 2$。因为每个测试时间的方向变化率不同，所以作为最终神经网络输入的方向变化率取各时刻方向变化率的均值。

表 6-4　拥堵系数 $s = 0.75$ 时，各电压下的方向信号

时刻　罗经输出/(°)	控制信号					
	0.25	0.5	0.75	-0.75	-0.5	-0.25
1	209	163	91	68	246	327
2	210	166	97	62	242	326
3	211	171	104	56	238	325
4	212	177	109	50	235	324
5	212	181	116	43	233	323
6	213	187	122	37	228	322
7	214	192	127	36	225	322
8	215	196	133	28	224	321

（续）

时刻	罗经输出/(°) 控制信号					
	0.25	0.5	0.75	-0.75	-0.5	-0.25
9	216	202	140	25	222	321
10	217	204	148	16	219	320
11	219	213	155	13	218	319
12	219	219	164	8	216	318
13	220	221	172	4	214	318
14	221	228	174	354	212	317
15	222	234	183	349	211	317
16	223	238	189	343	208	316
17	224	243	199	335	206	315
18	225	248	208	330	204	315
19	226	251	215	325	203	314
20	227	258	223	321	199	313
21	227	269	228	315	196	313
22	228	278	244	307	195	312
23	228	281	252	301	193	311
24	229	287	266	290	191	311
25	231	291	271	285	189	310
26	231	297	280	278	185	310
27	232	305	286	275	183	309
28	233	311	290	272	181	309
29	234	318	298	269	179	309
30	234	325	309	262	177	308
31	236	329	315	252	174	307
32	237	333	318	246	171	307
33	237	342	332	241	168	306
34	238	345	342	237	166	305
35	239	351	355	231	163	305

（续）

时刻 \ 罗经输出/(°)	控制信号					
	0.25	0.5	0.75	-0.75	-0.5	-0.25
36	239	359	359	224	159	304
37	241	7	6	215	158	304
38	242	14	17	211	156	304
39	243	21	21	206	153	304
40	244	24	40	200	151	303
41	244	33	48	194	148	302
42	246	36	51	188	145	302
43	247	42	66	181	144	302
44	248	47	71	178	141	301
45	249	54	83	175	137	301
46	249	59	85	173	133	301
47	252	64	98	164	131	300
48	252	72	103	162	129	300
49	254	78	108	154	126	300
50	254	86	114	148	124	300
⋮						

因为水下机器人的工作环境复杂，同时还由于数据通信个别情况下的不稳定，所以在测试数据中有时会出现一些较大的跳变等异常，在数据处理时，可以将这些异常数据除去。

6.3　推进器故障在线辨识实验结果分析

对水下机器人 OUTLAND1000 实验系统的每一种故障模式，用前面所述的几组电压分别进行故障信号测试，得到所有实验数据，然后可以用其中的"正常状况"、"轻微拥堵1"、"中等拥堵3"、"严重拥堵4"作故障样本，用"轻微拥堵2"、"完全失效"来检验训练后神经网络的故障识别效果。表6-5为样本实验数据。

首先在推进器故障时，通过加入不同推进电压记录机器人罗经输出信号,将相邻艏向信号相减除以采样周期,可得机器人方向变化率,得到表6－5所列样本数据,表6－5第一栏输入控制信号为尾部推进器的控制信号,其变化范围为[－1,＋1];第二栏是 OUTLAND1000 在推进器1故障时的方向变化率,进而训练神经网络,即可得到推进器拥堵故障辨识器。

表6－5　故障样本实验数据

故障模式	神经网络训练样本							
严重拥堵4	输入	控制信号	0.25	0.5	0.75	－0.75	－0.5	－0.25
		方向变化率	0.0336	0.1577	0.2281	－0.1524	－0.0764	－0.0145
	输出	拥堵系数	0.75	0.75	0.75	0.75	0.75	0.75
中等拥堵3	输入	控制信号	0.25	0.5	0.75	－0.75	－0.5	－0.25
		方向变化率	0.0218	0.1540	0.2057	－0.1252	－0.0693	－0.0144
	输出	拥堵系数	0.5	0.5	0.5	0.5	0.5	0.5
轻微拥堵1	输入	控制信号	0.25	0.5	0.75	－0.75	－0.5	－0.25
		方向变化率	0.0123	0.1343	0.1445	－0.1108	－0.0450	－0.0137
	输出	拥堵系数	0.25	0.25	0.25	0.25	0.25	0.25
正常状况	输入	控制信号	0.25	0.5	0.75	－0.75	－0.5	－0.25
		方向变化率	0	0	0	0	0	0
	输出	拥堵系数	0	0	0	0	0	0

6.3.1　神经网络在线辨识实时性分析

图6－9为 CA－CMAC 神经网络故障在线辨识50个训练周期的绝对误差图,图6－10为 BP 神经网络训练的绝对误差图。绝对误差的定义见式(6－10),其中,n 为总状态数,$\bar{y}_s$ 为期望输出值,y_s 是实际输出数值。

$$TAE = \sum_{s=1}^{n} \left| \bar{y}_s - y_s \right| \qquad (6-10)$$

它所对应的训练样本即为表6－5中的样本数据。从图中可以看

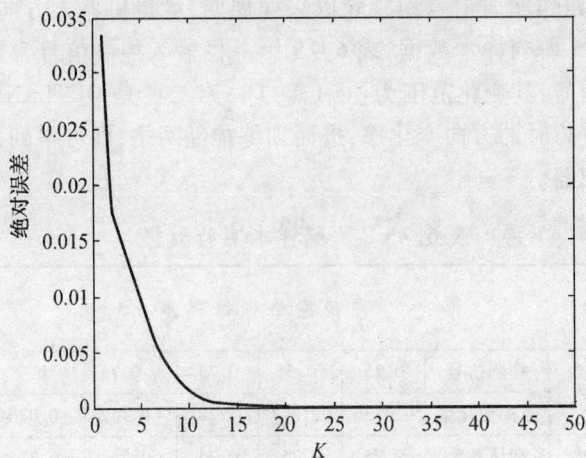

图 6 - 9   CA – CMAC 训练绝对误差图

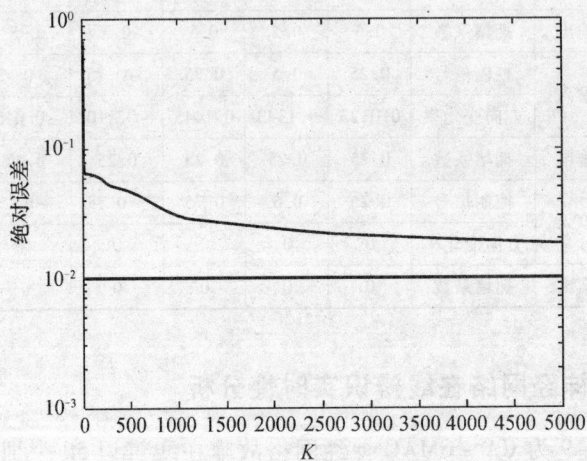

图 6 - 10   BP 训练绝对误差图

出,误差下降非常快,特别是从第 10 个周期开始,误差都保持在一个非常接近零的位置。所以,在训练 50 个周期后,此网络便可以作为故障在线辨识模型,来进行推进器故障的诊断,以表 6 - 6 中的控制信号和转向变化率为输入,输出即为待诊断的故障拥堵系数。

　　而与之作比较的 BP 神经网络信息融合在线故障辨识模型,训练效果要差一些。此处选用的是具有 2 个输入节点(以控制信号和转向变化率为输入)、6 个中间节点和 1 个输出节点(拥堵系数为输出)的 3 层 BP 神经网络,网络目标函数为 0.01。如图 6 - 10 所示,BP 神经网络的训练周期较长,直到 1000 多个周期以后,才渐渐平稳下来趋近于一个值,同时,误差较 CA - CMAC 要大。BP 是一个全局逼近网络,对于每一个输入/输出数据对,网络的每一个连接权值都需要进行调整,同时采用梯度下降算法,从而导致速度较慢。CMAC 是局部逼近网络,只调整部分权值,采用简单的 δ 算法,其收敛速度要比 BP 算法快很多,且不存在局部极小问题,在训练精度与训练时间上存在明显优势。而 CA - CAMC 更是由于引入了信度分配的概念,使权值学习更加合理,有效地改善了学习性能。从两图的比较中也可以看出,CA - CMAC 神经网络训练效果要比 BP 神经网络好得多。

6.3.2　神经网络在线辨识准确性分析

　　表 6 - 6 是应用实际测试的拥堵故障数据对训练的神经网络进行故障辨识效果测试[26]。从表 6 - 6 可以看出,因为实验中的一些客观条件(如噪声信号干扰等)和主观不确定性(样本拥堵系数规划的不合理性等)的影响,虽然存在一些误差,但是无论是故障样本中已出现的模式如"中等拥堵 3",还是在故障样本中未出现的故障模式如"轻微拥堵 2"和"完全失效",其 CA - CMAC 故障辨识器输出均接近实际的拥堵系数,可见 CA - CMAC 故障拥堵辨识器可以较好地完成水下机器人推进器拥堵故障辨识任务。但对 SOM 神经网络故障辨识来说,当故障模式在训练样本中出现时,即为"已知故障"时,SOM 神经网络的辨识结果完全与故障模式的拥堵系数一致,一旦出现训练样本以外的故障,即"未知故障",如"轻微拥堵 $2:s=0.3$",则其辨识误差很大,其输出结果要么为 0.25,要么为 0.5,与实际拥堵系数 0.3 差距甚大,这主要是 SOM 的离散输出特性决定的,它只能在已有故障模式中选择一个靠近的故障模式输出;对未知故障,BP 神经网络输出虽然要比 SOM 好,但不及 CA - CMAC 故障辨识,而且故障辨识实时性差。在此种情况下,CA - CMAC 信息融合故障辨识效果最好,十分接近实际的拥堵状况。

表 6 – 6　神经网络故障识别结果

故障模式	故 障 识 别 结 果							
中等拥堵3：$s=0.5$	输入	控制信号	0.25	0.5	0.75	– 0.75	– 0.5	– 0.25
		方向变化率	0.0223	0.1548	0.2061	– 0.1653	– 0.0795	– 0.0253
	输出（拥堵系数）	SOM 输出	0.5	0.5	0.5	0.5	0.5	0.5
		CA – CMAC 输出	0.5647	0.5717	0.5352	0.5380	0.5383	0.5332
		BP 输出	0.4128	0.5575	0.4884	0.3636	0.4625	0.5339
轻微拥堵2：$s=0.3$	输入	控制信号	0.25	0.5	0.75	– 0.75	– 0.5	– 0.25
		方向变化率	0.0152	0.1387	0.1648	– 0.1152	– 0.0502	– 0.0138
	输出（拥堵系数）	SOM 输出	0.5	0.25	0.5	0.5	0.5	0.5
		CA – CMAC 输出	0.3307	0.2807	0.3612	0.3619	0.3534	0.3604
		BP 输出	0.3834	0.3883	0.3157	0.3176	0.5288	0.5332
完全失效：$s=1$	输入	控制信号	0.25	0.5	0.75	– 0.75	– 0.5	– 0.25
		方向变化率	0.0401	0.1653	0.2831	– 0.1653	– 0.0795	– 0.0253
	输出（拥堵系数）	SOM 输出	0.75	0.75	0.75	0.75	0.75	0.75
		CA – CMAC 输出	0.9713	0.9305	0.9918	0.9749	0.9862	0.9645
		BP 输出	0.8055	0.7160	0.7990	0.8350	0.8124	0.7605

　　为了说明 CA – CMAC 故障在线辨识器的优越性,此处进一步将其与 BP 神经网络和 SOM 神经网络的实验结果作一个具体的比较。

1. CA – CMAC 神经网络与 SOM 自组织特征映射神经网络结果比照分析

　　SOM 神经网络的结果是一个离散型的结果,而本实验中的样本训练里面只出现过 4 种故障模式,即拥堵系数分别是 0、0.25、0.5 和 0.75,所以在它的输出中也只可能出现这 4 个数字。中等拥堵 3（拥堵系数为 0.5）时,结果趋近于 0.5,那么它的输出便是 0.5;而在轻度拥堵 2（拥堵系数为 0.3）时,这是一个不曾出现在样本中的故障,于是 SOM 神经网络只能在接近于这个状况的已有样本故障中,选择一个输出,即在相近的 0.25 和 0.5 中选择一个输出,从表 6 – 6 可以看出这一现象;同样没有出现在样本训练中的完全失效（拥堵系数为 1）的情况,它的输出也只能在 4 个数字中选择最与之相近的,所以在完全失效的故障下,SOM 神经网络诊断出来的故障系数全是 0.75。因此,SOM 神经网络只能简单诊断出几种固有的故障状态,一旦出现样本中不曾出现的故障,其故障辨识器的误差很大,有时将无法使用。

而 CA - CMAC 神经网络可以识别各种连续变化的故障情况,同时由于其具有的局部泛化能力,可以辨识在训练样本中未出现的故障。例如,在推进器完全失效故障的状况下,其输出的拥堵系数没有像 SOM 神经网络那样简单地处理成 0.75,而是按照其特性,输出趋近于 1 的拥堵系数,较为准确地反映了其故障程度。虽然存在一定的误差,使得结果有些偏小,但还是能在一定程度上实现较为准确的故障诊断结果。

2. CA - CMAC 神经网络与 BP 神经网络结果比照分析

对 CA - CMAC 与 BP 的特性,在前文中已进行了简单的分析,在其训练过程中,BP 神经网络的训练周期较长,这样花费的故障诊断时间也随之变长。但在本实验中,神经网络训练是离线实现的,从实时性看,对其故障诊断效果影响不大。

但和 SOM 辨识相比,BP 在非样本故障状况下精度较高,不过与 CA - CMAC 神经网络故障辨识器相比,准确度不如 CA - CMAC 神经网络故障辨识器。所以,CA - CMAC 神经网络故障辨识器比起 BP 神经网络故障辨识器具有更高的稳定性和准确度。

6.4　推进器拥堵故障的容错控制及水池实验

在故障辨识基础上,针对不同布置的推进器系统——从简单的双推进器到各种复杂的冗余推进系统,综合应用 PID 控制、伪逆控制、智能优化计算等控制律重构策略,实现容错控制,解决水下机器人推进系统故障诊断与容错控制的关键技术问题。

对 OUTLAND1000 水下机器人巡航状态容错控制来说,由于推进器数量较少,直接应用力矩求和计算方法,重构容错控制规律,最后对重构控制规律作用下的剩余误差,再采用 PID 闭环控制进行微调。OUTLAND1000 系统的容错控制结构如图 6 - 11 所示。容错控制原理:

设图 6-6(a)的尾部推进器 1 和 2 的直推控制信号 $\bar{u}_1 = u_1/u_m$(u_1 为推进器电动机控制电压,u_m 为推进器电动机最大控制电压,对应最大推力为 τ_{xm}),移位后的侧推进器 3 的正向控制信号 $\bar{u}_3 = u_3/u_m$,在 $\bar{u}_1$ 一定时,推进器 1 故障状况下通过转矩推算推进器 3 的控制信号 $\bar{u}_3$ 来平衡容错,少量的误差通过 PID 运算控制量 $\bar{u}'_3$ 附加在 $\bar{u}_3$ 上,得到最后的容错控制规一化控制信号 $\bar{u}_{FTC} = \bar{u}_3 + \bar{u}'_3$。

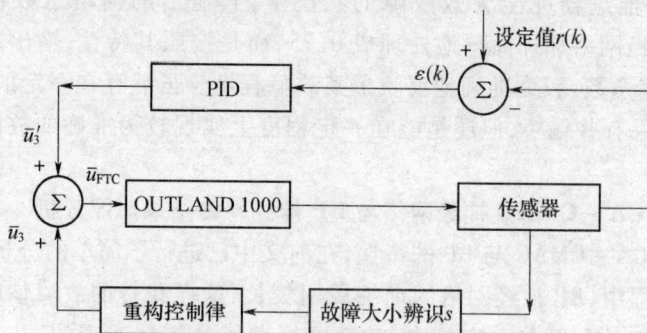

图 6-11　推进器容错原理图

6.4.1　单参数容错

单参数容错是指仅要求水下机器人方向保持一定。对此种单参数容错控制,只要保证故障状况下,机器人的水平面转矩 $\bar{\tau}_N = 0$ 即可。

在后置推进器 1 出现拥堵故障后,由神经网络故障辨识器计算出故障拥堵系数 s,针对图 6-6(a)所示的推进器布置,由机器人推力与控制信号之间的关系,得到水平面力矩为

$$\bar{\tau}_N = \bar{u}_1^2 \cdot a/2 - \bar{u}_1^2(1-s)a/2 - (b-21)\bar{u}_3^2 = 0 \quad (6-11)$$

由式(6-11)得到

$$\bar{u}_3 = \sqrt{\frac{as}{2(b-21)}}\bar{u}_1 = \sqrt{1.9s} \cdot \bar{u}_1 \quad (6-12)$$

对不同尾部推进器控制信号 $\bar{u}_1$,有不同容错控制信号 $\bar{u}_3$ 存在,即存在多组解。

6.4.2　双参数控制容错

双参数容错控制是要求机器人既航向稳定,又要有固定航速。如设定容错控制状态 $\bar{\tau}_d = [\bar{\tau}_{dx}\ \bar{\tau}_{dy}\ \bar{\tau}_{dN}]^T = [0.5\ 0\ 0\ 0\ 0]^T$,即要求水下机器人 OUTLAND1000 在水平面沿 x 方向一定保持一定速度航行。$\bar{\tau}_{dx}$、$\bar{\tau}_{dy}$ 分别为设定的 x、y 方向规一化推力矩,$\bar{\tau}_{dN}$ 为水平面归一化推力矩。假设后置左推进器 1 出现拥堵故障后,通过 CMAC 模型测试计算出故障拥堵系数 s,由 $\bar{\tau}_N = \bar{u}_1^2 \cdot a/2 - \bar{u}_1^2(1-s)a/2 - (b-21)\bar{u}_3^2 = 0$ 同样可以得到式(6-12),可以确定 $\bar{u}_3$ 与 $\bar{u}_1$ 的关系。另外,为了保持一定航速,要求 $\bar{\tau}_x = 0.5$,则有

$$\bar{\tau}_{dx} = \bar{u}_1^2 + (1-s)\bar{u}_1^2 = 0.5 \qquad (6-13)$$

由式(6-13)可得

$$\bar{u}_1 = \sqrt{\frac{\bar{\tau}_{dx}}{2-s}} \qquad (6-14)$$

实际推进器故障容错时,首先由 CA - CMAC 测试计算拥堵系数 s,对给定的 $\bar{\tau}_d = [\bar{\tau}_{dx}\ \bar{\tau}_{dy}\ \bar{\tau}_{dN}]^T$,可以根据式(6-12)和式(6-14)重构推进器控制矩阵 $\bar{u} = [\bar{u}_1\ \bar{u}_2\ \bar{u}_3]^T = [\bar{u}_1\ \bar{u}_1\ \sqrt{1.9s} \cdot \bar{u}_1]^T$,最后对重构控制规律作用下的系统误差,再采用 PID 闭环控制进行微调,直到系统达到定速、直航运动状态。

6.4.3　容错控制实验结果分析

对单参数容错控制来说[27],不同的输入控制信号 $\bar{u}_1$,则有不同的容错控制信号 $\bar{u}_3$ 存在,即存在多组解。表 6-7 为单参数定向容错控制的部分实验数据("轻微拥堵 2:拥堵系数 $s = 0.3$")。图 6-12 为推进器"轻微拥堵 2:拥堵系数 $s = 0.3$"情况下的定向容错控制曲线(定向为 290°)。给定 $\bar{u}_1 = 0.5$,由式(6-12)得到 $\bar{u}_3 = \sqrt{1.9 \times 0.3} \cdot 0.5 = 0.38$。重构后的控制矩阵 $\bar{u} = [\bar{u}_1, \bar{u}_2, \bar{u}_3]^T = [\bar{u}_1, \bar{u}_1, \sqrt{1.9s} \cdot \bar{u}_1]^T = [0.5, 0.5, 0.38]^T$。实验中采样周期仍为 200ms。

表 6 - 7　定向(290°)容错控制部分实验数据　单位:(°)

对应时刻	无容错时罗经输出	容错罗经输出	对应时刻	无容错时罗经输出	容错罗经输出	对应时刻	无容错时罗经输出	容错罗经输出	对应时刻	无容错时罗经输出	容错罗经输出
1	294	294	38	47	288	19	345	288	56	111	290
2	297	295	39	52	288	20	349	289	57	114	290
3	301	294	40	55	289	21	354	289	58	118	290
4	301	295	41	59	288	22	358	289	59	122	290
5	306	295	42	62	289	23	1	290	60	124	290
6	309	294	43	65	290	24	5	292	61	128	290
7	312	293	44	68	290	25	7	290	62	131	289
8	313	292	45	73	290	26	10	286	63	132	289
9	318	290	46	75	290	27	13	285	64	137	289
10	319	290	47	80	290	28	17	285	65	139	288
11	321	290	48	81	290	29	19	284	66	142	288
12	325	288	49	85	292	30	24	284	67	145	288
13	328	287	50	89	290	31	25	284	68	153	288
14	331	286	51	95	292	32	28	285	69	155	288
15	334	286	52	95	290	33	33	285	70	159	288
16	337	287	53	102	290	34	35	285	71	163	288
17	340	287	54	103	290	35	38	285	72	166	288
18	343	287	55	108	290	36	42	286	73	168	288
⋮						⋮					

从图 6 - 12 和表 6 - 7 的数据均可看出,当尾部某个推进器出现拥堵故障后,未加容错控制时,机器人在水平面做等速转向循环运动,罗经输出从 0 ~ 360°循环变化,系统完全偏离了设定控制状态 290°;加入容错控制电压 $\bar{u}_3 = 0.38$ 和 PID 微调电压后,最后使机器人的方向控制在 290° ± 2°,完全达到了系统的容错控制要求。

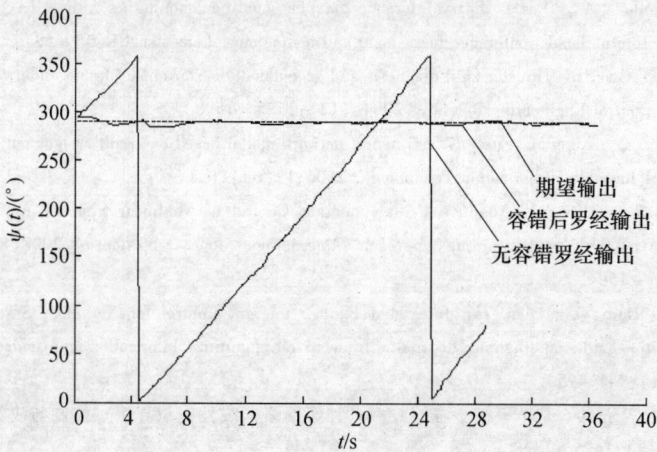

图 6 - 12　定向容错控制曲线

参 考 文 献

[1] Gianluca A. Underwater Robots Motion and Force Control, Springer - Verlag Berlin Heidelberg, 2006, 2nd Edition:78 - 93.

[2] Yoerger D G,Slotine J J E. Adaptive sliding control of an experimental underwater vehicle. Proceedings of IEEE International Conference on Robotics and Automation, California, USA, 1991:2746 - 2751.

[3] Yang K C,Yuh J, Choi S K. Experimental study of fault - tolerant system design for underwater robots. Proceeding of the IEEE international conference on Robotics and Automation,Leuven, Belgium,1998.

[4] Yang K C ,Choi S K. Fault - tolerant system design of an autonomous underwater vehicle—ODIN: an experimental study. International Journal of Systems Science, 1999,30(9):1011 - 1019.

[5] Podder T K,Sarkar N. Fault tolerant decomposition of thruster forces of an autonomous underwater vehicle. Proceeding of the IEEE international conference on Robotics and Automation, Detroit, MIT, USA, 1999.

[6] Podder T K, Antonelli G,Sarkar N. Fault tolerant control of an autonomous underwater vehicle under thruster redundancy: Simulation and experiments. Proceedings of IEEE International Conference on Robotics and Automation, San Francisco, USA, 2000:276 - 285.

[7] Podder T K, Sarkar N. Fault - tolerant control of an autonomous underwater vehicle under thruster redundancy. Robotics and Autonomous Systems, 2001,34(1):39 - 52.

[8] Cuadrado A A, Diaz I. Fuzzy inference ma Pfor condition monitoring with self – organizing maps. International Conference fuzzy logic and technology, Leicester,UK:55 – 58.

[9] Edin O,Geoff R. Thruster fault diagnosis and accommodation for open – frame underwater vehicles. Control Engineering Practice, 2004,(12):1575 – 1598.

[10] Zhu D Q, Kong M. Fuzzy CMAC neural network model based on credit assignment. International Journal of Information Technology, 2006,12(6):1 – 8.

[11] Zhu D Q, Kong M. Adaptive Fault – tolerant Control of Nonlinear System:An Improved CMAC Based Fault Learning Approach. International Journal of Control, 2008,80(10): 1576 – 1594.

[12] Zhu Daqi, Liu Qian. An Integrated Fault – tolerant Control for Nonlinear Systems with Multi – Fault. International Journal of Innovative Computing, Information and Control, 2009, 5(4):941 – 950.

[13] 朱大奇,张伟. 基于平衡学习的 CMAC 神经网络非线性辨识算法. 控制与决策,2004, 19(12):1425 – 1428.

[14] Zhu Daqi, Kong Min. Fault – tolerant control of dynamic nonlinear system using credit assign fuzzy CMAC. ACTA Automatica Sinica(自动化学报),2006,32(3):329 – 336.

[15] 朱大奇,胡震. 无人水下机器人可靠性控制技术综述. 中国造船,2009,50(2): 183 – 192.

[16] 朱大奇,史慧. 人工神经网络原理与应用. 北京:科学出版社,2006.

[17] Albus J S. A new approach to manipulator control:The cerebellar model articulation controller (CMAC). ASME J. Dynamic Systems,Measurement,Contorl,1975:220 – 227.

[18] Albus J S. Data storage in cerebellar model articulation controller(CMAC),ASME J. Dynamic Systems,Measurement,Contorl,1975:228 – 233.

[19] Wong Y F,Sideris A. Learning convergence in cerebellar model articulation controller. IEEE Trans. Neural Networks,1992,3(1):115 – 121.

[20] Lin C S,Chiang C T. Learning convergence of CMAC technique. IEEE Trans. Neural Networks,1997,8(6):1281 – 1292.

[21] 孔敏. CMAC 神经网络快速学习算法及其在容错控制中的应用. 硕士论文. 江南大学,2006.

[22] Shun – Feng S,Ted T,Hung TH. Credit assigned CMAC and its application to online learning robust controllers. IEEE Trans. On Systems, Man, and Cybernetics——Part B:Cybernetics, 2003,33(2):202 – 213.

[23] 韩力群. 人工神经网络的理论、设计及应用. 北京:化学工业出版社,2002.

[24] Kohonen T. Self – Organization and associative memory. 3rd Edition. Spring Verlag,1989.

[25] Kohonen T. Learning vector quantization. Neural Networks,1988,1(4):290 – 303.

[26] 陈艾琴. 基于 CA – CMAC 神经网络的无人水下机器人推进器故障诊断方法研究. 硕士论文. 上海海事大学,2009.

[27] Liu Qian ,Zhu Daqi. Fault – tolerant Control of Unmanned Underwater Vehicles:Simulations and Experiments. International Journal of Advanced Robotic Systems, 2009,6(4):301 – 308.

第 7 章 水下机器人故障诊断与容错控制仿真

第 6 章主要讨论了 OUTLAND1000 水下机器人推进器故障辨识融合算法与容错控制实验系统。本章从计算机仿真角度研究电机驱动的水下机器人推进器故障在线神经网络辨识与容错控制,以"FALCON"和"URIS"两种 ROV 水下机器人为研究对象,将推进器简化为直流控制电机加减速器模式,推进器拥堵故障考虑为连续、时变故障形式,而非几种人为规定的固定模式[4-9],通过采集控制电机的转速来检测水下机器人推进器故障,利用 CA - CMAC 神经网络进行推进器故障程度的在线辨识;进而,给出水下机器人推进器故障涌堵系数 s_i 的计算公式,并将推进器故障辨识结果与基于伪逆控制的控制律重构算法相结合,实现水下机器人推进系统故障的主动集成容错控制,给出单故障、多故障情形下的水下机器人推进器故障在线辨识与容错控制计算机仿真结果[12-14],从理论仿真上探讨水下机器人推进器系统的在线故障辨识与容错控制。

最后,分析伪逆重构容错控制矩阵的缺陷,提出一种基于遗传算法优化的控制矩阵产生算法,并给出不同故障数目情况下不同配置推进器的水下机器人(FALCON、URIS)仿真容错结果。

7.1 FALCON 推进器的配置

以上海海事大学水下机器人与智能系统实验室的"FALCON"号开架水下机器人为研究对象,其结构配置如图 7 - 1 所示。它有 5 个电机驱动的推进器,其中水平面上 4 个推进器,呈对称排列,垂直面上 1 个推进器,其水平面推进器结构布置的实物照片如图 7 - 1(a)所示,其推进器具体位置如图 7 - 1(c)所示[3]。"FALCON"能直接控制 4 个自由度——进退、横移、回转和潜浮，如图 7 - 1(b)所示[3]。此处以最有代表性的水平面运动控制为例来讨论推进器故障与容错。它有 4 个推进器($i=1,2,3,4$)，可直接控制 3 个水平面自由度——进退、横移、回转，因此，有一个冗余的推进器存在，当某个推进器完全实效或部分实效时，可将其损失的控制作用按某种准则分配到其他推进器，实现机器人容错控制。

(a) FALCON 的水平面4个推进器布置

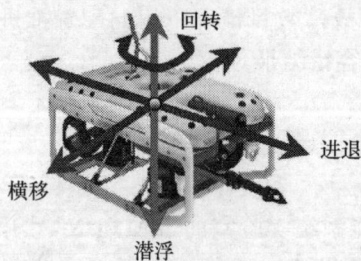

(b) FALCON控制参量

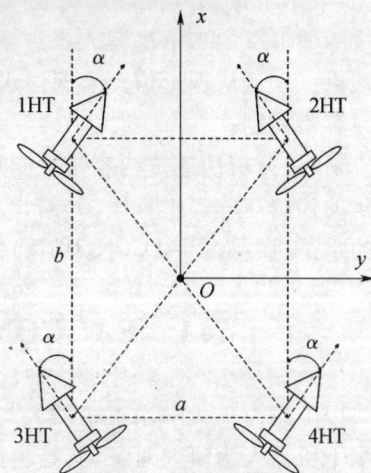

(c) FALCON推进器具体位置

图 7 - 1　FALCON 机器人推进器配置

7.1.1　推进器推力分配

水下机器人在水平面的某一运动状态可以用状态矢量 $\boldsymbol{\tau}_d = [\tau_X\ \tau_Y\ \tau_N]$ 来表示,其中 τ_X 为 x 方向前进推力和,τ_Y 为 y 方向横移推力和,τ_N 为水平面内转矩和。对水下机器人水平面控制来说,每一组 $\boldsymbol{\tau}_d = [\tau_X\ \tau_Y\ \tau_N]$,对一定的水下环境,总对应着一个特定的运动状态。

对水下机器人控制来说,就是寻找到 4 个水平面推进器各自的控制信号 $u_i(i=1,2,3,4)$,即控制矩阵,使它们产生的推力和力矩矢量 $\boldsymbol{\tau}$ 满足 $\boldsymbol{\tau}=\boldsymbol{\tau}_d$;对水下机器人容错控制来说,就是在机器人故障状况下,重新构造新的推进器控制信号 $u_i(i=1,2,3,4)$,从而使其在故障情形下,产生的推力和力矩矢量 $\boldsymbol{\tau}$ 仍然满足 $\boldsymbol{\tau}=\boldsymbol{\tau}_d$。

根据水下机器人推进系统的工作原理,设 T_i 为第 i 个推进器的推力,Q_i 为第 i 个推进器的推力矩,r_i 为位移矢量,n_i 为第 i 个推进器的转速,u_i 为第 i 个推进器的控制电压,一般有[1-3] $T_i = K_1 n_i^2$,转速 n_i 与控制电压 u_i 可以近似为 $n_i = K_2 u_i$,由此可以得到推力与力矩的表达式如下:

$$T_i = K u_i^2, Q_i = r_i \times K u_i^2 \quad (i=1,2,3,4) \qquad (7-1)$$

式中:$K=K_1 K_2$ 近似为常数。对图 7-1 的 FALCON 推进器配置来说,设定参数 $A=(b/2)\sin\alpha+(a/2)\cos\alpha$,则有

$$\boldsymbol{\tau} = \begin{bmatrix} \tau_X \\ \tau_Y \\ \tau_N \end{bmatrix} = \begin{bmatrix} K\cos\alpha & K\cos\alpha & K\cos\alpha & K\cos\alpha \\ K\sin\alpha & -K\sin\alpha & K\sin\alpha & -K\sin\alpha \\ KA & -KA & -KA & KA \end{bmatrix} \begin{bmatrix} u_1^2 \\ u_2^2 \\ u_3^2 \\ u_4^2 \end{bmatrix} = \boldsymbol{B}\cdot\boldsymbol{u}$$

$$(7-2)$$

式中:$\boldsymbol{u} = [u_1^2\ \ u_2^2\ \ u_3^2\ \ u_4^2]$。设每个推进器的 u_i 满足

$$-u_m \leqslant u_i \leqslant u_m \quad (i=1,2,3,4) \qquad (7-3)$$

u_m 为推进器控制电机的最大控制电压,则有

$$\tau_{Xm} = 4T_m\cos\alpha = 4Ku_m^2\cos\alpha \Rightarrow K\cos\alpha = \frac{\tau_{Xm}}{4u_m^2} \qquad (7-4)$$

$$\tau_{Ym} = 4T_m\sin\alpha = 4Ku_m^2\sin\alpha \Rightarrow K\sin\alpha = \frac{\tau_{Ym}}{4u_m^2} \qquad (7-5)$$

$$\tau_{Nm} = 4T_m A = 4Ku_m^2 A \Rightarrow KA = \frac{\tau_{Nm}}{4u_m^2} \qquad (7-6)$$

由式(7-2)、式(7-4)、式(7-5)和式(7-6)可得

$$\begin{bmatrix} \dfrac{\tau_X}{\tau_{Xm}} \\ \dfrac{\tau_Y}{\tau_{Ym}} \\ \dfrac{\tau_N}{\tau_{Nm}} \end{bmatrix} = \begin{bmatrix} \dfrac{1}{4} & \dfrac{1}{4} & \dfrac{1}{4} & \dfrac{1}{4} \\ \dfrac{1}{4} & -\dfrac{1}{4} & \dfrac{1}{4} & -\dfrac{1}{4} \\ \dfrac{1}{4} & -\dfrac{1}{4} & -\dfrac{1}{4} & \dfrac{1}{4} \end{bmatrix} \cdot \begin{bmatrix} \dfrac{u_1^2}{u_m^2} \\ \dfrac{u_2^2}{u_m^2} \\ \dfrac{u_3^2}{u_m^2} \\ \dfrac{u_4^2}{u_m^2} \end{bmatrix} \Leftrightarrow \bar{\tau} = \bar{B} \cdot \bar{u} = \bar{B} \cdot \begin{bmatrix} \bar{u}_1 \\ \bar{u}_2 \\ \bar{u}_3 \\ \bar{u}_4 \end{bmatrix}$$

$$(7-7)$$

式(7-7)为归一化状态矢量表达式,式中 $\bar{B}$ 与水平面推进器配置有关; $-1 \leqslant \bar{\tau}_i \leqslant 1, i = X, Y, N$;控制项 $\bar{u}_i$ 满足 $-1 \leqslant \bar{u}_i \leqslant 1, i = 1,2,3,4$。

对式(7-7)来说,在推进器无故障时,一定的控制电压 $\bar{u}$ 会产生相应的转速 $\bar{n}$,进而得到相应的推力和力矩;当推进器有外部故障出现时,对同样的控制项 $\bar{u}$,其输出转速 $\bar{n}$ 会由于故障的存在而减少,以至无法获得相应的推力和力矩,即出现所谓的"控制电压虚高"情况。此时,推进器转速更能准确反映推进器实际工作时的推力与力矩。因此,对"FALCON"可以用式(7-8)计算水下机器人的实际的受力状态 $\bar{\tau}$,并将 $\bar{\tau}$ 与期望的受力状态 $\bar{\tau}_d$ 比较,来评价水下机器人的容错控制效果。

$$\begin{bmatrix} \dfrac{\tau_X}{\tau_{Xm}} \\ \dfrac{\tau_Y}{\tau_{Ym}} \\ \dfrac{\tau_N}{\tau_{Nm}} \end{bmatrix} = \begin{bmatrix} \dfrac{1}{4} & \dfrac{1}{4} & \dfrac{1}{4} & \dfrac{1}{4} \\ \dfrac{1}{4} & -\dfrac{1}{4} & \dfrac{1}{4} & -\dfrac{1}{4} \\ \dfrac{1}{4} & -\dfrac{1}{4} & -\dfrac{1}{4} & \dfrac{1}{4} \end{bmatrix} \cdot \begin{bmatrix} (\dfrac{n_1}{n_m})^2 \\ (\dfrac{n_2}{n_m})^2 \\ (\dfrac{n_3}{n_m})^2 \\ (\dfrac{n_4}{n_m})^2 \end{bmatrix} \Leftrightarrow \bar{\tau} = \bar{B} \cdot \bar{n} = \bar{B} \cdot \begin{bmatrix} \bar{n}_1 \\ \bar{n}_2 \\ \bar{n}_3 \\ \bar{n}_4 \end{bmatrix}$$

$$(7-8)$$

式中：$-1 \leqslant \bar{\tau}_i \leqslant 1, i = X, Y, N$；转速项 $\bar{n}_i$ 满足 $-1 \leqslant \bar{n}_i \leqslant 1, i = 1, 2, 3, 4$。

7.1.2　推进器故障与优先权矩阵

对设定的水下机器人的受力状态 $\bar{\tau}_d$，从式(7-7)可以选择合适的控制电压矢量 $\bar{u}$ 来实现，由于绝大多数水下机器人的推进器个数比其要控制的自由度数大，因此，各个推进器可以工作于不同的电压，也就是说，对式(7-7)其控制信号矢量 $\bar{u}$ 的解有多个，甚至可以让某个推进器完全不工作，同样可以达到所设定的受力状态 $\bar{\tau}_d$。水下机器人推进系统的这种冗余设计，为推进器故障的容错控制提供了先决条件。此处用推进器优先权矩阵 W 来表达各个推进器的控制优先权：

$$W = \begin{bmatrix} w_1 & 0 & 0 & 0 \\ 0 & w_2 & 0 & 0 \\ 0 & 0 & w_3 & 0 \\ 0 & 0 & 0 & w_4 \end{bmatrix} \qquad (7-9)$$

在水下机器人故障诊断与容错控制中，推进器优先权矩阵 W 与推进器的故障直接相关，当推进器无故障时，各个推进器的优先权是相等的：$w_1 = w_2 = w_3 = w_4 = 1$；当推进器部分故障(如部分拥堵)和完全故障(不工作)时，w_i 则由式(7-10)～式(7-12)决定。

$$-1 \leqslant \bar{n}_i \leqslant 1 \quad (i = 1, 2, 3, 4) \qquad (7-10)$$

式中：$\bar{n}_i$ 为归一化的推进器转速，即实际转速与最大转速的比值。

s_i 为拥堵故障系数，$0 \leqslant s_i < 1$，取决于故障程度，如推进器 i 完全失效，则 $s_i \approx 1$；对部分拥堵故障，如 $s_i = 0.50$，则表示推进器的输出操作范围被限定在正常量程的 50%；$s_i = 0$，则表示推进器无故障。第 i 个推进器的优先权矩阵中对应的元素可以更新为

$$w_i = 1 + \Delta w_i, \Delta w_i = 2s_i / (1 - s_i) \qquad (7-11)$$

式中：s_i 与推进器的故障大小程度密切相关。设 f_i 为第 i 个推进器因拥堵故障而损失的转速项，此处定义 s_i 为[12,13]

$$s_i = f_i / \bar{n}_i \qquad (7-12)$$

式中：$0 \leqslant f_i < \bar{n}_i$，$\bar{n}_i$ 为某故障推进器正常输出转速项。当推进器无故障时，$f_i = 0$，$s_i = 0$；当推进器完全失效时，$f_i \approx \bar{n}_i$，$s_i \approx 1$。

前面已述水下机器人推进器的故障模式主要可以分为两大类：一是内部故障，主要指推进器内部器件故障及控制器的连接出现故障；二是外部故障，主要指水下机器人在水下工作时，由外部复杂多变的环境引起的推进器拥堵故障。在这两大类故障中，最易出现的是拥堵故障，它使推进器无法输出正常量程范围的推力和力矩。对推进器拥堵故障 f_i 来说，实际上其拥堵的程度是连续变化的，不确定的，与水下机器人当时的所处的运行状态和环境有关。因此将其设定为推进器完全正常和完全失效两种状态是不合适的，应用几种固定故障状态来表示，虽然与实际情况有所接近，但仍有较大距离，为了能实时诊断故障大小，此处利用 CA - CMAC 神经网络进行推进器故障程度的在线辨识与预测。

7.2　推进器故障诊断与容错控制模型

开架水下机器人的推进器故障诊断与容错控制结构如图 7 - 2 所示。

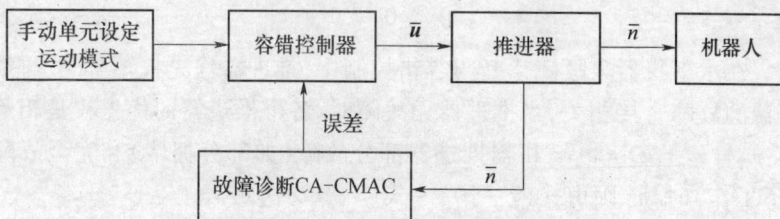

图 7 - 2　推进器故障诊断与容错控制结

水下机器人的受力状态可先通过手动控制单元设定为 $\bar{\tau}_d$，并计算出正常状况下的控制信号和相应转速。CA - CMAC 故障诊断装置通过采集推进器的输出转速，并与期望转速比较，检测故障是否发生，并学习故障大小及时变特性。故障检测主要采取阈值比较的方法，首先定义故障探测阈值 λ 大小以便检测系统故障，一旦期望转速与实际转速的偏差连续 5 个周期大于阈值则认为故障发生，初始化 CA - CMAC，用期望输出与实际输出的差值作为 CA - CMAC 神经网络在线故障评估器的期望输出，进行故障在线学习；如果期望转速与实际转速的偏差小于阈值 λ，则系统一直处于正常范围，不必启动在线故障评估器，具体的故障辨识算法可以参考文献 [10 - 11]。CA - CMAC 采用 2 维神经网络，其输入为两相邻的历史时间 $k, k-1$，输出为当前 $(k+1)$

时刻的故障大小。在辨识出故障后,容错系统根据故障大小由式(7-12)计算拥堵参数 s_i,进而由式(7-11)计算出推进器的优先权矩阵 $\boldsymbol{W}$,然后由下面的伪逆控制表达式(7-13)和式(7-14)计算出各个推进器的容错控制信号 $\bar{\boldsymbol{u}}$。

此处考虑水下机器人某个推进器出现时变故障时的系统容错情况,这时故障推进器将损失部分驱动作用,其控制目标是当故障出现后,设计一组新的控制信号,使4个推进器包括故障推进器,在故障情况下仍能达到预定的推力和力矩,从而保持原有的运动状态。为此,引用文献[2-3]推进器控制矩阵的伪逆重构方法产生容错控制矩阵:

$$\bar{\boldsymbol{u}} = \bar{\boldsymbol{B}}_w^+ \cdot \bar{\boldsymbol{\tau}}_d = (\boldsymbol{W}^{-1}\bar{\boldsymbol{B}}^{\mathrm{T}}(\bar{\boldsymbol{B}}\boldsymbol{W}^{-1}\bar{\boldsymbol{B}}^{\mathrm{T}})^{-1})\bar{\boldsymbol{\tau}}_d \qquad (7-13)$$

式中: $\bar{\boldsymbol{B}}_w^+$ 是推进器配置矩阵 $\bar{\boldsymbol{B}}$ 的伪逆权矩阵,与推进器布置相关; $\bar{\boldsymbol{u}} = \begin{bmatrix} \bar{u}_1 \\ \bar{u}_2 \\ \bar{u}_3 \\ \bar{u}_4 \end{bmatrix}$ 为式(7-7)中的控制项; $\bar{\boldsymbol{\tau}}_d$ 是水下机器人的设定状态。

对"FALCON"水下机器人, $\bar{\boldsymbol{B}}_w^+$ 可由下式给出[3]:

$$\bar{\boldsymbol{B}}_w^+ = \frac{1}{\sum_{i=1}^{4} w_i} \times \begin{bmatrix} 2(w_3+w_4) & 2(w_2+w_3) & 2(w_2+w_4) \\ 2(w_3+w_4) & -2(w_1+w_4) & -2(w_1+w_3) \\ 2(w_1+w_2) & 2(w_1+w_4) & -2(w_2+w_4) \\ 2(w_1+w_2) & -2(w_2+w_3) & 2(w_1+w_3) \end{bmatrix}$$

$$(7-14)$$

式中: w_i 为由式(7-11)计算出的各个推进器对应的优先权值。

7.3　推进器单故障诊断与容错控制仿真

7.3.1　仿真算例

这里推进器的拥堵故障主要通过驱动电机的转速改变来反映,CA-CMAC故障诊断装置通过采集推进器的输出转速,并与期望转速比

较,检测故障是否发生,并学习故障大小及时变特性。电机的模型为[1]

$$G(s) = \frac{\bar{n}(s)}{\bar{u}(s)} = \frac{K_m}{R_a(J \cdot s + d) + K_b K_m} \qquad (7-15)$$

式中:$\bar{n}(s)$ 和 $\bar{u}(s)$ 分别为驱动电机的归一化转速和控制电压;K_b,K_m,R_a,J,d 为电机常数。进一步可将式(7-15)表达为

$$A \cdot \dot{\bar{n}} + b \cdot \bar{n} = c \cdot \bar{u} \qquad (7-16)$$

对式(7-16)离散化,有

$$\bar{n}(k+1) = \left[1 - b \cdot \frac{\Delta t}{A}\right] \cdot \bar{n}(k) + \left[c \cdot \frac{\Delta t}{A}\right]\bar{u}(k) =$$
$$f_{\text{linear}}\bar{n}(k) + g_{\text{linear}}\bar{u}(k) \qquad (7-17)$$

式中:$\bar{n}(k+1)$ 和 $\bar{u}(k)$ 表示系统在 $(k+1)$ 时刻的转速和 k 时刻的控制输入,假设 $f_{\text{linear}} = 0.9$,$g_{\text{linear}} = 0.2$。当水下机器人发生未知突发性时变故障 $f_i(k) = \bar{n}(k)U(k-T)q(k)$ 时,系统方程变为

$$\bar{n}(k+1) = f_{\text{linear}}\bar{n}(k) + g_{\text{linear}}\bar{u}(k) - \bar{n}(k)U(k-T)q(k)$$
$$(7-18)$$

$$U(k-T) = \begin{cases} 0 & (k < T) \\ 1 & (k \geq T) \end{cases} \qquad (7-19)$$

仿真计算中假设未知故障变化函数 $q(k) = 0.2 \cdot \sin\left(\frac{\pi}{100} \cdot k + 0.5\right) + 0.3$,$T = 161$,且为推进器 1($i = 1$)故障。

设定水下机器人在水平面内的运动状态 $\boldsymbol{\tau}_d = \begin{bmatrix} 0.5 & 0 & 0 \end{bmatrix}^T$,CA - CMAC 故障诊断装置通过采集推进器的输出转速,并与期望转速比较,检测故障是否发生,并学习故障大小及时变特性。CA - CMAC 的参数为:$\beta_1 = 1$,$N_L = 18$。容错系统根据故障大小由式(7-12)计算拥堵参数 s_i,进而由式(7-11)计算出推进器的优先权矩阵 $\boldsymbol{W}$,然后由式(7-13)和式(7-14)计算出各个推进器的容错控制项 $\bar{\boldsymbol{u}}$,由式(7-18)可以计算出各个推进器在故障状况下的转速,最后应用式(7-8)计算水下机器人系统实际的推力与力矩 $\bar{\boldsymbol{\tau}} = \begin{bmatrix} \bar{\tau}_x & \bar{\tau}_Y & \bar{\tau}_N \end{bmatrix}^T$,由式(7-20)～式(7-22)计算实际推力、力矩与设定推力、力矩之间的误差,从而评价容错控制效果。

$$\Delta \bar{\tau}_X = \bar{\tau}_{dX} - \bar{\tau}_X \qquad (7-20)$$

$$\Delta \bar{\tau}_Y = \bar{\tau}_{dY} - \bar{\tau}_Y \qquad (7-21)$$

$$\Delta \bar{\tau}_N = \bar{\tau}_{dN} - \bar{\tau}_N \qquad (7-22)$$

7.3.2　推进器故障与容错控制结果分析

图 7-3 为"FALCON"机器人水平面内 4 个推进器的驱动电机转速项时间曲线,横坐标为采样周期,纵坐标为式(7-8)中的转速项,为归一化的转速($-1 \leqslant \bar{n}_i \leqslant 1, i=1,2,3,4$)。在 $T=161$ 时刻,第 1 个推进器($i=1$)出现一个突发性时变外部故障,在控制电压未变,即未加容错控制的情况下,第 1 个推进器的转速在原转速基础上减少,使电机的驱动功率发生损失,从而使水下机器人运动状态发生改变。

图 7-4 为"FALCON"水下机器人在水平面内 4 个推进器产生的 X、Y 方向推力和 Z 方向上的归一化力矩时间曲线、状态误差。从图中可见,由于在 $T=161$ 时刻,第 1 个推进器($i=1$)出现一个突发性时变外部故障,在未加容错控制的情况下,由于第 1 个推进器的转速在原转速基础上减少,从而使机器人运动状态发生改变,使 τ_X,τ_Y,τ_N 与正常无故障情况下的设定数值产生较大偏离,图 7-4 右侧即为"FALCON"水下机器人在 X,Y,Z 方向的推力、力矩的状态误差,很明显误差较大。

图 7-5 为由式(7-13)和式(7-14)计算得到的"FALCON"水下机器人水平面内 4 个推进器的归一化容错控制电压项($-1 \leqslant \bar{u}_i \leqslant 1, i=1, 2,3,4$),即式(7-7)的控制项,很明显 4 个推进器的容错控制电压,均在正常无故障控制电压的基础上发生相应的变化,推进器 1、3、4 控制电压数值在无故障控制电压基础上增加了,而推进器 2 控制电压数值则在无故障控制电压基础上减少了,推进器 1 的控制电压改变量最大,这是由于推进器 1 故障后,其优先权矩阵的对应元素增大的缘故。

图 7-6 为系统加上容错控制电压后,"FALCON"水下机器人水平面内 4 个推进器产生的 X、Y 方向推力和 Z 方向上的力矩时间曲线、状态误差。很明显,系统的控制性能得到了极大的改善,系统成功地补偿了第 1 个推进器由于故障损失的驱动功率,τ_X,τ_Y,τ_N 成功恢复到正常无故障情况下的设定数值。从图 7-6 右侧机器人在 X,Y,Z 方向的推力、力矩的状态误差可见,其期望状态与实际状态的偏离很小,水下机器人系统成功实现容错功能。

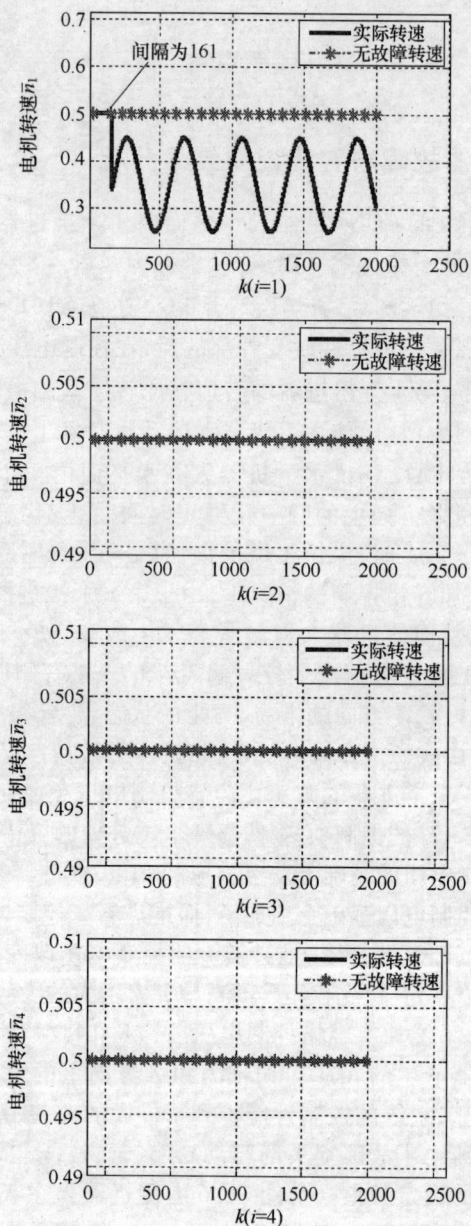

图 7 - 3   故障情形下未加容错控制时的水下机器人各推进器转速

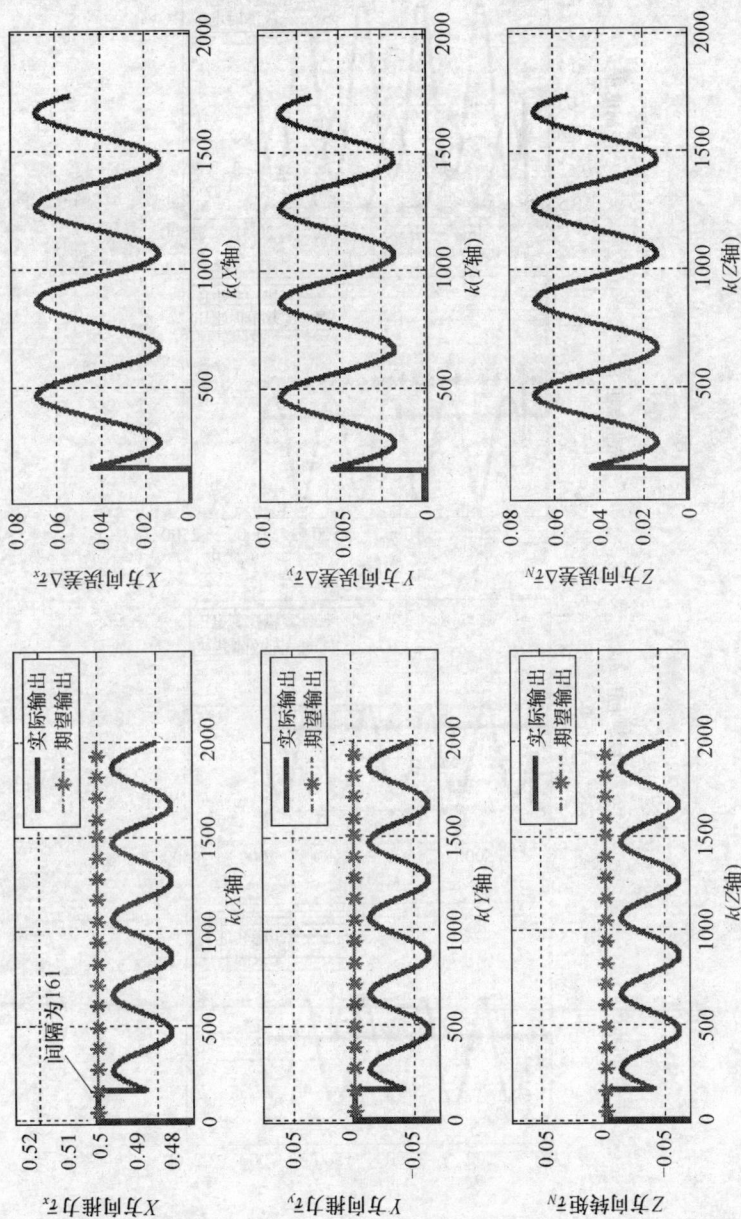

图7-4　故障情形下未加容错控制时机器人的实际输出推力、力矩及状态误差

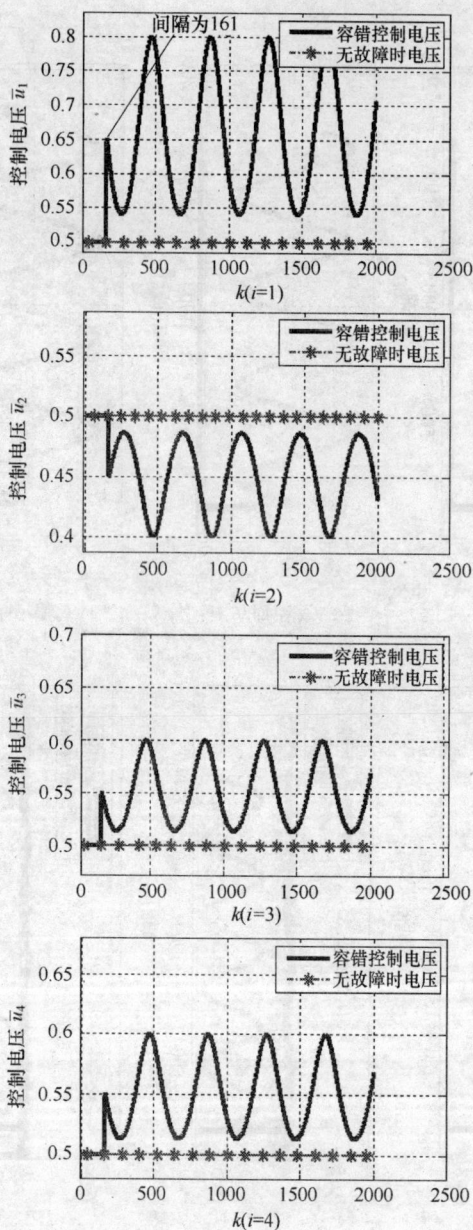

图 7 - 5 水下机器人各推进器的容错控制电压和无故障时的控制电压

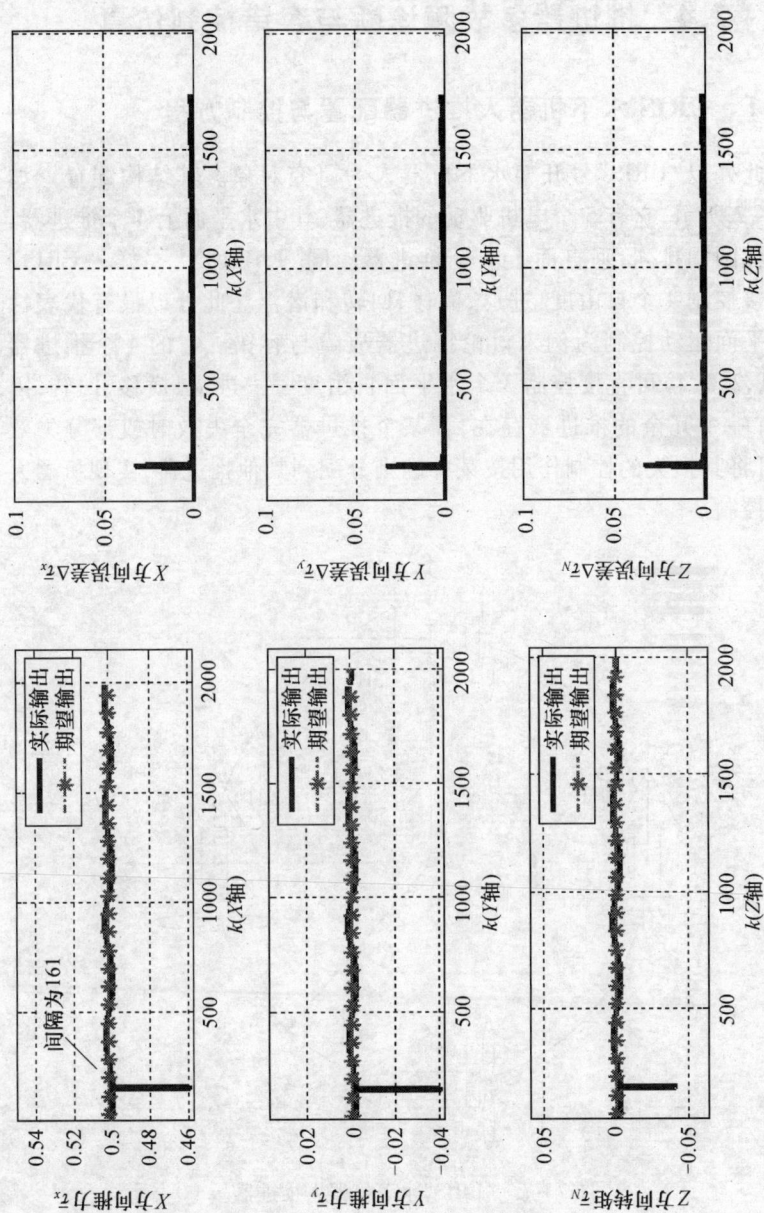

图7-6　加入容错控制规律后水下机器人的实际输出推力、力矩及状态误差

7.4　推进器多故障诊断与容错控制仿真

7.4.1　URIS 水下机器人推进器配置与控制方程

此处以"URIS"号开架水下机器人为研究对象。其结构配置[3]如图 7-7 所示,它有 5 个电机驱动的推进器,其中水平面上 4 个推进器,呈对称圆周排列,垂直面上 1 个推进器。同"FALCON"一样,"URIS"能直接控制 4 个自由度:进退、横移、回转和潜浮。此处以最有代表性的水平面运动控制为例来讨论推进器故障与容错。它的 4 个推进器($i=1,2,3,4$)可直接控制 3 个水平面自由度——进退、横移、回转,因此,有一个冗余的推进器存在,当某个推进器完全失效时或部分失效时,可将其损失的控制作用按某种准则分配到其他推进器,实现机器人容错控制。

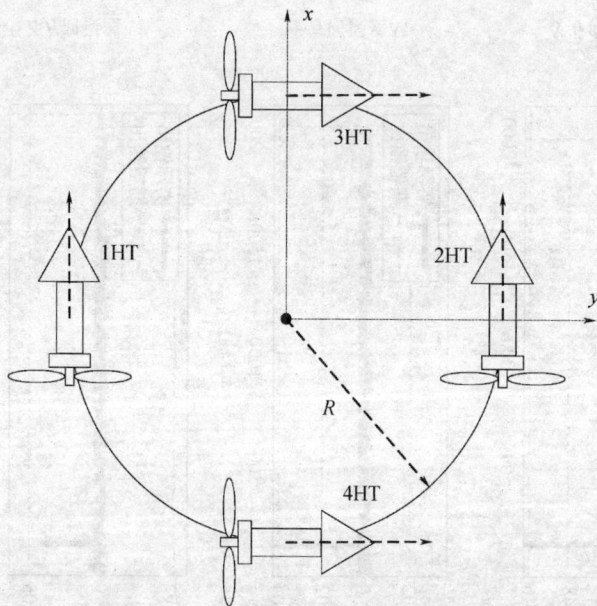

图 7-7　"URIS"水下机器人推进器

针对图 7 – 7 的"URIS"水下机器人推进器配置,与"FALCON"相对应,控制方程式(7 – 7)和式(7 – 8)分别修改为式(7 – 23)和式(7 – 24),式中 $-1 \leqslant \bar{u}_i \leqslant 1 (i = 1, 2, 3, 4)$, $-1 \leqslant \bar{\tau}_i \leqslant 1 (i = X, Y, N)$, $-1 \leqslant \bar{n}_i \leqslant 1 (i = 1, 2, 3, 4)$。

$$\begin{bmatrix} \dfrac{\tau_X}{\tau_{Xm}} \\[2mm] \dfrac{\tau_Y}{\tau_{Ym}} \\[2mm] \dfrac{\tau_N}{\tau_{Nm}} \end{bmatrix} = \begin{bmatrix} \dfrac{1}{2} & \dfrac{1}{2} & 0 & 0 \\[2mm] 0 & 0 & \dfrac{1}{2} & \dfrac{1}{2} \\[2mm] \dfrac{1}{4} & -\dfrac{1}{4} & \dfrac{1}{4} & -\dfrac{1}{4} \end{bmatrix} \cdot \begin{bmatrix} \dfrac{u_1^2}{u_m^2} \\[2mm] \dfrac{u_2^2}{u_m^2} \\[2mm] \dfrac{u_3^2}{u_m^2} \\[2mm] \dfrac{u_4^2}{u_m^2} \end{bmatrix} \Leftrightarrow \bar{\tau} = \bar{B} \cdot \bar{u} = \bar{B} \cdot \begin{bmatrix} \bar{u}_1 \\ \bar{u}_2 \\ \bar{u}_3 \\ \bar{u}_4 \end{bmatrix}$$

$$(7 – 23)$$

$$\begin{bmatrix} \dfrac{\tau_X}{\tau_{Xm}} \\[2mm] \dfrac{\tau_Y}{\tau_{Ym}} \\[2mm] \dfrac{\tau_N}{\tau_{Nm}} \end{bmatrix} = \begin{bmatrix} \dfrac{1}{2} & \dfrac{1}{2} & 0 & 0 \\[2mm] 0 & 0 & \dfrac{1}{2} & \dfrac{1}{2} \\[2mm] \dfrac{1}{4} & -\dfrac{1}{4} & \dfrac{1}{4} & -\dfrac{1}{4} \end{bmatrix} \cdot \begin{bmatrix} \left(\dfrac{n_1}{n_m}\right)^2 \\[2mm] \left(\dfrac{n_2}{n_m}\right)^2 \\[2mm] \left(\dfrac{n_3}{n_m}\right)^2 \\[2mm] \left(\dfrac{n_4}{n_m}\right)^2 \end{bmatrix} \Leftrightarrow \bar{\tau} = \bar{B} \cdot \bar{n} = \bar{B} \cdot \begin{bmatrix} \bar{n}_1 \\ \bar{n}_2 \\ \bar{n}_3 \\ \bar{n}_4 \end{bmatrix}$$

$$(7 – 24)$$

此处考虑水下机器人"URIS"某几个推进器出现时变故障时的系统容错情况,这时故障推进器将损失部分驱动作用,其控制目标是当故障出现后,设计一组新的控制电压项,使 4 个推进器包括故障推进器,在故障情况下仍能达到预定的推力和力矩,从而保持原有的运动状态。为此引用文献[3]推进器控制矩阵的伪逆重构方法产生容错控制矩阵:

$$\bar{u} = \bar{B}_w^+ \cdot \bar{\tau}_d = \left[W^{-1} \bar{B}^T (\bar{B} W^{-1} \bar{B}^T)^{-1} \right] \bar{\tau}_d$$

式中: $\bar{B}_w^+$ 是推进器配置矩阵 $\bar{B}$ 的伪逆权矩阵,与推进器水平面布置相关；$\bar{\tau}_d$ 是水下机器人的设定状态。对"URIS"水下机器人，$\bar{B}_w^+$ 可由下式给出[3]：

$$\bar{B}_w^+ = \frac{1}{\sum\limits_{i=1}^{4} w_i} \times \begin{bmatrix} (2w_2 + w_3 + w_4) & (w_3 - w_4) & \cdot & 2(w_3 + w_4) \\ (2w_1 + w_3 + w_4) & (w_4 - w_3) & & -2(w_3 + w_4) \\ (w_1 - w_2) & (w_1 + w_2 + 2w_4) & & 2(w_1 + w_2) \\ (w_2 - w_1) & (w_1 + w_2 + 2w_3) & & -2(w_1 + w_2) \end{bmatrix}$$

$$(7 - 25)$$

7.4.2 双故障仿真算例

1. 双故障表达式

此处"URIS"开架水下机器人推进器电机控制方程仍采用式 $(7-17)$，即 $\bar{n}(k+1) = \left[1 - b \cdot \dfrac{\Delta t}{A}\right] \cdot \bar{n}(k) + \left[c \cdot \dfrac{\Delta t}{A}\right] \bar{u}(k) = f_{\text{linear}} \bar{n}(k) + g_{\text{linear}} \bar{u}(k)$，式中 $\bar{n}(k+1)$ 和 $\bar{u}(k)$ 表示系统在 $(k+1)$ 时刻的转速和 k 时刻的控制输入，假设 $f_{\text{linear}} = 0.9$，$g_{\text{linear}} = 0.2$。当发生未知突发性故障 $f_i(k) = \bar{n}(k) U(k - T) q(k)$ 时，系统方程变为

$$U(k - T) = \begin{cases} 0 & (k < T) \\ 1 & (k \geqslant T) \end{cases}$$

$$\bar{n}(k+1) = f_{\text{linear}} \bar{n}(k) + g_{\text{linear}} \bar{u}(k) - \bar{n}(k) U(k - T) q_i(k)$$

两个突发性未知故障分别于不同时刻作用于推进器 1 和推进器 3 上面，仿真计算中假设未知故障变化函数为

$$q_1(k) = 0.12 \cdot \cos\left(\frac{\pi}{100} \cdot k\right) + 0.2, T_1 = 50$$

$$q_3(k) = 0.1 \cdot \sin\left(\frac{\pi}{100} \cdot k\right) + 0.2, T_3 = 180$$

推进器 1 的故障发生在第 50 个采样周期处，推进器 3 故障发生于第 180 个采样周期，故障通过 CA - CMAC 进行在线故障辨识。

设定水下机器人在水平面内的运动状态为 $\bar{\tau}_d = [0.5 \quad 0 \quad 0.25]^T$，CA - CMAC 故障诊断装置通过采集推进器的输出转速，并与期望转速比较，检测故障是否发生，并学习故障大小及时变特性。CA - CMAC 的参

数为：$\beta_1 = 1$，$N_L = 18$。容错系统根据故障大小由式（7 - 12）计算拥堵参数 s_i，进而由式（7 - 11）计算出推进器的优先权矩阵 W，然后由式（7 - 13）和式（7 - 25）计算出各个推进器的容错控制信号项 $\overline{u}$，进而计算转速项 $\overline{n}$，最后应用式（7 - 8）计算水下机器人系统实际的推力与力矩 $\tau = [\overline{\tau}_x \ \overline{\tau}_Y \ \overline{\tau}_N]^T$，由式（7 - 20）～式（7 - 22）计算实际推力、力矩与设定推力、力矩之间的误差，从而评价容错控制效果。

2. 容错控制效果分析

图 7 - 8 显示了未加容错控制信号时，4 个推进器在 600 个采样周期中的转速状况。横坐标为采样周期，纵坐标为式（7 - 7）中的控制项，即归一化的转速项（$-1 \leqslant \overline{n}_i \leqslant 1$，$i = 1,2,3,4$）。其中推进器 1 的故障发生在第 50 个采样周期处，推进器 3 故障发生于第 180 个采样周期，其他推进器无故障发生。可见推进器 1 和 3 分别于 50 和 180 时刻转速出现明显跳变。

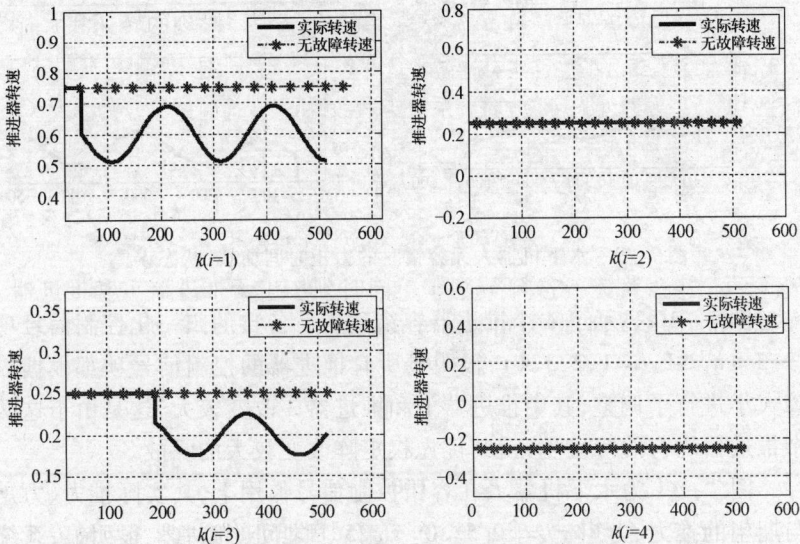

图 7 - 8　无容错控制时推进器转速

图 7 - 9 为水下机器人水平面内 4 个推进器产生的 X、Y 方向归一化推力和 Z 方向上的归一化力矩时间曲线、状态误差，从图中可见，由

于在 $T=50$ 时刻,第 1 个推进器($i=1$)出现一个突发性时变外部故障,在未加容错控制的情况下,由于第 1 个推进器的转速在原转速基础上减少,从而使机器人运动状态发生改变,使 $\bar{\tau}_X,\bar{\tau}_N$ 与正常无故障情况下的设定数值产生较大偏离;在 $T=180$ 时刻,第 3 个推进器($i=3$)出现一个突发性时变外部故障,在未加容错控制的情况下,使得 $\bar{\tau}_Y$ 与正常无故障情况下的设定数值产生明显偏差。

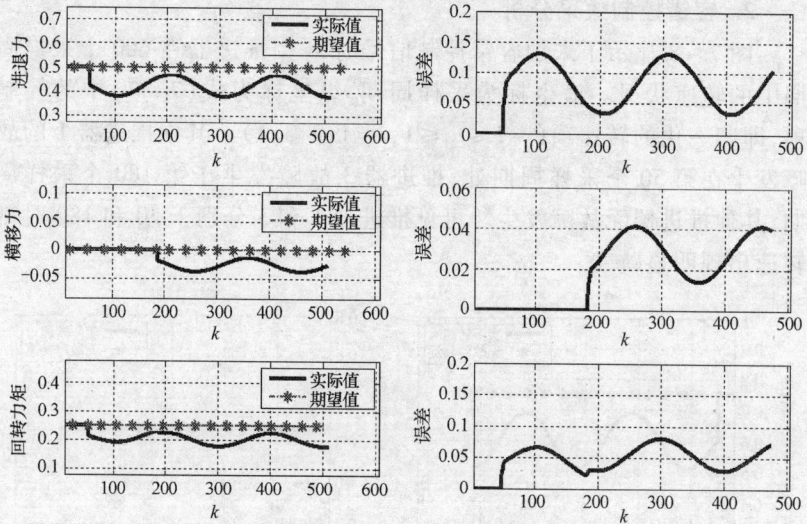

图 7-9 水下机器人无容错时的力矩时间曲线、状态误差

图 7-10 显示了 4 个推进器容错重构后各自的归一化控制信号项($-1 \leqslant \bar{u}_i \leqslant 1, i=1,2,3,4$),很明显所有推进器的控制信号项都根据故障大小进行了调整,其中推进器 1 和推进器 3 改变较大,这是由于这两个推进器均有故障发生,使其优先权矩阵改变较大的缘故。

图 7-11 为水下机器人在容错控制信号作用下,其实际推力、力矩与期望的推力、力矩 $\bar{\tau}_d=\begin{bmatrix}0.5 & 0 & 0.25\end{bmatrix}^T$ 之间的偏差。很明显,系统在 50 采样周期和 180 采样周期出现突发性故障后,CA-CMAC 神经网络及时辨识出其拥堵故障大小和变化特性,通过控制矩阵的伪逆重构,虽然在 50 时刻、180 时刻附近推力与力矩都有所突变,但水下机器人系统在 200 个周期后,其实际推力、力矩与期望的推力、力矩 $\bar{\tau}_d=$

$\begin{bmatrix} 0.5 & 0 & 0.25 \end{bmatrix}^{\mathrm{T}}$ 之间的偏差变得很小,系统完全稳定在期望状态 $\bar{\boldsymbol{\tau}}_{\mathrm{d}} = \begin{bmatrix} 0.5 & 0 & 0.25 \end{bmatrix}^{\mathrm{T}}$,较好实现了容错控制功能。

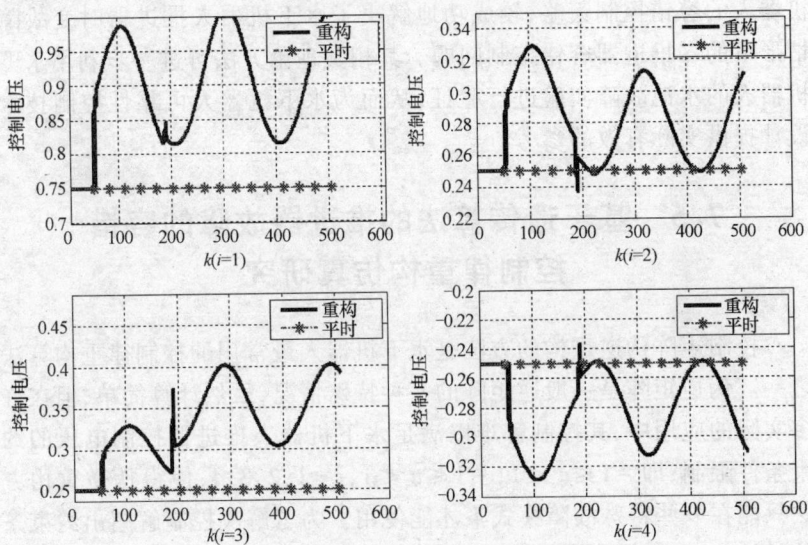

图 7 - 10　推进器容错控制信号

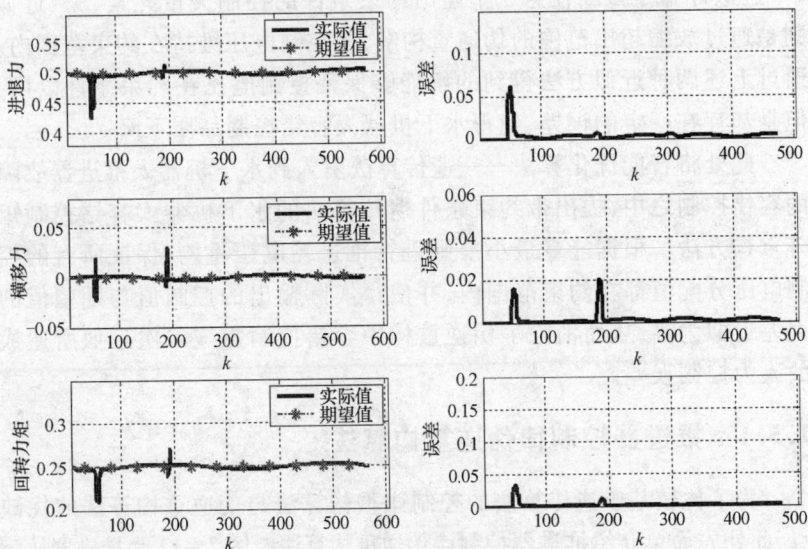

图 7 - 11　容错控制作用下的误差

从以上水下机器人推进器的单故障、多故障诊断与容错控制仿真计算可见,应用 CA – CMAC 神经网络在线故障辨识和伪逆控制的水下机器人的容错控制策略,较成功地解决了水下机器人推进器时变故障情形下的多推进器容错控制问题。其相关理论方法可进一步利用水下机器人的水池故障实验进行验证,从而为水下机器人可靠性控制技术设计提供实际有效的参考。

7.5 基于遗传算法的推进器故障的容错控制律重构仿真研究

控制矩阵伪逆重构的方法是水下机器人最常用的控制律重构算法之一。伪逆矩阵是一般逆矩阵的一种特殊情况,虽然计算简单,但在许多实际的应用中,其控制解难以满足水下机器人推进器控制电压的约束条件限制,即 $-1 \leqslant \bar{n}_i \leqslant 1$,$-1 \leqslant \bar{u}_i \leqslant 1$,$i = 1, 2, 3, 4$,使得伪逆重构方法只能在一些特殊故障模式下才能使用。为了解决控制解超出约束条件的情况,文献[3]提出了 T – 近似(截断)和 S – 近似(放缩)的方法。T – 近似计算是截断任意一个超出约束条件的控制矢量元素,S – 近似则是通过放缩超出范围的伪逆重构解,使控制电压维持在约束范围内。通过上述两种近似方法得到的解能够保证控制电压在约束条件以内,但是却存在一定的误差,使得水下机器人容错控制品质下降。

此处将智能优化算法——遗传算法引入到水下机器人推进器故障的容错控制之中,提出带约束条件遗传算法的水下机器人容错控制矩阵重构方法。根据能量最小准则进行推进器电压重构,保证所有的控制电压分配值都在约束范围内,并使得实际输出的控制值与期望值的误差近似为零,从而消除了伪逆重构中容错控制矩阵二次近似所造成的人为控制误差。

7.5.1 推进器控制律伪逆重构算法

为了比较基于遗传算法的控制律重构算法与伪逆重构算法的优缺点,此处先简单介绍推进器控制律伪逆重构算法。图 7 – 12 为推进器故障诊断与伪逆容错控制原理,根据手操器输入的期望运动状态和故障诊断子

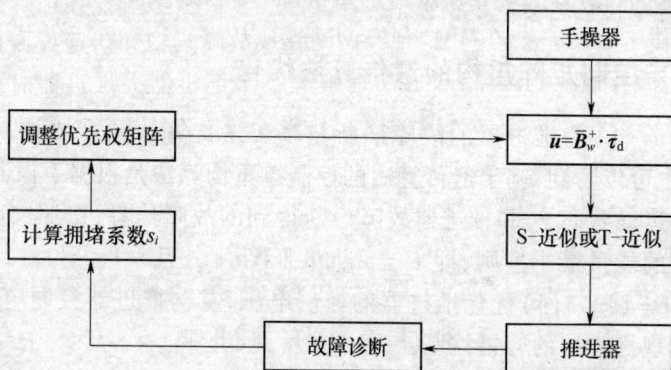

图 7 - 12   推进器故障诊断与伪逆容错控制原理图

系统输出的故障信息调整控制信号,从而完成控制信号的重新分配。

就具体来说,当故障诊断系统检测出推进器发生的故障大小 f_i 后,根据式(7 - 12)可以计算出 s_i,然后根据式(7 - 11)对应地调整优先权 w_i,最后根据式(7 - 13)的伪逆重构算法得到归一化的推进器控制信号项 $\bar{u}$。

就伪逆重构算法而言,当根据故障信息生成新的控制矩阵后,要对其控制信号进行约束条件的判断,因为对于任何一种推进器来说,控制电压都有一定的限制,即总是存在最大控制电压,因此,无论是控制信号还是转速信号都要符合一定的约束条件。在归一化的基础上,对于任意给定的期望运动状态 $\bar{\tau}_d$,在计算其控制矩阵的时候,必须满足 $-1 \leqslant \bar{\tau}_i \leqslant 1$,$-1 \leqslant \bar{u}_i \leqslant 1$,$i = 1,2,3,4$ 的条件,当出现不符合条件的情况时则表明当前的算法已经不满足实际的要求,这时将采用 S - 近似(放缩)和 T - 近似(截断)[3] 的方法来保证计算的结果符合约束条件。

S - 近似即是在当前的控制信号乘以一个系数 f_s,即

$$\bar{u}^* = f_s \cdot \bar{u} \qquad (7 - 26)$$

式中:$f_s = \min\left(\dfrac{1}{\max_{i=1,2,3,4}|\bar{u}_i|}, 1\right)$。从中可以看出,当 $f_s = 1$,即 $\bar{u}^* = \bar{u}$,控制信号保持不变;一旦控制信号不满足条件,f_s 也随之变大,使得控制信号仍然保持在约束条件之内。

T - 近似则是把超出范围的 $\bar{u}_i$ 进行截断处理。一旦采用了近似算

法,容错控制必然会产生误差。

7.5.2 控制矩阵重构的遗传算法优化

图 7－13 为推进器的故障诊断与基于遗传算法的容错控制结构图,从中可以看到,基于遗传算法的控制律重构算法是根据手操器给定的期望运动状态 $\bar{\tau}_d$ 和推进器故障诊断得到的故障信息,按照文献[3]中提到的能量最小准则,即 $\bar{U} = \mathrm{argmin}\ \|\,W\bar{u}\,\|_2$,且 $-1 \leqslant \bar{\tau}_i \leqslant 1$, $-1 \leqslant \bar{u}_i \leqslant 1 (i = 1,2,3,4)$ 优化推进器的控制电压,重构推进器控制电压值,从而实现推进器的容错控制。

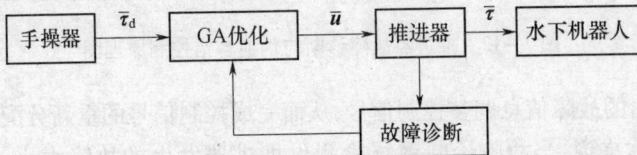

图 7－13 推进器的故障诊断与遗传算法容错控制结构

要满足上面的准则,也就是要实现多目标优化,但实际操作中多目标的遗传算法得到的结果往往不是单一具体的数值,这与实际的容错控制情况是不符合的。所以需要根据遗传算法的特点把文献[3]中的准则作如下调整,把原先多目标遗传算法改成带约束条件的遗传算法即在 $\bar{\tau} = \bar{B}\bar{u}$ 条件下,求出能量函数 $f(\bar{U}) = \|\,W\bar{u}\,\|_2$ 的最小值。这就变成带约束条件的优化问题,即

$$\begin{cases} f(\bar{U}) = \|\,W\bar{u}\,\|_2 \\ \mathrm{s.t} \quad \bar{\tau} = \bar{B}\bar{u} \end{cases} \quad (7-27)$$

这里以"FALCON"机器人为例来简要介绍遗传算法的处理过程,首先把式(7－7)和式(7－8)代入式(7－27),可以得到

$$\begin{cases} f(\bar{U}) = \sum_{i=1}^{4} (w_i \bar{u}_i)^2 \\ \\ \quad \bar{\tau}_X = 0.25\bar{u}_1 + 0.25\bar{u}_2 + 0.25\bar{u}_3 + 0.25\bar{u}_4 \\ \mathrm{s.t} \quad \bar{\tau}_Y = 0.25\bar{u}_1 - 0.25\bar{u}_2 + 0.25\bar{u}_3 - 0.25\bar{u}_4 \\ \quad \bar{\tau}_N = 0.25\bar{u}_1 - 0.25\bar{u}_2 - 0.25\bar{u}_3 + 0.25\bar{u}_4 \\ \quad -1 \leqslant \bar{u} \leqslant 1 \end{cases} \quad (7-28)$$

　　对于带约束条件的优化问题,要把有约束问题变成无约束问题,采用约束优化的遗传算法通过消除可能的变量以减少变量数目,消除等式约束,并设计特殊的遗传操作手段,使线性约束最优化问题适合于遗传算法求解[15-22]。

　　当式(7 - 28)中 $\bar{\boldsymbol{\tau}} = \begin{bmatrix} \bar{\tau}_X & \bar{\tau}_Y & \bar{\tau}_N \end{bmatrix}^T$ 是给定的已知量 $\bar{\boldsymbol{\tau}}_d = \begin{bmatrix} \bar{\tau}_{dX} & \bar{\tau}_{dY} \end{bmatrix}$ $\bar{\tau}_{dN} \end{bmatrix}^T$ 时,根据 3 个独立的等式约束,将控制变量 $\bar{u}_2, \bar{u}_3, \bar{u}_4$ 用 $\bar{u}_1$ 表示为

$$\begin{cases} \bar{u}_2 = \bar{u}_1 - 2\bar{\tau}_{dN} - 2\bar{\tau}_{dY} \\ \bar{u}_3 = 2\bar{\tau}_{dX} + 2\bar{\tau}_{dY} - \bar{u}_1 \\ \bar{u}_4 = 2\bar{\tau}_{dX} + 2\bar{\tau}_{dN} - \bar{u}_1 \end{cases} \quad (7 - 29)$$

则目标函数和约束条件分别表示为式(7 - 30)和式(7 - 31):

$$f(\bar{U}) = \sum_{i=1}^{4} (w_i \bar{u}_i)^2 \quad (7 - 30)$$

约束条件变成

$$\begin{cases} -1 \leqslant \bar{u}_1 - 2\bar{\tau}_{dN} - 2\bar{\tau}_{dY} \leqslant 1 \\ -1 \leqslant 2\bar{\tau}_{dX} + 2\bar{\tau}_{dY} - \bar{u}_1 \leqslant 1 \\ -1 \leqslant 2\bar{\tau}_{dX} + 2\bar{\tau}_{dN} - \bar{u}_1 \leqslant 1 \\ -1 \leqslant \bar{u}_1 \leqslant 1 \end{cases} \quad (7 - 31)$$

　　使用基于 MATLAB 遗传算法工具箱进行编程,采用二进制编码方式,工具箱中的 crtbp 函数可生成在式(7 - 31)约束范围内的二进制初始种群[16]。

　　设定遗传算法的相关参数,其中,设定种群中个体数目 $M = 40$,每个种群的编码串长度 $l = 20$,使用代沟 $G = 0.9$,最大迭代次数 $T = 100$,交叉概率 $P_c = 0.7$,变异概率 $P_m = 0.035$。

　　通过遗传算法可以找到在各种故障下的推进器控制矢量,在该推进器控制矢量的作用下,水下机器人可以保持预先设定的运行状态 $\bar{\boldsymbol{\tau}}_d$,即满足 $\bar{\boldsymbol{\tau}} = \bar{\boldsymbol{\tau}}_d$。这样,当水下机器人发生故障时就可以根据故障信息调整控制矩阵,从而达到容错控制的目的。

　　此处假设已经检测出推进器的故障大小,并计算得到了故障拥堵系数 s_i。通过 MATLAB 仿真可得到在各种故障情况下控制矩阵重构的情况,并把基于遗传算法的容错控制仿真结果与伪逆重构算法得到

的结果进行对比。

这里使用设定的运动状态 $\bar{\tau}_d$ 和实际得到的值 $\bar{\tau}$ 的误差来做评估（图 7 – 14），也即幅度误差

$$\| e \| = \| \bar{\tau}_d - \bar{\tau} \| \qquad (7-32)$$

和角度误差

$$\theta = \arccos\left(\frac{\bar{\tau}_d \cdot \bar{\tau}}{\| \bar{\tau}_d \| \cdot \| \bar{\tau} \|} \right) \qquad (7-33)$$

幅度误差表示实际推力、力矩与期望的推力、力矩的大小误差，角度误差则表示实际推力、力矩与期望推力、力矩的方向的误差。式（7 – 33）计算的 θ 单位为 rad。下面是"FALCON"和"URIS"机器人推进器容错控制实验仿真的几种情况。

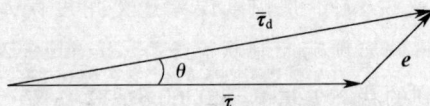

图 7 – 14　容错控制误差评估

7.5.3　控制律重构结果分析比较

1. "FALCON"容错控制重构仿真

假设给定的期望状态矢量用 $\bar{\tau}_d = [\bar{\tau}_{dX}\ \bar{\tau}_{dY}\ \bar{\tau}_{dN}]$ 来表示，其中 $\bar{\tau}_X$ 为 x 方向前进推力和，$\bar{\tau}_Y$ 为 y 方向横移推力和，$\bar{\tau}_N$ 为水平面内力矩和。应用遗传算法优化实际得到的状态矢量用 $\bar{\tau}$ 表示，应用伪逆重构的 S – 近似和 T – 近似算法得到的重构控制矢量的近似值用 $\bar{u}^*$ 表示，$\bar{\tau}^*$ 为近似后的状态矢量。

1）无故障的情况下的仿真

在推进器无故障的情况下，拥堵系数 $s = [0\ 0\ 0\ 0]$，推进器优

先权矩阵 $W = \begin{bmatrix} 1 & 0 & 0 & 0 \\ 0 & 1 & 0 & 0 \\ 0 & 0 & 1 & 0 \\ 0 & 0 & 0 & 1 \end{bmatrix}$。假设期望的状态矢量 $\bar{\tau}_d = [0.60\ 0.20$

$0.25]^T$，用伪逆重构算法得到的重构控制项 $\bar{u} = [1.05\ 0.15\ 0.55$

$0.65]^{\mathrm{T}}$，根据第 3 章里提到的约束条件 $-1\leqslant \bar{u}_i\leqslant 1(i=1,2,3,4)$，可以看出：$\bar{u}_1>1$ 超出了约束条件，对于超出约束条件的结果伪逆算法通常采用 S - 近似（放缩）或 T - 近似（截断）。其中，S - 近似的结果是：推进器控制项 $\bar{u}^*=[1\quad 0.1429\quad 0.5238\quad 0.619]^{\mathrm{T}}$，对应的状态矢量 $\bar{\tau}^*=\bar{B}\bar{u}^*=[0.5714\quad 0.1905\quad 0.2381]^{\mathrm{T}}$；T - 近似的结果是：推进器控制项为 $\bar{u}^*=[1.00\quad 0.15\quad 0.55\quad 0.65]^{\mathrm{T}}$，与此相对应的状态矢量 $\bar{\tau}^*=\bar{B}\bar{u}^*=[0.5875\quad 0.1875\quad 0.2375]^{\mathrm{T}}$。但是使用遗传算法得到的控制项则 $\bar{u}=[0.98\quad 0.08\quad 0.62\quad 0.72]^{\mathrm{T}}$，完全满足约束条件，不需要进行任何近似处理，对应的状态矢量 $\bar{\tau}=[0.60,0.20,0.25]^{\mathrm{T}}$，根据式（7 - 32）和式（7 - 33）可以计算误差数据，如表 7 - 1 所列。从中可以看出，采用伪逆重构算法得到的结果中，S - 近似虽然角度误差为零，但幅度误差较大；对 T - 近似来说，无论是幅度误差还是角度误差都比较大，也就是说水下机器人将偏离预定控制状态 $\bar{\tau}_d=[0.60\quad 0.20\quad 0.25]^{\mathrm{T}}$。而使用遗传算法所得到的状态矢量 $\bar{\tau}=[0.60\quad 0.20\quad 0.25]^{\mathrm{T}}$，与水下机器人的设定状态 $\bar{\tau}_d=[0.60\quad 0.20\quad 0.25]^{\mathrm{T}}$ 完全相同，即达到了 $\bar{\tau}=\bar{\tau}_d$ 的目标，其幅度误差和角度都为零，这表明机器人按设定的运动状态运行，达到了理想的控制效果。

表 7 - 1　无故障实验仿真结果

容错算法 控制项 与误差	伪逆重构算法		遗传算法
	S - 近似	T - 近似	
$\bar{u}$	$[1\ 0.1429\ 0.5238\ 0.619]$	$[1\ 0.15\ 0.55\ 0.65]$	$[0.98\ 0.08\ 0.62\ 0.72]$
$\|e\|$	0.0324	0.0217	0
θ	0	0.148	0

2）只有一个推进器存在故障的情况

当推进器发生故障时，假设只有第 3 个推进器出现故障，且设置拥堵系数 $s_3=1/6$，期望的状态矢量 $\bar{\tau}_d=[0.60\quad 0.20\quad 0.25]^{\mathrm{T}}$，根据式

(7-11)得到推进器优先权矩阵 $W = \begin{bmatrix} 1 & 0 & 0 & 0 \\ 0 & 1 & 0 & 0 \\ 0 & 0 & \dfrac{7}{5} & 0 \\ 0 & 0 & 0 & 1 \end{bmatrix}$,使用伪逆重构算

法得到 $\bar{u} = [1.10\ 0.20\ 0.50\ 0.60]^{T}$, $\bar{u}_1 > 1$ 超出了约束条件,对于超出约束条件的结果伪逆算法通常采用 S-近似(放缩)或 T-近似(截断)。其中,S-近似的结果是:推进器控制项 $\bar{u}^{*} = [1.00\ 0.1818\ 0.4545\ 0.5455]^{T}$,对应的状态矢量 $\bar{\tau}^{*} = \overline{B}\bar{u}^{*} = [0.5455\ 0.1818\ 0.2273]^{T}$;T-近似的结果是:推进器控制项 $\bar{u}^{*} = [1.00\ 0.20\ 0.50\ 0.60]^{T}$,与此相对应的状态矢量 $\bar{\tau}^{*} = \overline{B}\bar{u}^{*} = [0.575\ 0.175\ 0.225]^{T}$。

但是,使用遗传算法得到的控制项则为 $\bar{u} = [0.997\ 0.097\ 0.603\ 0.703]^{T}$,完全满足约束条件,不需要进行任何近似处理,对应的状态矢量 $\bar{\tau} = [0.60\ 0.20\ 0.25]^{T}$,根据式(7-32)和式(7-33)可以计算误差数据,如表 7-2 所列。从中可以看出,采用伪逆重构算法得到的结果中,S-近似虽然角度误差为零,但幅度误差较大;对 T-近似来说,无论是幅度误差还是角度误差都比较大,也就是说水下机器人将偏离预定控制状态 $\bar{\tau}_d = [0.60\ 0.20\ 0.25]^{T}$,而使用遗传算法所得到的状态矢量 $\bar{\tau} = [0.60\ 0.20\ 0.25]^{T}$,与水下机器人的设定状态 $\bar{\tau}_d = [0.60\ 0.20\ 0.25]^{T}$ 完全相同,即达到了 $\bar{\tau} = \bar{\tau}_d$ 的目标,其幅度误差和角度都为零,这表明机器人按设定的运动状态运行,达到了理想的控制效果。

表 7-2 一个推进器故障的仿真结果

容错算法 控制项 与误差	伪逆重构算法		遗传算法
	S-近似	T-近似	
$\bar{u}$	[1.0 0.1818 0.4545 0.5455]	[1.0 0.20 0.5 0.60]	[0.997 0.097 0.603 0.703]
$\|e\|$	0.0618	0.0433	0
θ	0	0.0306	0

3)有两个推进器出现故障的仿真情况

设置期望状态矢量 $\bar{\tau}_d = [0.60\ 0.20\ 0.25]^{T}$,假设第 1 个和第 3 个

推进器发生故障,设置拥堵系数 $s = [0.5\ 0\ 0.75\ 0]$,用伪逆重构算法得到的重构控制项 $\overline{u} = [1.15\ 0.25\ 0.45\ 0.55]^T$,$\overline{u}_1 > 1$ 超出了约束条件,对于超出约束条件的结果伪逆算法通常采用 S – 近似(放缩)或 T – 近似(截断)。其中,S – 近似的结果是:推进器控制项 $\overline{u}^* = [0.50\ 0.187\ 0.1957\ 0.2391]^T$,对应的状态矢量 $\overline{\tau}^* = \overline{B}\overline{u}^* = [0.2609\ 0.087\ 0.1087]^T$;T – 近似的结果是:推进器控制矢量 $\overline{u}^* = [1.00\ 0.25\ 0.45\ 0.55]^T$,对应的状态矢量 $\overline{\tau}^* = \overline{B}\overline{u}^* = [0.5625\ 0.1625\ 0.2125]^T$。

但是,使用遗传算法得到的控制项则为 $\overline{u} = [1.0\ 0.10\ 0.60\ 0.70]^T$,完全满足约束条件,不需要进行任何近似处理,对应的状态矢量 $\overline{\tau} = [0.60\ 0.20\ 0.25]^T$,误差数据如表 7 – 3 所列。

表 7 – 3 两个推进器故障仿真结果

容错算法\\控制项与误差	伪逆重构算法		遗传算法
	S – 近似	T – 近似	
$\overline{u}$	[0.50 0.1087 0.1957 0.2391]	[1.0 0.25 0.45 0.55]	[1.0 0.1 0.6 0.70]
$\|e\|$	0.3844	0.065	0
θ	0	0.0473	0

4)有3个推进器发生故障和全部故障的仿真情况

设置期望状态矢量 $\overline{\tau}_d = [0.70\ 0.20\ 0.25]^T$,假设第 1、3、4 个推进器发生故障,设置拥堵系数 $s = [0.5\ 0\ 0.25\ 0.75]$,用伪逆重构算法得到的重构控制项 $\overline{u} = [1.3579\ 0.4579\ 0.4421\ 0.5421]^T$,$\overline{u}_1 > 1$ 超出了约束条件,对于超出约束条件的结果伪逆算法通常采用 S – 近似(放缩)或 T – 近似(截断)。其中,S – 近似的结果是:推进器控制项 $\overline{u}^* = [0.50\ 0.1686\ 0.1628\ 0.1996]^T$,对应的状态矢量 $\overline{\tau}^* = \overline{B}\overline{u}^* = [0.2578\ 0.0736\ 0.0921]^T$;T – 近似的结果是:推进器控制矢量 $\overline{u}^* = [1.0\ 0.4579\ 0.4421\ 0.5421]^T$,对应的状态矢量 $\overline{\tau}^* = \overline{B}\overline{u}^* = [0.6105\ 0.1105\ 0.1605]^T$。

但是,使用遗传算法得到的控制项则为 $\overline{u} = [0.996\ 0.096\ 0.804\ 0.904]^T$,完全满足约束条件,不需要进行任何近似处理,对应的状态矢

量 $\bar{\tau} = [\,0.70\ \ 0.20\ \ 0.25\,]^T$，误差数据如表 7 - 4 所列。

表 7 - 4 3 个推进器故障仿真结果

容错算法\控制项与误差	伪逆重构算法		遗传算法
	S - 近似	T - 近似	
$\bar{u}$	$[\,0.5\ 0.1686\ 0.1628\ 0.1996\,]$	$[\,1\ 0.4579\ 0.4421\ 0.5421\,]$	$[\,0.996\ 0.096\ 0.804\ 0.904\,]$
$\|e\|$	0.4863	0.155	0
θ	0	0.1227	0

5）全部推进器发生故障和全部故障的仿真情况

当全部推进器都发生故障时，设置期望状态矢量 $\bar{\tau}_d = [\,0.70\ \ 0.20\ \ 0.25\,]^T$，假设拥堵系数 $s = [\,0.5\ \ 0.95\ \ 0.25\ \ 0.75\,]$，用伪逆重构算法得到的重构控制项 $\bar{u} = [\,1.0145\ \ 0.1145\ \ 0.7855\ \ 0.8855\,]^T$，$\bar{u}_1 > 1$ 超出了约束条件，对于超出约束条件的结果伪逆算法通常采用 S - 近似（放缩）或 T - 近似（截断）。其中，S - 近似的结果是：推进器控制项 $\bar{u}^* = [\,0.2864\ \ 0.0323\ \ 0.2218\ \ 0.25\,]^T$，对应的状态矢量 $\bar{\tau}^* = \bar{B}\bar{u}^* = [\,0.1976\ 0.0565\ \ 0.0706\,]^T$；T - 近似的结果是：推进器控制矢量 $\bar{u}^* = [\,1.00\ \ 0.1145\ \ 0.7855\ \ 0.8855\,]^T$，对应的状态矢量 $\bar{\tau}^* = \bar{B}\bar{u}^* = [\,0.6964\ \ 0.1964\ \ 0.2464\,]^T$。

但是，使用遗传算法得到的控制项则为 $\bar{u} = [\,0.959\ \ 0.059\ \ 0.84\ \ 0.94\,]^T$，完全满足约束条件，不需要进行任何近似处理，对应的状态矢量 $\bar{\tau} = [\,0.6995\ \ 0.20\ \ 0.25\,]^T$，误差数据如表 7 - 5 所列。

表 7 - 5 推进器全部故障仿真结果

容错算法\控制项与误差	伪逆重构算法		遗传算法
	S - 近似	T - 近似	
$\bar{u}$	$[\,0.2864\ 0.0323\ 0.2218\ 0.25\,]$	$[\,1\ 0.1145\ 0.7855\ 0.8855\,]$	$[\,0.959\ 0.059\ 0.84\ 0.94\,]$
$\|e\|$	0.5524	0.0063	0.0003
θ	0	0.0041	0.0005

由表 7-2～表 7-5 可以看出,伪逆控制的 S-近似虽然角度误差为零,但幅度误差较大;对 T-近似来说,无论是幅度误差还是角度误差都比较大,也就是说水下机器人将偏离预定轨道较多,而使用遗传算法所得的结果的幅度误差和角度误差都为零或接近于零,满足 $\bar{\tau} = \bar{\tau}_d$。

综合上面 5 种情况可知,利用遗传算法进行控制矩阵的重构计算,不论是在无故障还是有某一个或几个推进器出现拥堵故障,甚至推进器全部故障时,仍能使机器人处于预先设定的运动状态,这也就表明使用遗传算法实现推进器控制律重构达到了理想的容错控制效果。

2. "URIS"机器人推进器容错控制重构仿真

"URIS"机器人的推进器容错控制仿真与"FALCON"机器人类似,假设给定的期望的状态矢量用 $\bar{\tau}_d = [\bar{\tau}_{dX}\ \bar{\tau}_{dY}\ \bar{\tau}_{dN}]$ 来表示,其中 $\bar{\tau}_X$ 为 x 方向前进推力和,$\bar{\tau}_Y$ 为 y 方向横移推力和,$\bar{\tau}_N$ 为水平面内力矩和。应用遗传算法优化实际得到的状态矢量用 $\bar{\tau}$ 表示,应用伪逆重构的 S-近似和 T-近似算法得到的重构控制矢量的近似值用 $\bar{u}^*$ 表示,$\bar{\tau}^*$ 为近似后的状态矢量。

1) 无故障的情况下的仿真

在无故障的情况下,拥堵系数 $s = [0\ 0\ 0\ 0]$。假设期望的状态矢量 $\bar{\tau}_d = [0.60\ 0.20\ 0.5]^T$,用伪逆重构算法得到的推进器控制矢量 $\bar{u} = [1.1\ 0.1\ 0.7\ -0.3]^T$。从结果中可以看出,$\bar{u}_1 > 1$,超出了约束条件,要进行 S-近似或 T-近似。其中,S-近似的结果是:推进器控制矢量 $\bar{u}^* = [1.00\ 0.0909\ 0.6364\ -0.2727]^T$,对应的状态矢量 $\bar{\tau}^* = \bar{B}\bar{u}^* = [0.5455\ 0.1818\ 0.4545]^T$。T-近似的结果是:推进器控制矢量 $\bar{u}^* = [1.0\ 0.1\ 0.7\ -0.3]^T$,对应的状态矢量 $\bar{\tau}^* = \bar{B}\bar{u}^* = [0.55\ 0.2\ 0.475]^T$。而使用遗传算法得到的结果则为:推进器控制矢量 $\bar{u} = [0.986\ 0.21\ 0.813\ -0.413]^T$,对应的 $\bar{\tau} = [0.60\ 0.20\ 0.5]^T$,数据误差如表 7-6 所列。从中可以看出,采用伪逆重构算法得到的结果中,S-近似虽然角度误差为零,但幅度误差较大;对 T-近似来说,无论是幅度误差还是角度误差都比较大,也就是说水下机器人将偏离预定控制状态 $\bar{\tau}_d = [0.60\ 0.20\ 0.5]^T$,而使用遗传算法所得到的

状态矢量 $\bar{\pmb{\tau}} = [\,0.598\ 0.20\ 0.5005\,]^{\mathrm{T}}$，与水下机器人的设定状态 $\bar{\pmb{\tau}}_{\mathrm{d}} = [\,0.60\ 0.20\ 0.5\,]^{\mathrm{T}}$ 几乎相同，其幅度误差和角度都基本为零，这表明机器人恢复到设定的运动状态，达到了理想的控制效果。

表 7 - 6　无故障时的结果

容错算法 控制项与误差	伪逆重构算法		遗传算法
	S - 近似	T - 近似	
$\bar{\pmb{u}}$	$[\,1.00\ 0.0909\ 0.6364\ -0.2727\,]$	$[\,1.0\ 0.1\ 0.7\ -0.3\,]$	$[\,0.986\ 0.21$ $0.813\ -0.413\,]$
$\|\,e\,\|$	0.0733	0.0559	0.0021
θ	0	0.0247	0.0021

2）只有一个推进器存在故障的情况

当出现故障时，假设只有第二个推进器出现故障，且设置 $s_2 = 0.4$，$\bar{\pmb{\tau}}_{\mathrm{d}} = [\,0.60\ 0.25\ 0.55\,]^{\mathrm{T}}$，得到 $\pmb{W} = \begin{bmatrix} 1 & 0 & 0 & 0 \\ 0 & 7/3 & 0 & 0 \\ 0 & 0 & 1 & 0 \\ 0 & 0 & 0 & 1 \end{bmatrix}$，使用伪逆重构算法得到的推进器控制矢量 $\bar{\pmb{u}} = [\,1.1625\ 0.0375\ 0.7875\ -0.2875\,]^{\mathrm{T}}$。从结果中可以看出，$\bar{u}_1 > 1$，超出了约束条件，要进行 S - 近似或 T - 近似。其中，S - 近似的结果是：推进器控制矢量 $\bar{\pmb{u}}^* = [\,1.00\ 0.0323\ 0.6774\ -0.2473\,]^{\mathrm{T}}$，对应的状态矢量 $\bar{\pmb{\tau}}^* = \bar{\pmb{B}}\bar{\pmb{u}}^* = [\,0.5161\ 0.2151\ 0.4731\,]^{\mathrm{T}}$；T - 近似的结果是：推进器控制矢量 $\bar{\pmb{u}}^* = [\,1.0\ 0.0375\ 0.7875\ -0.28675\,]^{\mathrm{T}}$，对应的状态矢量 $\bar{\pmb{\tau}}^* = \bar{\pmb{B}}\bar{\pmb{u}}^* = [\,0.5187\ 0.25\ 0.5094\,]^{\mathrm{T}}$。而使用遗传算法得到的结果则为：推进器控制矢量 $\bar{\pmb{u}} = [\,0.984\ 0.216\ 0.966\ -0.466\,]^{\mathrm{T}}$，对应的 $\bar{\pmb{\tau}} = [\,0.60\ 0.25\ 0.55\,]^{\mathrm{T}}$，误差数据如表 7 - 7 所列。从中可以看出，采用伪逆重构算法得到的结果，在进行 T - 近似时得到的结果无论是幅度误差还是角度误差都比较大，S - 近似时虽然角度误差为零，但还是存在一定的幅度误差，即采用伪逆重构算法时水下机器人将偏离预定控制状态 $\bar{\pmb{\tau}}_{\mathrm{d}} = [\,0.60$

$0.25\ 0.55]^{\mathrm{T}}$,也就表明伪逆重构算法实现容错控制的效果不是很好;相反,使用遗传算法所得到的状态矢量 $\bar{\boldsymbol{\tau}} = [\,0.60\ 0.25\ 0.55\,]^{\mathrm{T}}$,与水下机器人的设定的期望状态 $\boldsymbol{\tau}_{\mathrm{d}} = [\,0.60\ 0.25\ 0.55\,]^{\mathrm{T}}$ 完全相同,即达到了 $\bar{\boldsymbol{\tau}} = \boldsymbol{\tau}_{\mathrm{d}}$ 的目标,这也就表明利用遗传算法进行控制矩阵的重构计算,在某一个推进器出现拥堵故障时,仍能使机器人处于预先设定的运动状态,达到了理想的容错控制效果。

表 7 - 7　一个推进器故障结果

控制项 与误差 ＼ 容错算法	伪逆重构算法		遗传算法
	S - 近似	T - 近似	
$\bar{\boldsymbol{u}}$	[1.00 0.0323 0.6774 − 0.2473]	[1.0 0.0375 0.7875 − 0.2875]	[0.984 0.216 0.966 − 0.466]
$\|e\|$	0.119	0.0908	0
θ	0	0.0466	0

3) 有两个推进器出现故障的情况

设置期望状态矢量 $\bar{\boldsymbol{\tau}}_{\mathrm{d}} = [\,0.70\ 0\ 0.6\,]^{\mathrm{T}}$,假设第 2 个和第 4 个推进器发生故障,设置拥堵系数 $\boldsymbol{s} = [\,0\ 0.4\ 0\ 0.6\,]$,使用伪逆重构算法得到的推进器控制矢量 $\bar{\boldsymbol{u}} = [\,1.532\ \ -0.132\ 0.368\ -0.368\,]^{\mathrm{T}}$,从结果中可以看出, $\bar{u}_{1} > 1$,超出了约束条件,要进行 S - 近似或 T - 近似。其中,S - 近似的结果是:推进器控制矢量 $\bar{\boldsymbol{u}}^{*} = [\,1.00\ \ -0.0862\ 0.2402\ -0.2402\,]^{\mathrm{T}}$,对应的状态矢量 $\bar{\boldsymbol{\tau}}^{*} = \bar{\boldsymbol{B}}\bar{\boldsymbol{u}}^{*} = [\,0.4569\ 0\ 0.3916\,]^{\mathrm{T}}$。T - 近似的结果是:推进器控制矢量 $\bar{\boldsymbol{u}}^{*} = [\,1.0\ \ -0.132\ 0.368\ \ -0.368\,]^{\mathrm{T}}$,对应的状态矢量 $\bar{\boldsymbol{\tau}}^{*} = \bar{\boldsymbol{B}}\bar{\boldsymbol{u}}^{*} = [\,0.434\ 0\ 0.467\,]^{\mathrm{T}}$。

而使用遗传算法得到的结果则为:推进器控制矢量 $\bar{\boldsymbol{u}} = [\,0.996\ 0.405\ 0.905\ \ -0.905\,]^{\mathrm{T}}$,对应的 $\bar{\boldsymbol{\tau}} = [\,0.7005\ 0\ 0.6002\,]^{\mathrm{T}}$,误差数据如表 7 - 8 所列。

表 7 - 8　两个推进器故障结果

容错算法 控制项与误差	伪逆重构算法		遗传算法
	S - 近似	T - 近似	
$\bar{u}$	[1.00　-0.0862 0.2402　-0.2402]	[1.0　-0.132　0.368 -0.368]	[0.996　0.405　0.905 -0.905]
$\|e\|$	0.3202	0.2974	0.0001
θ	0	0.1134	0.0006

4）有 3 个推进器发生故障和全部都有故障

设置期望状态矢量 $\bar{\tau}_d = [0.50\ \ 0.30\ \ 0.6]^T$，假设第 2、3、4 个推进器发生故障，设置拥堵系数 $s = [0\ \ 0.5\ \ 0.8\ \ 0.8]$，使用伪逆重构算法得到的推进器控制矢量 $\bar{u} = [1.5273\ \ -0.5273\ \ 0.4727\ \ 0.1273]^T$。从结果中可以看出，$\bar{u}_1 > 1$，超出了约束条件，要进行 S - 近似或 T - 近似。其中，S - 近似的结果是：推进器控制矢量 $\bar{u}^* = [0.6462\ \ -0.2231\ \ 0.20\ \ 0.0538]^T$，对应的状态矢量 $\bar{\tau}^* = \bar{B}\bar{u}^* = [0.2115\ \ 0.1269\ \ 0.2538]^T$。T - 近似的结果是：推进器控制矢量 $\bar{u}^* = [1.0\ \ -0.5273\ \ 0.4727\ \ 0.1273]^T$，对应的状态矢量 $\bar{\tau}^* = \bar{B}\bar{u}^* = [0.2364\ \ 0.3\ \ 0.4682]^T$。

而使用遗传算法得到的结果则为：推进器控制矢量 $\bar{u} = [0.996\ \ 0.0041\ \ -0.4]^T$，对应的 $\bar{\tau} = [0.50\ \ 0.30\ \ 0.598]^T$，误差数据如表 7 - 9 所列。

表 7 - 9　3 个推进器故障结果

容错算法 控制项与误差	伪逆重构算法		遗传算法
	S - 近似	T - 近似	
$\bar{u}$	[0.6462　-0.2231 0.20　0.0538]	[1.0　-0.5273 0.4727　0.1273]	[0.996　0.004 1　-0.4]
$\|e\|$	0.4827	0.2948	0.0017
θ	0	0.2556	0.002

5) 全部推进器发生故障和全部故障的仿真情况

当全部推进器发生故障时,设置 $\bar{\tau}_d = [0.4 \ \ 0.4 \ \ 0.55]^T$,拥堵系数 $s = [0.7 \ \ 0.65 \ \ 0.8 \ \ 0.85]$,使用伪逆重构算法得到的推进器控制矢量 $\bar{u} = [1.0859 \ \ -0.2859 \ \ 0.8141 \ \ -0.0141]^T$。从结果中可以看出, $\bar{u}_1 > 1$,超出了约束条件,要进行 S - 近似或 T - 近似。其中,S - 近似的 结果是:推进器控制矢量 $\bar{u}^* = [0.2668 \ \ -0.0702 \ \ 0.20 \ \ -0.0035]^T$, 对应的状态矢量 $\bar{\tau}^* = \overline{Bu}^* = [0.0983 \ \ 0.0983 \ \ 0.1351]^T$。T - 近似的 结果是:推进器控制矢量 $\bar{u}^* = [1.0 \ \ -0.2859 \ \ 0.8141 \ \ -0.0141]^T$, 对应的状态矢量 $\bar{\tau}^* = \overline{Bu}^* = [0.3571 \ \ 0.4 \ \ 0.5285]^T$。

而使用遗传算法得到的结果则为:推进器控制矢量 $\bar{u} = [0.947 \ \ -0.147 \ \ 0.953 \ \ -0.153]^T$,对应的 $\bar{\tau} = [0.4 \ \ 0.4 \ \ 0.55]^T$,误差数据如 表 7 - 10 所列。

表 7 - 10　4 个推进器全部故障

容错算法 控制项与误差	伪逆重构算法		遗传算法
	S - 近似	T - 近似	
$\bar{u}$	[0.2668　-0.0702 0.20　-0.0035]	[1.0　-0.2859 0.8141　-0.0141]	[0.947　-0.147 0.953　-0.153]
$\|e\|$	0.5952	0.048	0
θ	0	0.0411	0

由表 7 ~ 7 ~ 表 7 - 10 可以看出:采用伪逆重构算法得到的结果 中,S - 近似虽然角度误差为零,但幅度误差较大;对 T - 近似来说,无 论是幅度误差还是角度误差都比较大,也就是说水下机器人将偏离预 定轨道较多,而使用遗传算法所得结果的幅度误差和角度误差都为零 或接近于零,也即满足 $\bar{\tau} = \bar{\tau}_d$,这表明即使有推进器发生故障,机器人 也能恢复到设定的运动状态,达到较为理想的推进器容错控制性能。

本章将水下机器人在线故障辨识与伪逆重构容错控制策略相结 合,从仿真结果看,解决了水下机器人推进器时变故障情形下的多推进 器容错控制问题。另外,使用带约束条件的遗传算法的水下机器人容 错控制律重构算法,使水下机器人可以在推进器故障的情况下依然可以按照预定的状态运行,实现较为理想的容错控制,和常规的伪逆重构方法相比,不仅省去了不必要的二次近似处理,而且容错控制效果明显提高。其相关理论方法可为水下机器人可靠性控制技术设计提供实际有效的参考。

参 考 文 献

[1] Lingli N. Fault – tolerant control of unmanned underwater vehicles. Ph. D. Dissertation, 2001, Blacksburg, Virginia.

[2] Edin O, Geoff R. Fault diagnosis and accommodation for ROVs. Sixth IFAC conference on manoeuvring and control marine craft, 2003 ,Girona, Spain:575 – 588.

[3] Edin O,Geoff R. Thruster fault diagnosis and accommodation for open – frame underwater vehicles. Control Engineering Practice, 2004 ,12:1575 – 1598.

[4] Cuadrado A,Diaz I, Diez A B. Fuzzy inference maps for condition monitoring with self – organising maps. International conference in fuzzy logic and technology, Leicester, UK. :55 – 58.

[5] Lin C M,Chen C H. Robust Fault – Tolerant Control for a Biped Robot Using a Recurrent Cerebellar Model Articulation Controller. IEEE Transactions on Systems, Man and Cybernetics – Part B,2007,37(1):110 – 123.

[6] 刘建成,万磊,戴捷,等. 水下机器人推理器容错控制技术的研究. 机器人, 2003, 25(2):163 – 166.

[7] 王丽荣,徐玉如. 水下机器人传感器故障诊断. 机器人,2006,28(1):25 – 29.

[8] 方少吉,王丽荣,朱计华,等. 水下机器人传感器容错控制技术的研究. 机器人,2007, 29(2):155 – 159.

[9] Healey A J, Marco D B. A neural network approach to failure diagnostics for underwater vehicles. Proceedings of IEREE Oceanic Engineering Society Symposium on Autonomous Underwater Vehicles, AUV – 92, 1992, Washington D. C. :131 – 135.

[10] Zhu Daqi, Kong Min. A fuzzy CMAC neural network model based on credit assignment. International Journal of Information Technology, 2006,12(6):1 – 8.

[11] Zhu D Q, Kong M. Adaptive Fault – tolerant Control of Nonlinear System:An Improved CMAC Based Fault Learning Approach. International Journal of Control, 2007, 80(10): 1576 – 1594.

[12] Zhu Daqi, Liu Qian,Yang Yongsheng. An active fault – tolerant control method of unmanned underwater vehicles with continuous and uncertain faults. International Journal of Advanced Robotic Systems, 2008, 5(4):411 – 418.

[13] Liu Qian, Zhu Daqi. Fault – tolerant Control of Unmanned Underwater Vehicles:Simulations

and Experiments. International Journal of Advanced Robotic Systems，2009，6(4)：301 – 308.

［14］刘乾，朱大奇，胡震．无人水下机器人推进系统故障诊断与容错控制．系统仿真学报，2010，22(1)：96 – 101.

［15］胡维莉．水下机器人推进器故障的容错控制技术研究．硕士论文，上海海事大学，2009.

［16］雷英杰，等．Matlab 遗传算法工具箱及应用．西安：西安电子科技大学出版社，2006：1 – 145.

［17］黄友锐．智能优化算法及其应用．北京：国防工业出版社，2008：1 – 20.

［18］金鸿章，王科俊，何琳．遗传算法理论及其在船舶横摇运动控制中的应用．哈尔滨：哈尔滨工程大学出版社，2006：1 – 127.

［19］张文修，梁怡．遗传算法的数学基础．西安：西安交通大学出版社，2003：1 – 66.

［20］苑希民，李鸿雁，刘树坤等．神经网络和遗传算法在水科学领域的应用．北京：中国水利水电出版社，2002：29 – 73.

［21］胡维莉，朱大奇，刘静．基于条件约束遗传算法的水下机器人容错控制律重构方法．控制工程，2011，18(3)：413 – 416.

［22］Zhu Daqi，Liu Jing，Liu Qian．Particle Swarm Optimization Approach to Thruster Fault – tolerant Control of Unmanned Underwater Vehicles. International Journal of Robotics and Automation，2011，26(3)：426 – 432.

第8章 水下机器人故障诊断与容错装置开发

从第3章的综述可以看出,作为一门交叉学科,近20年来,故障诊断技术无论是在理论研究方面,还是在实际诊断系统开发上都取得了一系列的成果[1-9],但有关水下机器人故障诊断与容错控制的研究成果较少[10-13],特别是水下机器人故障诊断装置的设计与开发少见报道。

本章针对有缆摇控水下机器人(ROV)系统和本书前几章的故障诊断与容错控制算法,分别以DSP和单片机系统为核心,开发一种水下机器人故障检测与容错控制器。通过串行通信方式采集缆控水下机器人水下工作的相关状态参量,通过有限脉冲响应滤波器(FIR)对采集数据进行在线分析,检测是否发生故障。缆控水下机器人ROV为上海海事大学水下机器人与智能系统实验室的OUTLAND1000水下机器人,它配备了各种传感器,如声纳系统、深度计、罗经和计算机视觉系统等以及4个推进器。故障检测仪通过RS-232与控制转换器交换数据信息,控制转换器与水下机器人水下载体通过RS-485交换状态数据。有关故障检测、数据分析与结果显示在故障检测与容错控制器样机上。故障检测仪核心部分为TMS320F2812、C8051F120芯片及其外围扩展的硬件电路,软件包括有限脉冲响应滤波器分析程序、结果显示程序、键盘操作程序、数据通信程序等。

8.1 基于DSP的水下机器人故障诊断与容错控制器

8.1.1 DSP硬件电路设计

1. 电路系统框图

仪器系统主要由4个模块构成:DSP和外扩存储器模块、RS-232串口通信模块、液晶显示模块和按键控制模块。系统的设计框图如图

202

8 - 1 所示。

水下机器人 ROV 与检测仪通过 RS - 232 串口通信进行数据传输，逻辑控制电路将 DSP 接收到的数据显示在 LCD 显示屏上，通过按键控制电路可以实时操控机器人在水中的运动和发送数据采集指令。外扩存储器用来存放比较大的程序代码，如有限脉冲响应滤波器的数据处理程序等，也可以用来存放接收和发送的数据等。

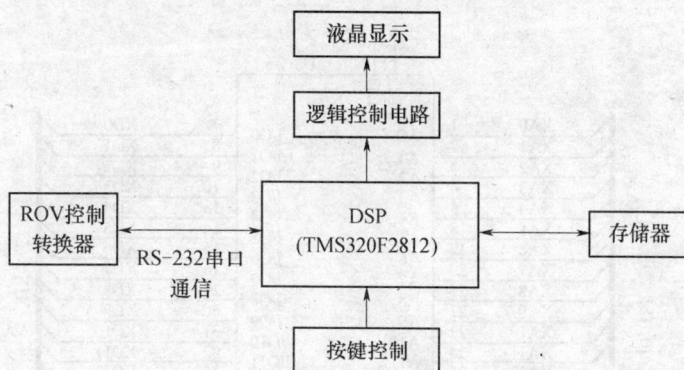

图 8 - 1　DSP 系统设计框图

2. DSP 和外扩存储器模块

采用美国得州仪器公司研制的数字信号处理器 TMS320F2812 芯片[14]作为 CPU。TMS320F2812 为哈佛结构的 DSP，可提供高达 150 MIPS 的性能；在逻辑上有 $4M \times 16$ 位程序空间和 $4M \times 16$ 位数据空间，但物理上已将程序空间和数据空间统一为一个 $4M \times 16$ 的存储空间。单个 TMS320F2812 芯片中有 18KB RAM，128 KB FLASH，16 通道 PWM，16 通道 12 位 ADC，3 个定时器；串行口有 eCAN（增强型局域控制网络），McBSP（多通道缓冲串行口），SPI，2 个 SCI，充分保证了通讯的方便。另外，TMS320F2812 芯片集成度很高，片内集成的许多常用外设节省了设计难度和电路板面积，大大提高了 DSP 系统的可靠性和稳定性。

外扩存储器采用的是 IS61LV25616 芯片[15]，其读写周期为 10ns，空间大小为 0.5MB，既可以存放程序代码，也可以存放机器人与 DSP

通信的数据。在本设计中，在程序开发完成后，将程序固化在片内
FLASH 中。系统上电后，DSP 会通过 BootRoom 的设置，将程序搬移到
此 RAM 中运行，如图 8 - 2 所示。

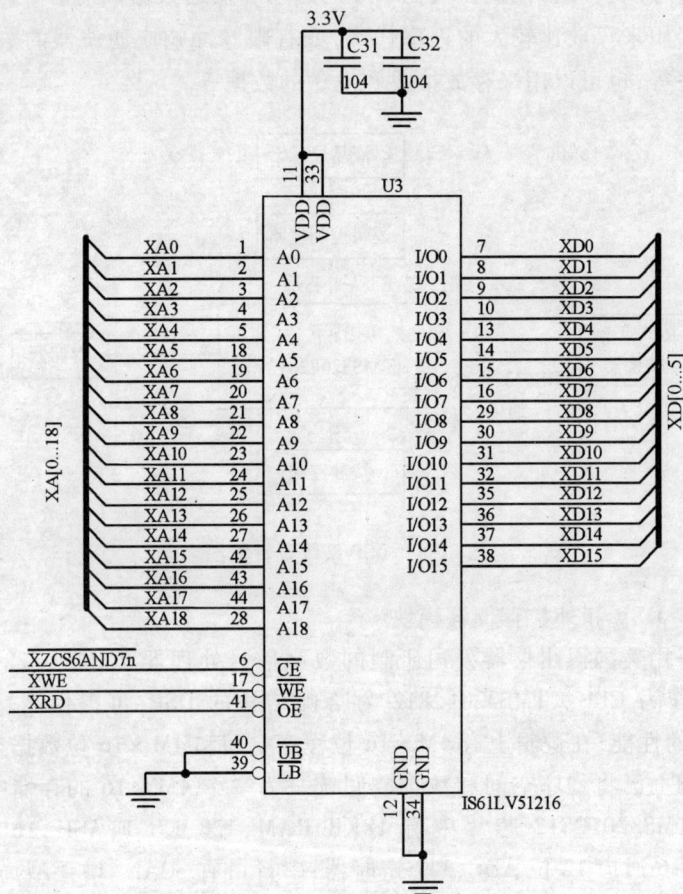

图 8 - 2 外扩 RAM 原理图

3. RS - 232 串口通信模块

系统采用 RS - 232 串口通信方式与水下机器人的控制转换器进
行数据通信[17,18]，控制转换器与水下机器人通过 RS - 485 进行远距离

数据通信。TMS320F2812 芯片提供两组 SCI 通信接口 A 组和 B 组，本设计采用 A 组进行 RS - 232 的串口通信。

在电路设计中采用 MAX232 芯片和 74CBTD3384 芯片构成 RS - 232 通信模块。系统从水下机器人控制转换器接收数据，必须先经过 MAX232 芯片将 RS - 232 电平转换成 CMOS 电平。TMS320F2812 芯片的收发数据高电平为 + 3.3V，而经过 MAX232 芯片的数据为 + 5V，所以要再经过 74CBTD3384 芯片进行电压转换，方可进入 DSP 中进行信号提取、故障诊断等工作。发送数据时，以相反的过程进行。其原理图如图 8 - 3 所示。

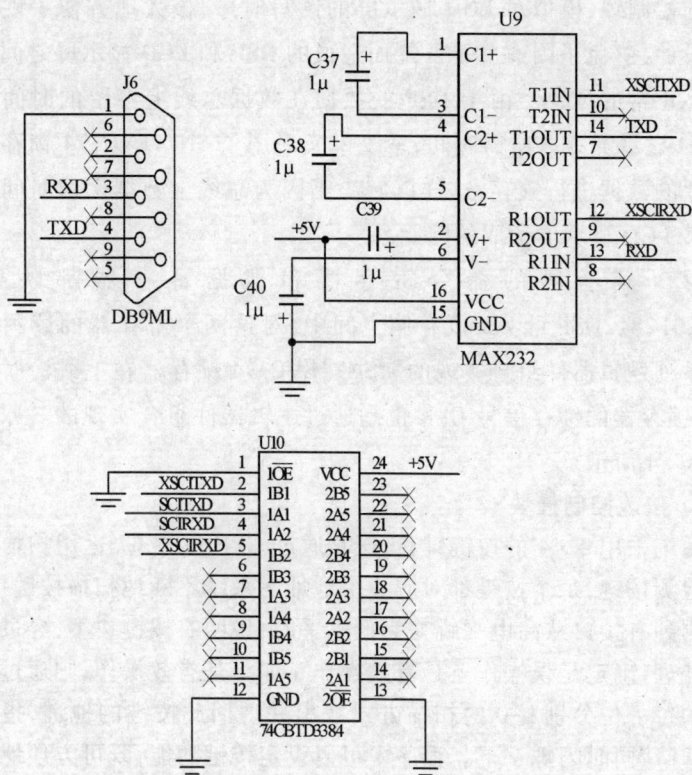

图 8 - 3　RS - 232 串口通信原理图

4. 液晶显示模块

采用 WINSTAR 公司的 WG320240B 的 LCD 显示屏[16]，属于点阵图形型的液晶显示器。它由 320×240 个点阵构成，具有高分辨率、接口方便(5 V 或 3.3 V)、设计简便、功耗低、价格便宜等优点，但在与DSP 接口时，需要考虑时序匹配问题。

由于 TMS320F2812DSP 的频率较高，主频最高为 150M，一个读写周期的时间为 6.67ns，而 LCD 显示屏的读写周期为 220ns，所以相对而言 LCD 显示屏属于慢速设备，设计过程中必须考虑时序匹配的问题，这也是整个硬件电路设计的难点所在。系统采用 GPIO 口作为 LCD 显示屏的控制线，模拟对 LCD 显示屏的读写时序，极大地方便了硬件电路的设计，避免了因速度不匹配而造成的 DSP 和 LCD 显示屏之间数据通信不正常的现象。由于 DSP 的数据在数据总线上停留的时间远不够 LCD 显示屏读取所需时间，系统中又采用了 SN74LVC374 锁存器将总线上的数据进行锁存，这样就解决了因为总线上数据保留时间很短而不够 LCD 显示屏读取的问题。

LCD 显示屏的命令寄存器和数据寄存器都映射在TMS320F2812DSP 的 Zone0 存储空间中，对这两个寄存器的读写是通过一系列逻辑器件组合实现的。SN74LVC374 锁存器在上跳沿时锁存数据，锁存器的锁存信号 CLK 也是通过逻辑器件组合实现的。原理图如图 8 - 4 所示。

5. 按键控制模块

系统采用 4×4 的按键键盘，DSP 通过 GPIOB0 - B7 运用扫描的方法来检测按键，每个按键都对应一个地址。系统不断地扫描按键接口，当检测到有接口从高电平跳变为低电平时，说明有按键按下，经过延时去抖处理，确定是误操作还是有效操作。如果是有效操作，则通过给行和列的每一位分别置 0 的扫描方式找出并返回此按键的地址，指示灯KEY_LED 同时闪烁一下。程序中可以设定按键功能，既可方便地控制机器人的工作，也可以实时修改有关算法的参数。其原理图如图 8 - 5所示。

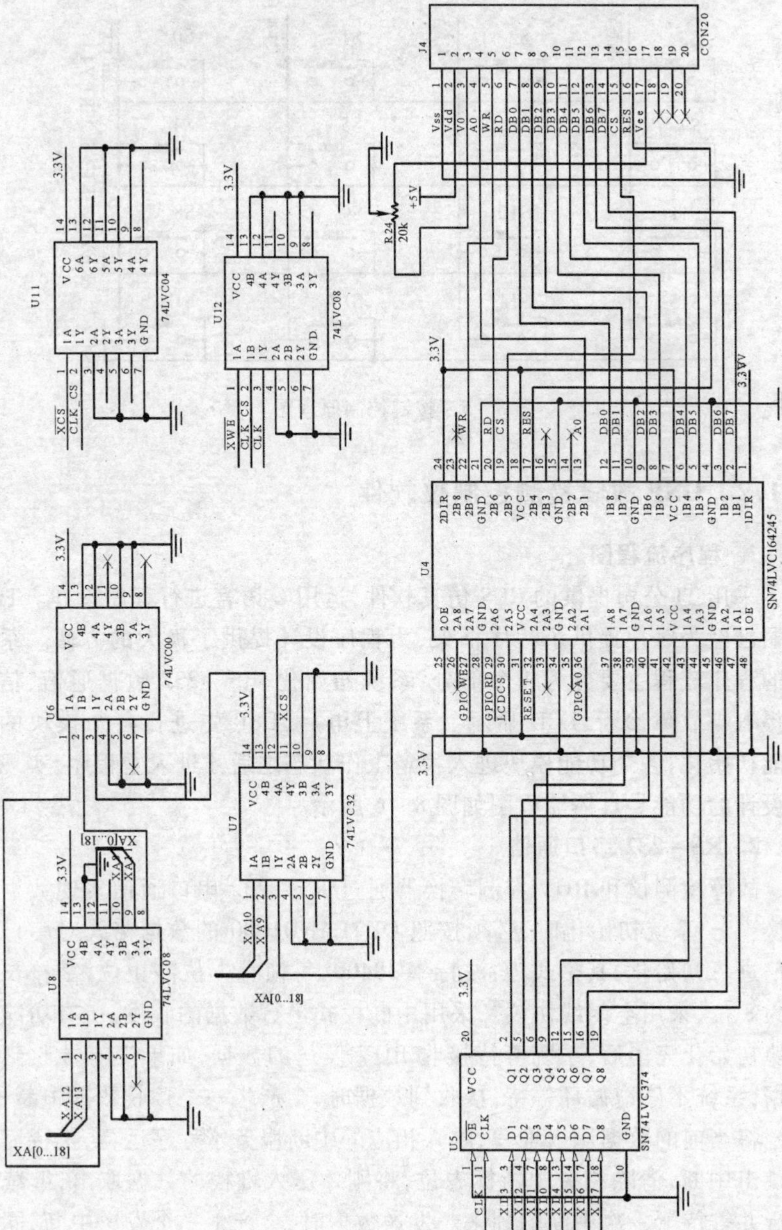

图 8-4 液晶显示控制原理图

207

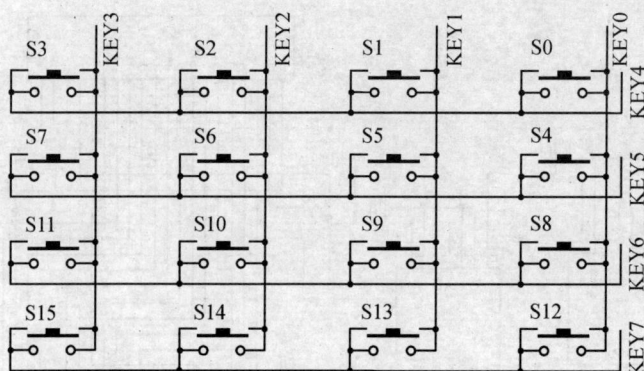

图 8 - 5　按键控制原理图

8.1.2　DSP 故障检测控制仪软件

1. 程序流程图

采用 TI 公司提供的 CCS 仿真软件,运用 C 语言进行程序设计。TI 公司已经为客户提供了程序框架,为程序设计提供了极大的方便。系统的程序流程主要分为 4 个部分:系统初始化、RS - 232 数据通信、信号提取与故障诊断、LCD 显示。系统上电后,DSP 先进行各个模块的功能初始化,各个功能模块进入稳定工作状态之后才进入主程序,实现所设计的功能。具体流程图如图 8 - 6 所示。

2. RS - 232 串口通信

故障检测仪和 ROV 控制转换器通过 RS - 232 串口通信实现数据交换[17]。系统初始化时,必须按照 OUTLAND1000 的数据格式对串口通信进行初始化,其格式为:波特率 38400,每帧有 1 位停止位,字符长度为 8 位,采用空闲线协议。采用中断模式进行数据的收发,所有功能模块初始化完毕后,系统等待接收 ROV 发送的数据,如果没有接收到数据,系统不停地循环等待;接收到数据时,会产生一个接收数据中断,系统将当前的数据压入堆栈,跳入相应的中断服务子程序运行,执行完后跳出中断,清除相关中断标志位,将刚才压入堆栈的数据取出,继续运行并等待下一次中断的到来。发送数据时,会产生一个发送中断,同时将当前数据压入堆栈,待数据发送完成后跳出中断,清除相关中断标

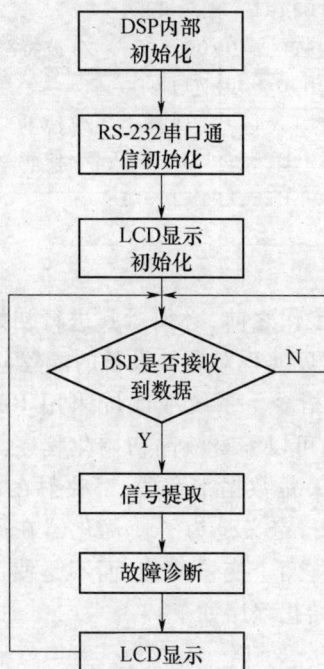

图 8 - 6　程序设计流程图

志位,将数据从堆栈中取出,继续运行并等待下一次中断的到来。接收数据的优先级大于发送数据,避免了因同时接收和发送数据而造成的接收数据丢失。TMS320F2812DSP 在硬件上提供了两组 SCI 功能,本设计中只使用 A 组。RS - 232 串口通信模块的初始化程序如下:

```
void InitSci(void)
{
    * UART_MODE = 0x44;                    //使用 A 组的 SCI 功能
    EALLOW;
    GpioMuxRegs.GPFMUX.all = 0x0030;    //定义相应管脚为 SCI 功能
    EDIS;
    SciaRegs.SCICCR.all = 0x07;    //1 位停止位,字符长度 8 位,空
                                    闲线协议
    SciaRegs.SCICTL1.all = 0x03;   //使能 TX、RX,内部 SCICLK
```

209

```
SciaRegs.SCICTL2.all = 0x03;
SciaRegs.SCIHBAUD = 0x00;        //波特率为38400
SciaRegs.SCILBAUD = 0x79;
SciaRegs.SCICTL1.all = 0x23;     //使 SCI 退出复位
PieCtrl.PIEIER9.bit.INTx1 = 1; //使能 PIE 内部接收发送中断
PieCtrl.PIEIER9.bit.INTx2 = 1;
}
```

3. 液晶显示

液晶显示屏正常工作之前,必须对其进行初始化设置。液晶显示屏的初始化,是通过程序实现对硬件设备的配置,因此设计程序时必须紧密结合硬件的相关指令。系统液晶屏采用 RA8835 芯片作为控制器。依据它的指令集,可以编写液晶初始化程序。其中,LCD_COM 是命令寄存器,LCD_DAT 是数据寄存器,都映射在 F2812 的 Zone0 外设空间中。用 volatile 进行定义是为了使优化器在用到这两个寄存器时必须每次都重新读取这两个变量的值,而不是使用保存在寄存器里的备份。显示模块的初始化程序如下:

```
define   LCD_DAT   (*((volatile Uint16 *)0x39FE))
define   LCD_COM   (*((volatile Uint16 *)0x39FF))
void lcd_init(void)
{
   LCD_COM = 0x40;   //初始化设置(SYSTEM SET),带 8 个参数
LCD_DAT = 0x30;
LCD_DAT = 0x87;
LCD_DAT = 0x07;
LCD_DAT = 0x27;
LCD_DAT = 0x2B;
LCD_DAT = 0xEF;
LCD_DAT = 0x29;
LCD_DAT = 0x00;
LCD_COM = 0x44;   //显示域设置(SCROLL),带 10 个参数
LCD_DAT = 0x00;   //SAD1L = 0x00
LCD_DAT = 0x00;   //SAD1H = 0x00,显示 1 区首地址 SAD1 = 0x0000
LCD_DAT = 0xF0;   //显示 1 区所控制的显示屏上的行数 SL1 = 0xF0 = 240
LCD_DAT = 0x00;   //SAD2L = 0x00
LCD_DAT = 0x2A;   //SAD2H = 0x2A,显示 2 区首地址 SAD2 = 0x2A00
```

210

```
LCD_DAT = 0xF0;    //显示 2 区所控制的显示屏上的行数 SL2 = 0xF0 = 240
LCD_DAT = 0x00;    // SAD3 L = 0x00
LCD_DAT = 0x54;    // SAD3 H = 0x54,显示 3 区首地址 SAD3 = 0x5400
LCD_DAT = 0x00;    // SAD4 L = 0x00
LCD_DAT = 0x00;    // SAD4 H = 0x00,显示 4 区首地址 SAD4 = 0x0000
LCD_COM = 0x5A;    //点位移设置(HDOT SCR),带 1 个参数
LCD_DAT = 0x00;
LCD_COM = 0x5B;    //显示合成设置(OVLAY),带 1 个参数 P
LCD_DAT = 0x1C;
LCD_COM = 0x59;
LCD_DAT = 0x04;
}
```

4. 按键控制

运用按键可直接控制水下机器人的前进、后退、开关前照灯等基本运动,部分按键还被设计用来现场修改 FIR 等算法的参数,可避免因修改参数而不停地进行程序烧写的麻烦,极大地方便了调试。GPIOB0 ~ GPIOB3 为行,GPIOB4 ~ GPIOB7 为列,键盘设计采用延时 10ms 的方法进行去抖处理,如确定有按键按下,则给行的每一位单独赋值为 0,其他 3 位赋值为 1,如果返回的列为 0,则再根据行和列的关系算出相应的地址,即可判断出是哪个按键按下,并向调用的函数返回按键地址。按键控制程序如下:

```
unsigned char kbscan(void)
{
    int scode, recode,temp;
    GpioDataRegs.GPBDAT.all = 0x00f0;
    delay_short();
    if((GpioDataRegs.GPBDAT.all & 0x00f0)! = 0x00f0)
    {
        delay(50);              //延时 10ms 去抖动
        if((GpioDataRegs.GPBDAT.all & 0x00f0)! = 0x00f0)
        {
            scode = 0x00fe;
            while((scode & 0x0010)! = 0x0000)
            {                    //按位判断是哪个按键按下
                GpioDataRegs.GPBDAT.all = scode;
```

```
        delay_short();
        if((GpioDataRegs.GPBDAT.all & 0x00f0)! = 0x00f0)
        {
        recode = (GpioDataRegs.GPBDAT.all & 0x00f0) |0xff0f;
        Send_Flag = 1;   //找到按键,标志位置1
        GpioDataRegs.GPBDAT.all = 0x00f0;
        delay_short();
    while((GpioDataRegs.GPBDAT.all & 0x00f0)! = 0x00f0);
        return (( ~scode) + ( ~recode));   //返回按键地址
    }
    else
    {

            tem P = scode < <1;
            scode = (temp&0x00ff) |0x0001;
        }
      }
    }
  }
return(0);
}
```

5. 有限脉冲响应滤波器 FIR 故障检测算法

针对方向传感器(罗经)为诊断对象,以 OUTLAND1000 定向控制为基本状态。采用 FIR 模型给水下机器人建模,利用在线实际测量的传感器信号,对 FIR 进行在线训练,针对水下机器人控制系统的状态方程,得到 FIR 滤波器参数系列 $C_j = (C_{1j}, C_{2j}, \cdots, C_{Nj})$,并作相关处理,观察 FIR 滤波器的在线信噪比的变化,出现跳变时,即有故障存在。控制系统与 FIR 在线训练原理如图 8-7 所示。利用机器人状态控制(如定向控制)的时间系列数据$(u(k), y(k))$(正常状态)在线训练 FIR 模型,$u(k)$ 为机器人输入控制信号,$y(k)$ 为传感器状态输出,得到模型参数矢量 $C_k = (C_{10}, C_{20}, \cdots, C_{N0})$。具体的 FIR 有限脉冲响应滤波器故障检测算法见本书第 4 章内容。

FIR 的相关代码如下:

```
for(i = 0;i < N;i + +)
  {
```

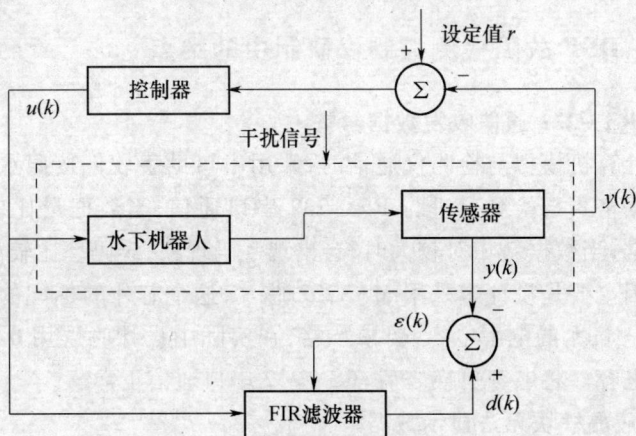

图 8 - 7　控制系统与 FIR 在线训练原理

```
        Q[i] = 2 * u * e[SW] * Uk[i];
        C[SW-1][i] = C[SW-1][i] + Q[i];    //FIR 权值调整
        DD[i] = C[SW-1][i] - C0[i];
        D[SW-1] = D[SW-1] + DD[i];
         tem = tem + C[SW-1][i] * Uk[i];    //FIR 输出值
}
y = round(tem);                    //传感器状态输出
Yd[SW-1] = y;
e[SW] = dk - y;                    //FIR 跟踪控制系统的状态误差
ek = e[SW];
sum = 0;
for(i = 0;i < SW;i ++)
{
    sum = sum + D[i];
}
mean1 = sum/(SW);                  //所有元素平均值
sum = 0;
for(i = 0;i < SW;i ++)
{
    sum = sum + Math.pow(D[i] - mean1,2);
}
std1 = sqrt(sum/(SW-1));   //所有元素标准差
```

213

8.1.3 DSP 故障检测控制仪研制中的难点

1. RS－232 通信收发数据异常

用计算机模拟与检测仪通信时,采用串口助手软件按照水下机器人的数据格式与检测仪进行 RS－232 串口通信,当数据量比较小时,通信正常;当数据量相对较大时,会出现乱码现象,误码率比较高。

原因主要是设计中采用 MAX232 芯片,这个芯片的标配的外围电容应该是 $1\mu F$ 的电解电容,要求严格,在实际中设计时误用 $0.1\mu F$ 的无极性电容。将电容更换之后,RS－232 串口通信正常。

2. 液晶模块无法显示数据

液晶模块的设计是整个设计中最大的难点,也是花费时间最长的部分。最初采用 DSP 的读写信号直接控制 LCD 显示屏,数据线也直接连接 LCD 显示屏的数据线,这样连接 LCD 显示屏的控制器无法在短时间内读取数据总线上的数据,导致 LCD 无法显示数据。

最根本的问题是 LCD 显示屏和 DSP 速度不匹配,LCD 显示屏的读写周期为 220ns,而 DSP 的主频是 150MHz,读写周期为 6.67ns,相对于 DSP 来说 LCD 显示屏属于慢速设备。当高速 DSP 控制低速的 LCD 显示屏显示时,时间匹配就成了至关重要的问题。将电路设计进行改进,用 DSP 的 GPIO 作为 LCD 显示屏的控制线,将 DSP 的数据线先经过锁存器,再送到 LCD 显示屏中,并配合硬件的设计改动程序,模拟 LCD 显示屏的时序。经过这样的调整,LCD 显示屏可以正常显示。

3. CCS 仿真时,外扩 SRAM 不能正常读写数据

将程序烧写到 FLASH 中之前,必须进行 CCS 仿真,以确保程序代码能够准确无误地运行。当将程序扩展一些时,发现 LCD 显示异常,有乱码现象,有时候程序能够正常编译下载到 DSP 中,但此时 main( )主函数进不去,有时候却无法下载。

这种情况是 DSP 内部程序空间和数据空间太小,本设计的程序已经超过 DSP 程序空间的大小所导致,解决此问题最有效的方法就是外扩一块 SRAM,既可以存放程序也可以存放代码。

8.2　基于单片机的水下机器人故障诊断与容错控制器

8.2.1　系统硬件电路设计

1. 电路系统框图

控制器系统主要由 4 个模块构成：单片机数据处理模块、RS - 232 串口通信模块、液晶显示模块和按键控制模块。单片机采用 8051F120 微处理器，LCD 选用带中文字库的 OCMJ4X8B - 2 中文液晶屏，控制键盘采用 4 × 4 行列式结构键盘。系统的设计框图如图 8 - 8 所示。

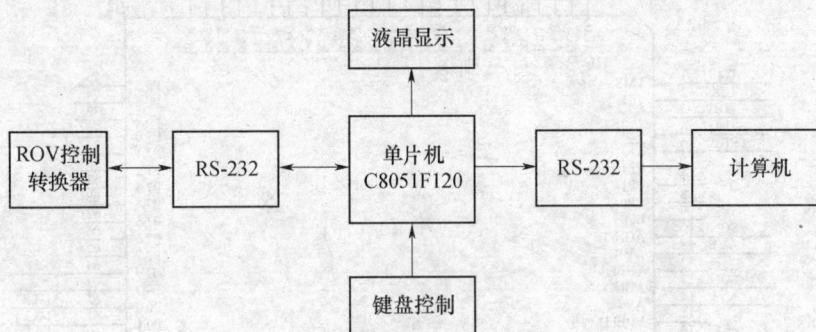

图 8 - 8　电路系统框图

水下机器人 ROV 通过 RS - 232 串口通信模块和单片机模块进行数据的传输，同时将控制数据回传给计算机，LCD 液晶显示模块用来显示单片机收到的水下机器人传输的数据和诊断结果，按键控制模块用来对水下机器人在水中的运动状态进行操作控制和发送数据采集指令。

2. 主要模块介绍

1）单片机 C8051F120 模块

本设计采用 C8051F120 作为系统 CPU。C8051F 系列单片机是高度集成的混合信号 SoC 系统级 MCU 芯片，具有与 8051 单片机兼容的高速 CIP - 51 微控制器内核，与 MCS - 51 指令集完全兼容。能通过

JTAG 接口对 FLASH 程序存储器进行在系统编程,并可与片内调试,支持电路通信。

C8051F120 为高速型,其工作速度可达 100MIPS 或 50MIPS,它的 FIASH 程序存储器容量高达 128KB,其片内的外部数据存储器高达 8448B,寻址空间为 64K。其串行接口有 2 个 UART,保证了通信的方便。C8051F120 资源丰富,功能全面强大,集成外设比较多,可以很好地完成系统的数据处理任务。本设计采用外接 22.1184MHz 晶振,经过 9/4 倍频得到 50MHz。单片机 8051F120 模块原理图如图 8 - 9 所示。

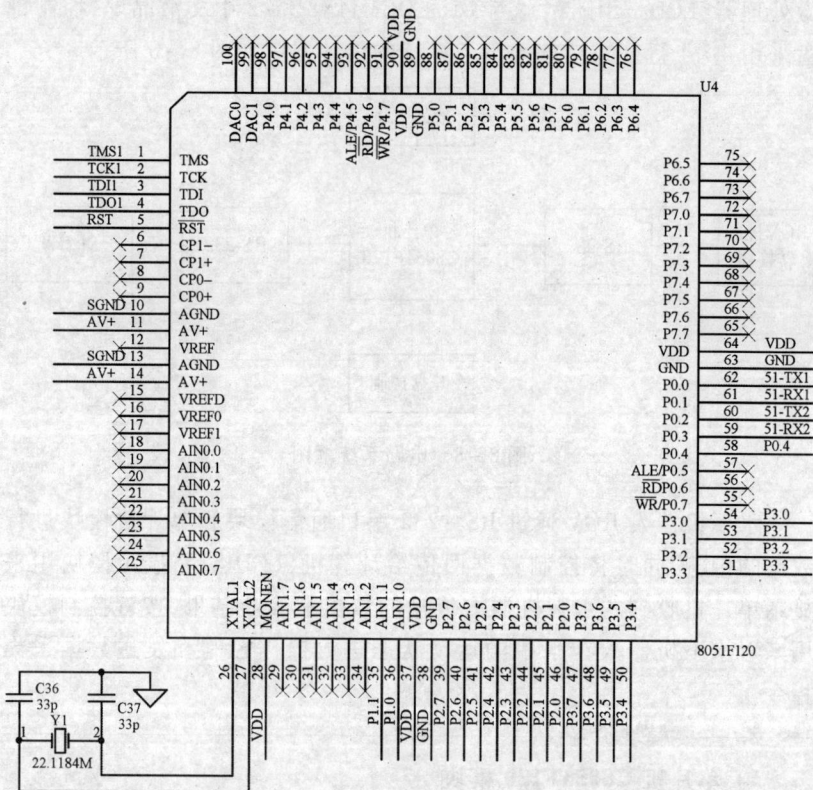

图 8 - 9 单片机 C8051F120 电路原理图

2）RS－232 串口通信模块

由电路系统框图可知,系统中 ROV 控制转换器与单片机控制板以及控制板与计算机之间的数据通信均是采用 RS－232 串口通信方式,所以有两个 RS232 串口与单片机相连。系统采用 MAX3222 芯片构成 RS－232 串口通信模块,MAX3222 芯片是 RS－232 标准串口设计的接口电路,采用的波特率是 38400。其中一双向数据通路是从 ROV 控制转换器通过 MAX3222 芯片传输到 C8051F120 芯片里进行数据分析和故障诊断与容错,单片机发出的控制信号也通过 MAX3222 发送到 ROV 控制转换器上,从而对机器人的运动状态发出命令。而另一路是 ROV 将运行过程的相关控制数据回传给计算机,用于数据分析和改进算法。电路原理图如图 8－10 所示。

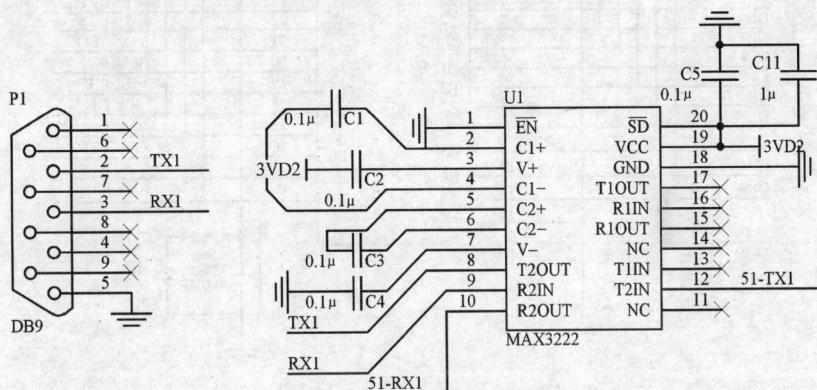

图 8－10　RS－232 串口通信模块电路原理图

3）液晶显示模块

本设计采用是 OCMJ4X8B－2 中文液晶屏,接口协议为请求/应答(REQ/BUSY)握手方式。应答 BUSY 高电平(BUSY ＝1)表示 OCMJ 忙于内部处理,不能接收用户命令;BUSY 低电平(BUSY ＝0)表示 OCMJ 空闲,等待接收用户命令。发送命令到 OCMJ 可在 BUSY ＝0 后的任意时刻开始,先把用户命令的当前字节放到数据线上,接着发高电平 REQ 信号(REQ ＝1)通知 OCMJ 请求处理当前数据线上的命令或数据。OCMJ 模块在收到外部的 REQ 高电平信号后立即读取数据线上的命令或数据,同时将应答线 BUSY 变为高电平,表明模块已收到数据并正在忙于对此数据的内部处理,此时,用户对模块的写操作已经完成,用户可以撤消数据线上的信号并可做模块显示以外的其他工作,也可不断地查询应答线 BUSY 是否为低(BUSY =0?),如果 BUSY =0,则表明模块对用户的写操作已经执行完毕。可以再送下一个数据。在使用 LCD 时,我们对控制和数据信号通过PI5C3384 芯片进行电平转换,以保证信号的可靠传输,LCD 复位采用上电自动复位模式,具体连接原理如图 8 - 11 所示。

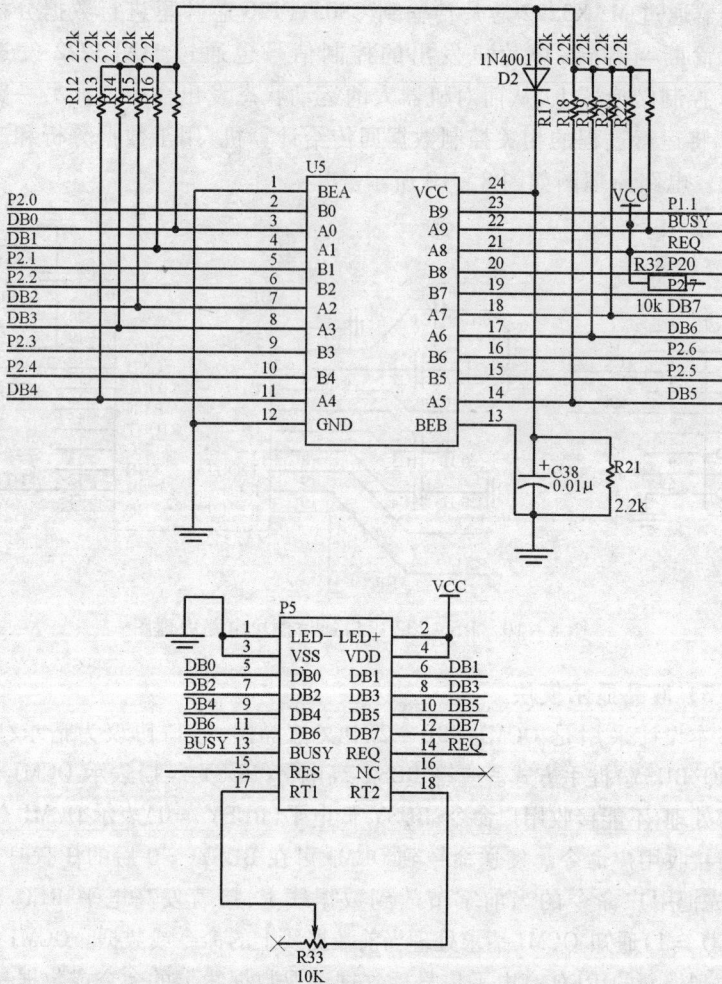

图 8 - 11   液晶显示模块电路原理图

4）按键控制模块

控制键盘采用 4×4 行列式结构键盘，可以减少 I/O 端口。键盘中的哪一个键按下是由列线逐列置低电平之后，检查行输入状态确定。将列线给键赋值并采集行线上的数据，这里采用二进制负逻辑编码方式。键盘的按键设置在行、列线的交点上，行、列线分别连接到按键开关的两端。

控制键盘主要完成以下方面的设置：

（1）设定角度和 PID 各参数的调整；

（2）向前和向后推进控制；

（3）左侧推和右侧推控制；

（4）故障设定控制；

（5）开始和停止测试控制。键盘的结构如图 8-12 所示。

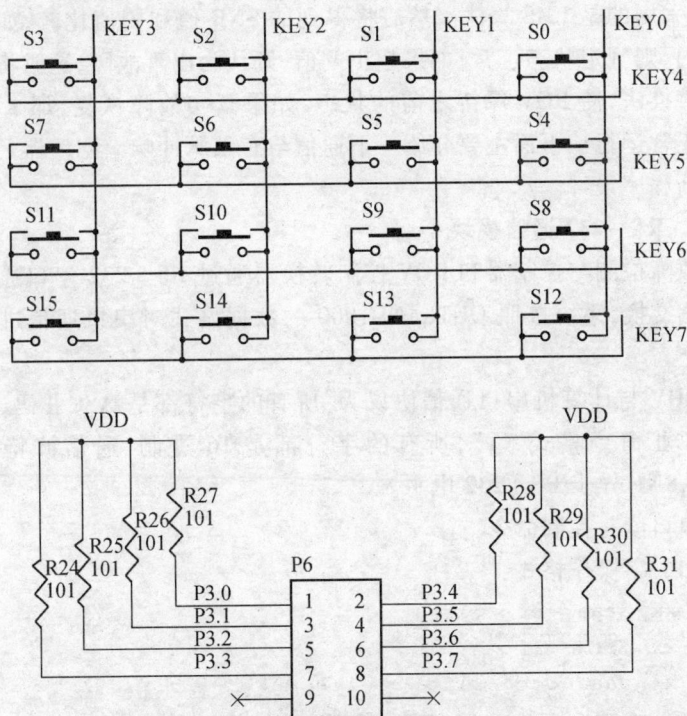

图 8-12　按键控制模块电路原理图

8.2.2 系统软件设计

1. 程序流程

该系统程序设计主要有数据预处理、PID 控制、有限脉冲响应滤波器 FIR 故障检测、RS – 232 数据通信四大模块。开发过程中采用新华龙公司提供的 Silicon laboratories IDE 仿真开发环境。运用 C 语言进行程序设计。设计中程序采用模块化结构编制,键盘输入、显示输出、被测数据处理、PID 控制算法、LMS 算法检测、RS – 232 通信等功能的实现由各子程序完成。

单片机接收到罗经的方位角后,用它和设定角度比较,如果偏差过大,则采用恒定力矩进行转向控制,要是偏差小,就直接采用增量式 PID 控制。其得到的控制量和偏差角作为有限脉冲响应 FIR 滤波器的输入,采用的是 LMS 算法。然后将得到的 SNR 值和阈值比较,如果在范围内,则判定状态正常;如果超出阈值,则认为出现故障,这时将采用故障替换法,使 ROV 保持之前的状态,如果真实故障恢复,那么 ROV 继续正常运行。下面主要介绍一下通信与有限脉冲响应滤波器 FIR 故障诊断程序设计。

2. RS – 232 通信模块

故障检测与控制器和 ROV 控制转换器通过 RS – 232 串口通信实现数据交换,系统按照 OUTLAND1000 的数据格式对串口通信进行初始化。

ROV 与计算机串口通信协议为:所有的字符都是 ASCⅡ码,逗号是 ASCⅡ命令格式",",所有的字符都是 16 进制,通信波特率 = 38400,8N1 异步 RS – 232 电平。

串口读写控制命令:

(1)字操作格式:

```
W, xx, aaaa < cr > < lf >
R, xx < cr > < lf >
R, xx, aaaa < cr > < lf >
```

其中:① W 写命令,xx 地址号,aaaa 发送值;

② R 读命令,xx 地址号;

③ R 返回,xx 地址号,aaaa 返回值。

（2）位操作格式：

```
S, xx, a < cr > < lf >
B, xx < cr > < lf >
B, xx, a < cr > < lf >
```

其中:① S 写命令,xx 地址号,a 发送值;

② B 读命令,xx 地址号;

③ B 返回,xx 地址号,a 返回值。

3. 有限脉冲响应滤波器 FIR 故障检测模块

系统针对方向传感器为诊断对象,以 OUTLAND1000 定向控制为基本状态。采用有限脉冲响应滤波器 FIR 对水下机器人进行在线自适应建模,利用 LMS 算法调节和分析滤波器的权系数,来实时监测水下机器人传感器的故障。LMS 算法的判据是最小均方误差,即实际的期望信号值 $y(k)$ 与有限脉冲响应滤波器输出 $d(k)$ 之差 $e(k)$ 的平方值的期望值最小,并且根据这个判据来修改权系数 C_k,称为最小均方算法。LMS 算法为 $C_{k+1} = C_k + 2\mu e(k)u(k)$,即采用该算法来不断调整有限脉冲响应滤波器的权系数。其中: μ 为控制有限脉冲响应滤波器收敛速度与其稳定性的常数,称为收敛因子; $e(k)$ 是有限脉冲响应滤波器跟踪控制系统的状态误差,即 $e(k) = d(k) - y(k)$; $u(k)$ 为第 k 次输入的信号值; C_{k+1} 和 C_k 分别为新、旧权值。控制系统与有限脉冲响应滤波器在线学习原理见第 3 章图 3 - 2。

对于 FIR 滤波器,通过 LMS 算法使得每输入一个数据样本时就更新一次权系数。当传感器发生故障时,会使 FIR 滤波器的权系数发生改变,因此,通过分析权系数,可以判断出传感器是否发生故障。对于权系数的分析,采用基于 FIR 滤波器信噪比的故障判定方法。具体算法见第 3 章中的内容。

FIR 相关代码如下:

```
int FIR_calc(float uk,int dk){
    k + +;
    for(i = NN - 1;i > 0;i - -){
    Uk[i] = Uk[i - 1];
    }
```

```
Uk[0] = uk;
if(k > = M){  //输入足够样本数
    for(i = 0;i < M;i + +){
        for(j = 0;j < NN;j + +){C[i][j] = C[i +1][j];}
        Ydi] = yd[i +1];
      e[i +1] = e[i +1];
  }
  for(iii =1;iii < M;iii + +){
    D[iii -1] = D[iii];
    V[iii -1] = V[iii];
    VV[iii -1] = VV[iii];
    SNR[iii -1] = SNR[iii];}
tem = 0.0;
D[M -1] = 0.0;
for(i = 0;i < NN;i + +){
  Q[i] = 2 * u * e[M -1] * Uk[i];
  C[M -1][i] = C[M -1][i] + Q[i];//权值调整
  DD[i] = C[M -1][i] - C0[i];
  D[M -1] = D[M -1] + DD[i];
   tem = tem + C[M -1][i] * Uk[i];//FIR 输出值
}
y = (int)(tem);
Yd[M -1] = y;
e[M] = dk - y;//误差
ek = e[M];
sum = 0;
for(i =1;i < M;i + +){
    sum = sum + D[i];
  }
mean1 = sum/(M -1);//均值
  sum = 0;
for(i =1;i < M;i + +){
    sum = sum + (float)pow(D[i] - mean1,2);
}
std1 = (float)sqrt(sum/(M -2));//标准差
sum = 0;
V[M -1] = (float)fabs((D[M -1] - mean1)/std1);
for(i =1;i < M;i + +){
```

```
        sum = sum + V[i];
    }
    mean2 = sum/(M - 1);
    sum = 0;
    VV[M - 1] = (float)pow(V[M - 1] - mean2,2);
    for(i = 1;i < M;i + +){
        sum = sum + (VV[i]);
    }
    std2 = sum/(M - 1);//方差
    SNR[M - 1] = VV[M - 1]/std2;
    bsurpassSNR = (SNR[M - 1] > confidence)? 1:0;//SNR 是否超阈值
    j = (bsurpassSNR)? j + 1:0;//连续超阈值就累加次数
}
else {//输入样本数不足滑窗宽度 M 时
    if (k > = BE){
    tem = 0.0;
    D[k] = 0.0;
     for(i = 0;i < NN;i + +){
        Q[i] = 2 * u * e[k] * Uk[i];
        C[k][i] = C[k][i] + Q[i];//权值调整
        DD[i] = C[k][i] - C0[i];
        D[k] = D[k] + DD[i];
        tem = tem + C[k][i] * Uk[i];//FIR 输出值
        }
    y = (int)(tem);
    Yd[k] = y;
     e[k + 1] = dk - y;//误差
    ek = e[k + 1];//用于 e2 判断故障
    }
    if(k > BE + 1){//为防止计算标准差为零,采用样本数据必须多于一个
        sum = 0;
        for(i = BE + 1;i < = k;i + +){
            sum = sum + D[i];
        }
        mean1 = sum/(k - BE);//均值
        sum = 0;
        for(i = BE + 1;i < = k;i + +){
            sum = sum + (float)pow(D[i] - mean1,2);
```

223

```
    }
    std1 = (float)sqrt(sum/(k-BE-1));//标准差

    sum = 0;
    V[k] = (float)fabs((D[k]-mean1)/std1);
    for(i=BE+1;i<k;i++){
        sum = sum + V[i];
    }
    mean2 = sum/(k-BE);
    sum = 0;
    VV[k] = (float)pow(V[k]-mean2,2);
    for(i=BE+1;i<=k;i++){
        sum = sum + (VV[i]);
    }
    std2 = sum/(k-BE);//方差

    SNR[k] = VV[k]/std2;
    SNR[41] = SNR[k];
    bsurpassSNR = (SNR[k]>confidence)? 1:0;//SNR是否超阈值
    jSNR = (bsurpassSNR)? jSNR+1:0;//连续超阈值就累加次数
        }
    }
    if(k>=30000){
        k=1;
    }
return y;
}
```

参 考 文 献

[1] 周东华,叶银忠. 现代故障诊断与容错控制. 北京:清华大学出版社,2000:1-23.

[2] 朱大奇. 电子设备故障诊断原理与实践. 北京:电子工业出版社,2004:1-30.

[3] Chen S H,Tao G,Joshi S M. On matching conditions for adaptive state tracking control of systems with actuator failures. IEEE Transaction On Automatic Control, 2002,47(5):473-478.

[4] 张淑清,靳世久,吕江涛. 基于神经网络的旋转机械监测参数信息融合技术. 电子测量与仪器学报,2005,19(3):15-17.

[5] 宋雪萍,马辉,等. 基于CHMM的旋转机械故障诊断技术. 机械工程学报,2006,42(5):

126 – 130.

[6] Zhu D Q, Kong M. Adaptive fault – tolerant control of non – linear systems: an improved CMAC – based fault learning approach. International Journal of Control, 2007, 80 (10): 1576 – 1594.

[7] 朱大奇,易剑雄. 基于小波灰色预测理论的旋转机械故障预测分析仪. 仪器仪表学报, 2008,29(6):1176 – 1182.

[8] Caccavale F, Pierri F. Adaptive Observer for Fault Diagnosis in Nonlinear Discrete – Time Systems. Journal of Dynamic Systems, Measurement, and Control, 2008, 130(2):210 – 219.

[9] Zhang Y M, Jin J. Bibliographical review on reconfigurable fault – tolerant control systems. Annual Reviews in Control, 2008, 32(2):229 – 252.

[10] Edin O,Geoff R. Thruster fault diagnosis and accommodation for open – frame underwater vehicles. Control Engineering Practice, 2004,12:1575 – 1598.

[11] Hamilton K, Lane D M. Brown K E, et al. An Integrated Diagnostic Architecture for Autonomous Underwater Vehicles. Journal of Field Robotics, 2007, 24(6):497 – 526.

[12] 王丽荣,丁凯. 基于小波神经网络的 AUV 推进器故障诊断. 系统仿真学报,2007, 19(1):206 – 209.

[13] 朱大奇,陈亮,刘乾. 一种无人水下机器人传感器故障诊断与容错控制方法. 控制与决策,2009,24(9):1287 – 1293.

[14] 苏奎峰,等. TMS320F2812 原理与开发. 北京:电子工业出版社,2005:14 – 66.

[15] 张卫宁. TMS320C28X 系列 DSP 的 CPU 与外设. 北京:清华大学出版社,2005:68 – 78.

[16] 李维湜,郭强. 液晶显示器件应用技术. 北京:北京邮电学院出版社,1993:16 – 55.

[17] 李现勇. Visual C + + 串口通信技术与工程实践. 北京:人民邮电出版社,2004:78 – 99.

[18] 傅晓云,杜绎民,等. DSP 与慢速设备接口的实现. 电子技术应用,2003,(7):75 – 76.

内 容 简 介

　　水下机器人故障诊断与容错控制技术是水下机器人研究的关键技术之一。本书在综述近年来水下机器人故障诊断与容错控制技术研究进展的基础上,重点阐述水下机器人传感器系统故障诊断与容错控制、水下机器人推进器系统故障诊断与容错控制理论,以及水下机器人故障诊断与容错控制技术仿真研究和实际应用系统开发。

　　本书可供从事故障诊断与智能控制、水下机器人研究的科技人员使用,也可作为相关专业的研究生和大学高年级学生的教材或参考书。